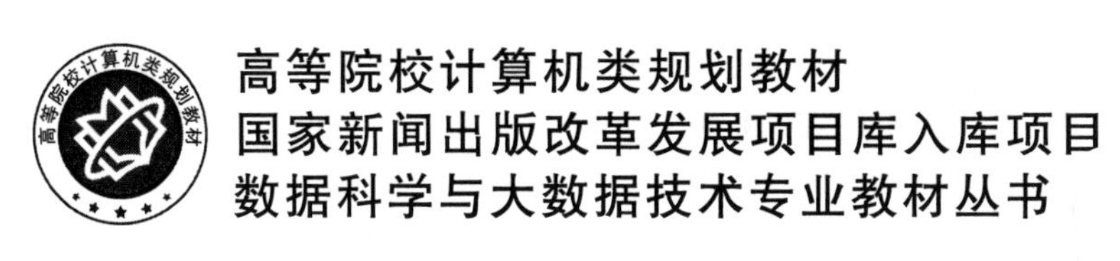

机 器 学 习

周文安 编著

北京邮电大学出版社
www.buptpress.com

内容简介

本书全面介绍了机器学习的基本概念、经典算法和热点技术，包括机器学习的概念与框架，计算学习理论，经典统计学习方法，以及新的迁移学习、强化学习、集成学习和深度学习的概念与方法。本书内容翔实丰富、深入浅出，既重视理论推导又结合实际应用。

本书适合作为计算机学科相关专业，特别是数据科学与大数据技术专业本科生的专业教材。

图书在版编目（CIP）数据

机器学习 / 周文安编著. -- 北京：北京邮电大学出版社，2021.8

ISBN 978-7-5635-6503-0

Ⅰ.①机… Ⅱ.①周… Ⅲ.①机器学习—高等学校—教材 Ⅳ.①TP181

中国版本图书馆 CIP 数据核字(2021)第 173014 号

策划编辑：姚　顺　刘纳新　**责任编辑**：刘　颖　**封面设计**：七星博纳

出版发行：北京邮电大学出版社
社　　址：北京市海淀区西土城路 10 号
邮政编码：100876
发 行 部：电话：010-62282185　传真：010-62283578
E-mail：publish@bupt.edu.cn
经　　销：各地新华书店
印　　刷：保定市中画美凯印刷有限公司
开　　本：787 mm×1 092 mm　1/16
印　　张：13.75
字　　数：341 千字
版　　次：2021 年 8 月第 1 版
印　　次：2021 年 8 月第 1 次印刷

ISBN 978-7-5635-6503-0　　定价：39.00 元

前　言

在信息技术的时代下，大数据正日益对全球经济运行机制、社会生活方式和治理能力等产生重要影响。教育部为落实国家《促进大数据发展行动纲要》而批准成立了数据科学与大数据技术专业。为了更好地服务于该专业的本科教学和学科建设，需要编写合适的《机器学习》作为数据科学与大数据专业课的教材。

本书内容既考虑到本科学生入门学习的需求，又考虑到和本专业其他课程内容的相互补充，重点突出对机器学习的经典理论和热点技术思想的讲解。全书尽量用简单的语言、简洁的推导给出理论的阐述，同时注意结合实际的应用，让学生更容易理解。

全书的内容包括三大部分：概念框架和计算学习理论、经典统计学习方法、热点技术概念与方法。为了便于读者的理解，在编写时，没有刻板地按顺序将三个模块展开编写，而是将概念和理论部分做了拆分，使得读者能够从具体到抽象地学习。因此全书的第1,2,5,12章侧重于概念和理论。本书的第1章阐述机器学习的基本组成要素，强调“模型”是机器学习中的核心概念。第2章通过介绍机器学习中几种经典的几何模型，让读者具象地理解机器学习的基本组成和基本模型以及所能完成的基本任务。第5章讲解常用的模型评估方法和性能度量方法，使读者拥有选择模型和相关的参数的“工具”。第12章介绍基本的计算学习理论，包括了PAC可学习、不可知PAC可学习的概念以及相应的样本复杂度和计算复杂度的分析方法。本书的第3,4,6章侧重于介绍经典的统计学习方法，这三章分别介绍了机器学习模型中的概念模型、人工神经网络模型和概率模型，每章均按照概念、经典模型、推导、举例的层次展开，涵盖了常用的概念学习、BPNN、朴素贝叶斯模型、逻辑斯蒂回归模型、高斯混合模型等。第7,8,9,10,11章侧重于热点技术介绍。其中第7,8,9章选择了集成学习、强化学习、迁移学习作为热点技术的代表进行介绍，包含了Bagging集成模型和Boosting集成模型、Q-learning算法、SARSA算法、TrAdaBoost算法、TCA算法等；第10,11章选择了卷积神经网络和循环神经网络作为深度学习的初步学习内容。

本书是根据作者在数据科学和大数据专业的教学实践撰写，按照本书的内容已经完成了两届大数据专业机器学习课程的教学。因此，本书提供了课程用的例子程序的授课课件，供教师和学生使用。机器学习的内容比较多，新的热点技术也层出不穷，本书在内容选择时注重了基础性、代表性以及尽可能地考虑和数据科学专业的关联性。同时，还希望本书能够适合一个学期的课时(32学时)使用，所以内容覆盖面受到限制。本书的撰写得到了王道谊博士的大力协助，同时得到了王诗蕊、周强、谢逸凡、陆祉成、徐英杰、张润、毕正然、曹叶贝、张悦祥、刘忍、温嘉烨等几位博士生和硕士生的帮助，在此表示诚挚的谢意。

本书适合用作本科生的教材，也可作为对机器学习感兴趣的初学者的阅读参考书。

机器学习的发展极为迅速，涉及的知识和内容非常广袤。由于作者的水平有限，谬误之处在所难免，敬请广大读者批评指正。根据大家反馈的意见以及技术的发展，本书将会陆续修改部分章节内容，欢迎读者来信建议：zhouwa@bupt.edu.cn。

周文安
于北京邮电大学

目 录

第1章 机器学习概述

导 读

本章阐述机器学习的基本概念。通过经典的基于 MNIST 数据集让计算机完成手写体识别的例子，阐述计算机如何从“经验”中学习，如何根据层次化的概念体系来理解世界，从而获取“知识”的过程，并基于这个例子说明机器学习的基本组成要素，强调“模型”是机器学习中的核心概念。本书后续的大部分内容主要围绕着机器学习的各种模型展开。

1.1 什么是机器学习?

随着信息世界的蓬勃发展，人们的生活方式也日趋多元化。早晨打开 App 查看热点新闻的时候，会发现首页出现了自己感兴趣的新闻。将车开出停车场时，不再需要刷卡，利用安置的摄像头即可识别车辆号牌信息。想要开启导航，也不需要靠边停车，只需语音唤起导航即可。办公室门口的人脸识别设备可以判断出面前的人是否具有进入该场所的资格。无人驾驶汽车也开始进入我们的视野。

上述这些应用能够实现都依赖智能设备基于经验做出的判断。比如，为什么新闻热点推送的都是自己感兴趣的消息呢？这是因为程序在根据我们以往查看和忽略的新闻特征来进行学习，从中判断哪些新闻是我们喜欢或不喜欢的。再比如人脸识别，基于每个人的脸部眼睛、鼻子、嘴巴的特定组合模式，通过学习一个人脸部图像的多个样本，可以捕捉到这个人特有的模式，从而进行辨认。

从上述应用不难看出，计算机在某些方面具备类似人的意识和思维。类比人或动物具备的原生智能，我们把机器设备模拟人或动物的意识和思维的能力称为“人工智能”(artificial intelligence，AI)。

英国数学家、计算机科学家，理论计算机科学和人工智能之父图灵(Alan Mathison

Turing,1912—1954 年)(图 1-1)给出了一种测试方法——“图灵测试”。在“图灵测试”试验中,随机安排人和机器回答一组问题,让其他的人分辨是机器作答还是人作答。图灵指出:如果 30%以上的人不能区分是机器作答还是人作答,则可以认为机器具备“智能”。

在计算机科学中,将任何能够感知特定环境并据此采取行动以最大化达到成功目标的设备称为“智能代理”(intelligent agents)。人工智能的研究对象就是智能代理。1998 年 Poole 和 Mackworth 等人提出上述概念,当时使用的是人工智能的同义词——“计算智能”。2003 年 Russell 和 Norvig 使用“推理代理”(rational agent)一词,并指出所谓人工智能是指机器模拟人的认知能力,如学习能力和解决问题的能力。

图 1-1　图灵(16 岁)

机器学习是用来实现人工智能的主要方法,与普通的计算机程序只能用来完成特定的具体功能不同,机器学习通过学习数据中的内在规律性信息,获得新的经验和知识,以提高改善系统自身的性能,使计算机能够像人那样去决策,这就是机器学习。Tom M. Mitchell 在其著作 *Machine Learning* 中给出了一个更为形式化的定义:“假设用 P 来评估计算机程序在某任务 T 上的性能,若一个程序通过利用经验 E 在 T 上获得性能改善,则我们就说该程序对 E 进行了学习。”

1.2　通过 MNIST 了解机器学习

机器学习历史发展回顾和常见应用

1.2.1　MNIST 概述

机器学习离不开数据和特性的处理方法,应用广泛,数据类型和处理方法也千差万别。在这一节中,我们通过 MNIST 来简单了解机器学习的大致工作过程以及构成要素。

MNIST(mixed National Institute of Standards and Technology database)起源于美国国家标准与技术研究所(NIST)收集修改后的两个针对手写数字识别的数据集,包含 6 万条训练数据集和 1 万条测试数据,读者可以参阅网址 http://yann. lecun. com/exdb/mnist/。MNIST 的手写数字图片来自美国人口统计局的雇员和高中学生,具有一定的普遍性,分成 4 个部分,分别存储在以下 4 个文件中。

- train-images-idx3-ubyte. gz:训练集,包含 6 万个手写数字图片。
- train-labels-idx1-ubyte. gz:训练集,为训练集图片对应的标签。
- t10k-images-idx3-ubyte. gz:测试集,包含 1 万个手写数字图片。
- t10k-labels-idx1-ubyte. gz:测试集,为测试集图片对应的标签。

机器学习系统可以将 MNIST 的训练集(图片和对应的标签)作为输入,在训练过程中不断学习图片和标签之间的对应关系,并不断调整模型的参数。训练结束后,将测试集图片输入到该系统。对比系统推断出的图片标签和测试集中对应的真实标签,出现不一致答案的比率称为**错误率**。显然,错误率越低,系统的“智能”越高。

MNIST 数据集易于理解,常被用来开发和测试机器学习算法。截至 2018 年 11 月,该网站公布了 70 个测试结果,详见网站 http://yann.lecun.com/exdb/mnist/,部分结果如表 1-1 所示。

表 1-1 部分针对 MNIST 数据集的机器学习算法测试结果

分类	预处理方法	错误率(%)	引用信息
Linear Classifiers			
linear classifier(1-layer NN)	none	12	LeCun et al. 1998
pairwise linear classifier	deskewing	7.6	LeCun et al. 1998
K-Nearest Neighbors			
K-nearest-neighbors, Euclidean (L2)	deskewing	2.4	LeCun et al. 1998
K-NN with non-linear deformation (P2DHMDM)	shiftable edges	0.52	Keysers et al. IEEE PAMI 2007
K-NN, shape context matching	shape context feature extraction	0.63	Belongie et al. IEEE PAMI 2002
Boosted Stumps			
boosted stumps	none	7.7	Kegl et al., ICML 2009
product of stumps onHaar f.	Haar features	0.87	Kegl et al., ICML 2009
Non-Linear Classifiers			
40 PCA + quadratic classifier	none	3.3	LeCun et al. 1998
1000 RBF + linear classifier	none	3.6	LeCun et al. 1998
SVMs			
SVMdeg 4 polynomial	deskewing	1.1	LeCun et al. 1998
Virtual SVM, deg-9 poly, 2-pixel jittered	deskewing	0.56	DeCoste and Scholkopf, MLJ 2002
Neural Nets			
2-layer NN, 300 hidden units, mean square error	none	4.7	LeCun et al. 1998
2-layer NN, 800 HU, cross-entropy [elastic distortions]	none	0.7	Simard et al., ICDAR 2003
6-layer NN 784-2500-2000-1500-1000-500-10 (on GPU) [elastic distortions]	none	0.35	Ciresan et al. Neural Computation 10, 2010 and arXiv 1003.0358, 2010
Convolutional nets			
Convolutional net BoostedLeNet-4, [distortions]	none	0.7	LeCun et al. 1998
unsupervised sparse features + SVM, [no distortions]	none	0.59	Labusch et al., IEEE TNN 2008
largeconv. net, unsup pretraining [no distortions]	none	0.53	Jarrett et al., ICCV 2009
committee of 35conv. net, 1-20-P-40-P-150-10 [elastic distortions]	width normalization	0.23	Ciresan et al. CVPR 2012

1.2.2 MNIST 数据结构

1. 标签文件格式

t10k-labels-idx1-ubyte 标签文件格式如图 1-2 所示，t10k-labels-idx1-ubyte 和 train-labels-idx1-ubyte 类似。

```
00000000h: 00 00 08 01 00 00 27 10 07 02 01 00 04 01 04 09
00000010h: 05 09 00 06 09 00 01 05 09 07 03 04 09 06 06 05
00000020h: 04 00 07 04 00 01 03 01 03 04 07 02 07 01 02 01
00000030h: 01 07 04 02 03 05 01 02 04 04 06 03 05 05 06 00
00000040h: 04 01 09 05 07 08 09 03 07 04 06 04 03 00 07 00
00000050h: 02 09 01 07 03 02 09 07 07 06 02 07 08 04 07 03
```

图 1-2 标签文件格式

标签文件开始的 4 个字节为 32 位整数 2 049，十六进制表示为 0X00000801，最高有效位在先，即 big-endian。接下来的 4 个字节对应一个 32 位整数，表示标签的个数，在本例中为 10000，即 0X00002710。从第 9 个字节开始，每个字节为一个无符号整数，取值为属于[0,9]的 10 个数字，如本例中，0X07 表示数字 7。

2. 图片文件格式

t10k-images-idx1-ubyte 标签文件格式如图 1-3 所示，t10k-images-idx1-ubyte 和 train-images-idx1-ubyte 类似。

```
00000000h: 00 00 08 03 00 00 27 10 00 00 00 1C 00 00 00 1C
00000010h: 00 00 00 00 00 00 00 00 00 00 00 00 00 00 00 00
00000020h: 00 00 00 00 00 00 00 00 00 00 00 00 00 00 00 00
00000030h: 00 00 00 00 00 00 00 00 00 00 00 00 00 00 00 00
00000040h: 00 00 00 00 00 00 00 00 00 00 00 00 00 00 00 00
00000050h: 00 00 00 00 00 00 00 00 00 00 00 00 00 00 00 00
00000060h: 00 00 00 00 00 00 00 00 00 00 00 00 00 00 00 00
00000070h: 00 00 00 00 00 00 00 00 00 00 00 00 00 00 00 00
00000080h: 00 00 00 00 00 00 00 00 00 00 00 00 00 00 00 00
00000090h: 00 00 00 00 00 00 00 00 00 00 00 00 00 00 00 00
000000a0h: 00 00 00 00 00 00 00 00 00 00 00 00 00 00 00 00
000000b0h: 00 00 00 00 00 00 00 00 00 00 00 00 00 00 00 00
000000c0h: 00 00 00 00 00 00 00 00 00 00 00 00 00 00 00 00
000000d0h: 00 00 00 00 00 00 00 00 00 00 54 B9 9F 97 3C 24
000000e0h: 00 00 00 00 00 00 00 00 00 00 00 00 00 00 00 00
000000f0h: 00 00 00 00 00 00 DE FE FE FE FE F1 C6 C6 C6 C6
00000100h: C6 C6 C6 C6 AA 34 00 00 00 00 00 00 00 00 00 00
00000110h: 00 00 43 72 48 72 A3 E3 FE E1 FE FE FE FA E5 FE
00000120h: FE 8C 00 00 00 00 00 00 00 00 00 00 00 00 00 00
00000130h: 00 00 00 11 42 0E 43 43 43 3B 15 EC FE 6A 00 00
00000140h: 00 00 00 00 00 00 00 00 00 00 00 00 00 00 00 00
00000150h: 00 00 00 00 00 00 53 FD D1 12 00 00 00 00 00 00
00000160h: 00 00 00 00 00 00 00 00 00 00 00 00 00 00 00 00
00000170h: 00 16 E9 FF 53 00 00 00 00 00 00 00 00 00 00 00
00000180h: 00 00 00 00 00 00 00 00 00 00 00 00 00 81 FE EE
00000190h: 2C 00 00 00 00 00 00 00 00 00 00 00 00 00 00 00
```

图 1-3 图片文件格式

图片文件开始的 4 个字节为 32 位整数 2 051，十六进制表示为 0X00000803，最高有效位在先。接下来的 4 个字节对应一个 32 位整数，表示图片的个数，本例中为 10000，即 0X00002710；之后的 4 个字节对应一个 32 位整数，表示图片中像素点的行数，本例为 28，即 0X1C；再之后的 4 个字节对应一个 32 位整数，表示图片中像素点的列数，本例为 28，即 0X1C；从第 17 个字节，即文件偏移量 0X10 开始，每个字节为一个无符号整数，取值范围为[0,255]，表示像素点的颜色，255 对应黑色，0 对应白色，值越大越接近黑色。像素的排序为先排第一行，之后为第二行。依此类推，排完第 28 行，开始第 2 个图片。为了便于理解，图 1-4 给出测试图片的第一个，读者可以参照图 1-3 和图 1-4 对比理解。在图 1-4 中，每个整数用两个数字表示，对应整数的十六进制数字，如 0 表示为“00”，1 表示为“01”，255 表示为“ff”。

MNIST 数据集展示程序

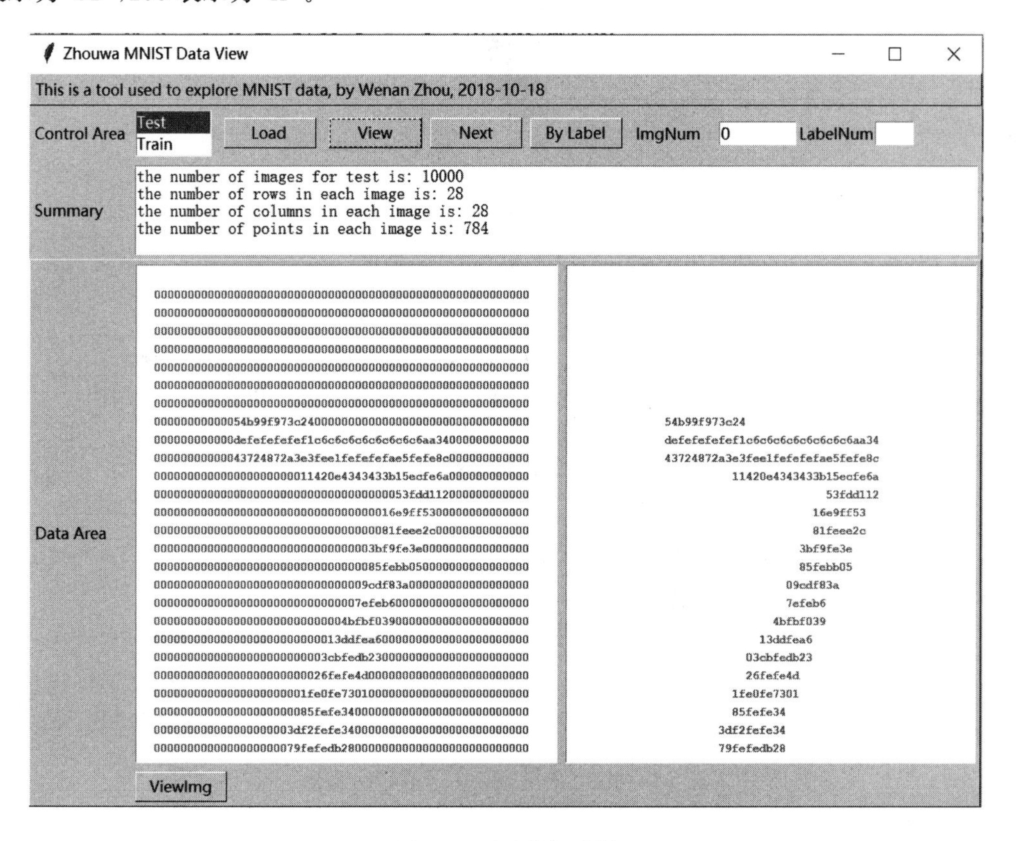

图 1-4　图片数据举例

图 1-4 的文件中第一个测试图片对应的数据，对应的标签为“7”，数据用图像方式显示如图 1-5 所示。

3. 图片格式

MNIST 数据集中的每张图片大小为 28×28 像素，用 784(28×28)大小的数组表示一张图片。数组每一元素对应一个像素点，数组的行列号对应像素点的竖直和水平像素坐标，左上角为(0,0)，竖直方向向下为正，水平方向向右为正。通常在计算时，为了避免计算结果数值过大，可以把像素点的取值压缩到 0 到 1 之间，可以理解为相对灰度，1 表示黑。省略部分行列，像素值 0～255 压缩至 0～1 后某个手写字符“1”对应的数组如图 1-6 所示。

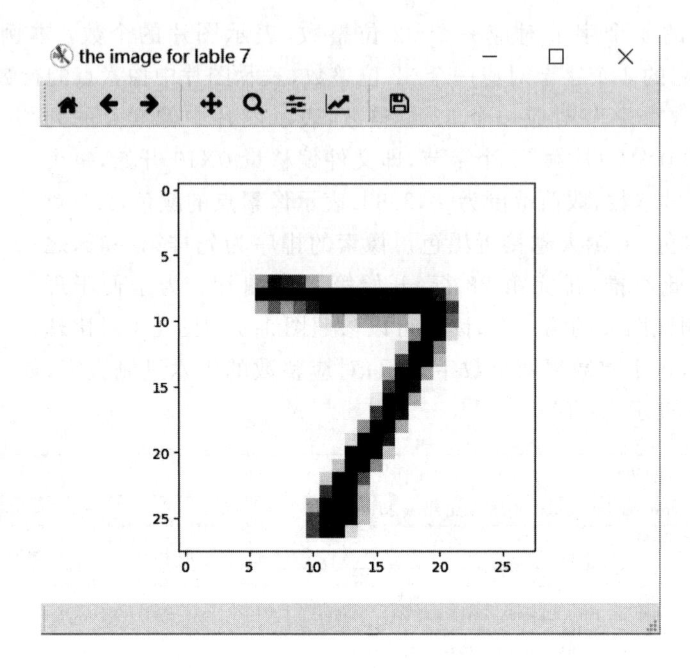

图 1-5　图片数据对应的图像

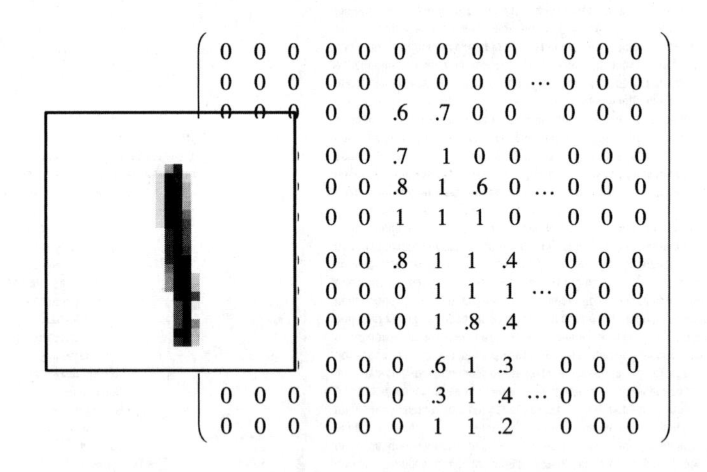

图 1-6　数字“1”与其对应的 28×28 数组

1.2.3　利用 MNIST 数据集训练神经网络

神经网络是机器学习的一种方法，在后续章节中会详细介绍。这里主要借助神经网络介绍机器学习系统的主要功能和原理。

(1) 模型的输入、输出和标签

输入 x 是指传入给网络处理的变量，可以是列向量，可以是矩阵，甚至是张量。这里的输入为具有 784 个分量的列向量，由图片的 28×28 个像素点变换而来。一般采用先行后列方式组织数据，即前 28 个分量由第一行的像素顺序填充，之后 28 个分量由第二行 28 个像素填充，依此类推。也可以采用先列后行的方式。

输出 y 是指网络处理后返回的结果，这里的输出是具有 10 个分量的列向量。通常选取最大分量对应的数字作为网络的预测输出。如果某种算法使网络输出满足所有分量代数和为 1，则输出向量可以看作一个概率向量，概率最大的分量对应的数字，即为预测的数字。

标签(label)则是指我们期望模型根据算法的输出得到的预测结果，本例中用每个图片对应的数字映射而成，数字 0 到 9 的标签可以采用 one-hot 编码，对应的标签分别为：

$$0:(1,0,0,0,0,0,0,0,0,0)^{T}$$
$$1:(0,1,0,0,0,0,0,0,0,0)^{T}$$
$$\vdots$$
$$9:(0,0,0,0,0,0,0,0,0,1)^{T}$$

(2) 模型

图 1-7 为一个具有 784 个输入神经元、一个隐藏层、10 个输出神经元的单隐层神经网络模型，后续成为两层神经网络。其中两层指隐藏层加输出层。有关神经网络我们后续会专门介绍，此处我们采用最简单的神经网络模型来举例说明模型进行手写数字图片识别的一般过程。

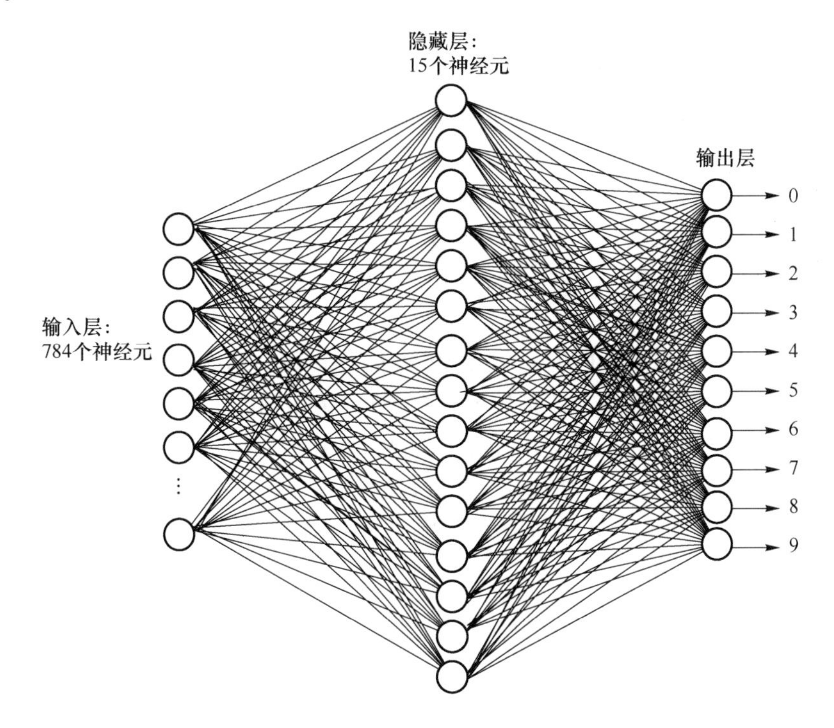

图 1-7 单隐层神经网络模型

我们可以将模型理解为一个预测函数 $\boldsymbol{f}(\cdot)$。在数学上，输入向量 $\boldsymbol{x}$ 是对应数字为 i 的概率可以写成：

$$P(Y=i|\boldsymbol{x},\boldsymbol{W},\boldsymbol{b})=\boldsymbol{f}(\boldsymbol{W}\boldsymbol{x}+\boldsymbol{b}) \tag{1-1}$$

其中，$\boldsymbol{W}$，$\boldsymbol{b}$ 为模型的权重参数和偏差参数。模型的输出可以取概率最大值对应的数字，即：

$$\text{lable}=\arg\max_{i} P(Y=i|\boldsymbol{x},\boldsymbol{W},\boldsymbol{b}) \tag{1-2}$$

单隐层神经网络程序

其中,arg max 表示遍历所有的 i 的可能取值对应的概率,以最大值作为输出。

例如,输入图 1-6 中的数字 1,其输入 $\boldsymbol{x}$ 为:

$$[0,0,0,\cdots,0.6,0.7,\cdots,1,0.6,\cdots,0,0,0]^{\mathrm{T}}$$

如果计算输出值为:

$$[0,0.7,0.1,0.1,0,0,0,0,0.1,0]^{\mathrm{T}}$$

则可以给出预测标签为 1,即将该图片识别为数字"1"。

通常在开始训练模型时,权重和偏差用随机数赋值,计算结果和标签值偏离很远。输出结果和预期结果之间的误差通常用**损失函数**(loss function)来计算。损失函数有时也称为**代价函数**(cost function)。不同的机器学习算法可使用不同的损失函数。根据损失函数计算的误差调整模型的权重值和偏置值,最终使预测结果越来越准确,是训练模型的主要思路。训练的过程在于让模型把手写数字图片像素值数据特征和其对应的数字相关联。

完成训练后就可以利用式(1-1)和式(1-2)进行预测。将一个未知的图片按模型要求的格式输入到上述模型中,模型就可以给出预测的分类结果。实质上可以理解为通过模型将输入图片进行分类,将和特定数字对应的所有手写数字图片分为一类,并对应到该数字上。

(3) 损失函数

损失函数用于定量评估网络模型的好坏。常用的损失函数有平方残差、交叉熵等。采用平方残差时,训练的目标就是将损失函数的值降到最小。设预期输出的向量为 $\boldsymbol{y}$,输入对应的真实标签的 one hot 编码为 **label**,平方残差的定义如下:

$$\|\boldsymbol{y}-\mathbf{label}\|^2 \tag{1-3}$$

模型对应的损失函数为:

$$\mathrm{loss}=\|\boldsymbol{y}-\mathbf{label}\|^2 \tag{1-4}$$

(4) 参数调整

通过不断地传入 $\boldsymbol{x}$ 和 **label** 的值,调整 $\boldsymbol{W}$ 和 $\boldsymbol{b}$,使得损失最小。损失越小,计算出来的 $\boldsymbol{y}$ 值与 **label** 值越接近,准确率越高。训练的过程,可以采用梯度下降方法,如图 1-8 所示。简单来说,式(1-4)定义的 loss 函数是一个下凸函数,显然沿 loss 函数斜率方向下降可以找到最小值(对于更复杂的损失函数,可能是局部极值)。梯度即一个函数的斜率,通过计算 loss 函数在该点的梯度,就知道了 $\boldsymbol{W}$ 和 $\boldsymbol{b}$ 的值往哪个方向调整,能够让 loss 降低得最快。

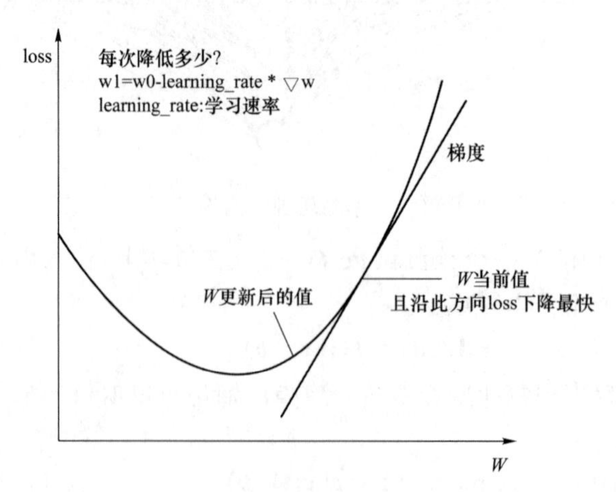

图 1-8　梯度下降法

参数调整的方向知道后,需要确定参数调整的幅度,即参数往这个方向调整多少。神经网络中将调整幅度称为**学习速率**。学习速率调得太低,每次调整幅度很小,训练速度会很慢,学习速率调得过高,每次迭代波动会很大,如图1-9和图1-10所示。在机器学习的实践中要根据实际情况选择学习速率。

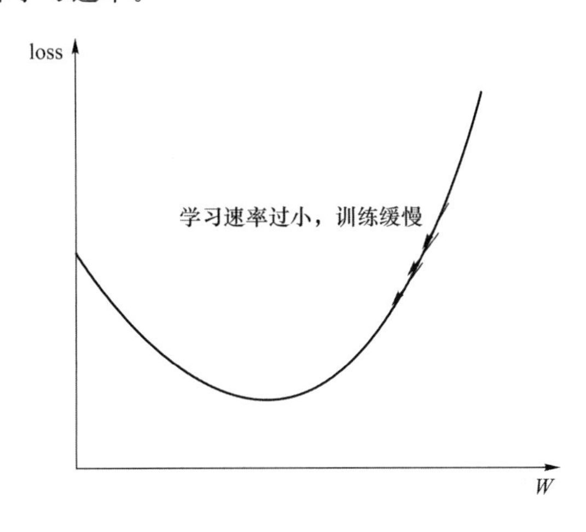

图1-9　学习速率过小

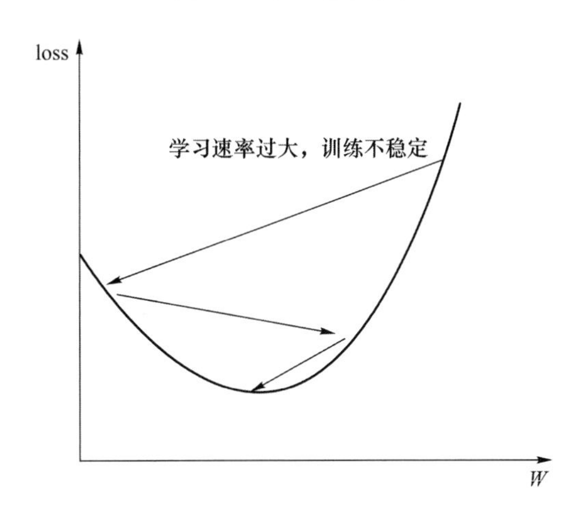

图1-10　学习速率过大

1.3　机器学习系统构成要素

1.2节举例说明了模型、输入、输出、预测函数等概念。上述例子中,我们的任务是识别出手写图片中的数字。为了完成这个任务,我们需要将每一张图片转换为一个像素数组,即输入数据的特征。之后利用模型分析带有正确标签的训练数据集,学习样本特征和其所属类别之间的联系。**任务、模型、特征**即为机器学习的构成要素,图1-11给出了这三个要素之间的关系。

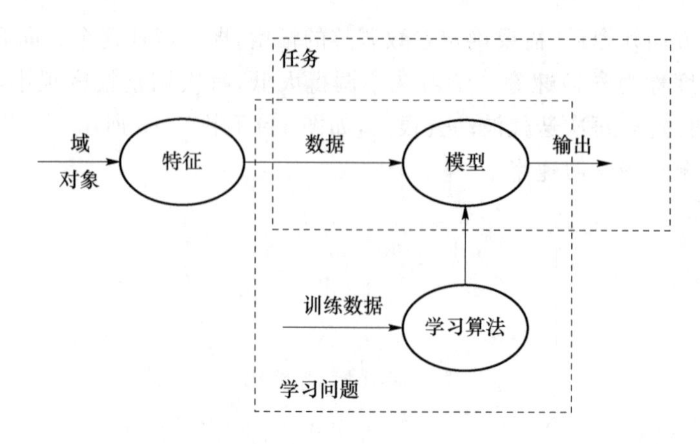

图 1-11　任务、模型、特征之间的关系

参考 Peter Flach 在《机器学习》一书中的定义,我们可以这样来概括:机器学习所关注的问题是使用正确的特征来构建正确的模型,以完成特定的任务。其中,**任务**是可通过机器学习解决的问题;**特征**为适用于样本集合中任意实例的度量方法;**模型**为从数据中学习以便解决给定任务的系统方法。

1.3.1　任务

1. 有监督学习任务

从 1.2 节中我们可以了解到基于 MNIST 进行手写数字识别是一种分类任务。分类任务是机器学习中最常见的任务类型,分类又包括**二分类**和**多分类**。还有一种主要用于连续变量预测的任务,称为**回归**。回归的本质是依据标注有函数输出真值的训练样本集来学习一个实值函数,比如预测明天的气温是多少度。可以看出,分类和回归都必须知道要预测什么,并获得带有类别真值或函数真值标注的样本所构成的训练集。因此分类与回归都属于**有监督学习**。

2. 无监督学习任务

与有监督学习相对应的是**无监督学习**。在无监督学习任务中,输入数据没有被标记,也没有确定结果。其中,将数据集合分成由类似的对象组成的多个类的过程称为**聚类**。典型的聚类算法首先计算不同实例(即聚类的对象,如电子邮件)之间的相似性,然后将那些“相似”的实例放入同一个“簇”中,而将“不相似”的实例放入不同的簇中。聚类分析用于发现数据背后存在的某种共性。

另外,关联规则挖掘也是一种典型的无监督学习。先来看看关联规则方面一个有趣的故事——“尿布与啤酒”的故事。在一家超市里,有一个有趣的现象,尿布和啤酒赫然摆在一起出售。这个看起来很奇怪的举措却使尿布和啤酒的销量双双增加。这不是一个笑话,而是发生在美国沃尔玛连锁店超市的真实案例,并一直为商家所津津乐道。沃尔玛拥有世界上最大的数据仓库系统,为了能够准确地了解顾客在其门店的购买习惯,沃尔玛对其顾客的购物行为进行购物篮分析,想知道顾客经常一起购买的商品有哪些。沃尔玛数据仓库里集中了其各门店的详细原始交易数据。基于这些原始交易数据,沃尔玛利用数据挖掘方法对这些数据进行分析和挖掘,发现跟尿布一起购买最多的商品竟是啤酒!

经过大量实际调查和分析,揭示了一个隐藏在"尿布与啤酒"背后的美国人的一种行为模式。在美国,一些年轻的父亲下班后经常要到超市去买婴儿尿布,而他们中有30%~40%的人同时也为自己买一些啤酒。

可以看出,关联规则的挖掘过程主要包含两个阶段:第一阶段,必须先从资料集合中找出所有的高频项目组(frequent itemsets);第二阶段,再由这些高频项目组产生关联规则(association rules)。

其他常见的无监督学习任务还包括**数据降维**。数据降维指从高维度数据中提取关键信息,将其转换为易于计算的低维度问题进而求解。在转换为低维度的样本后,原始输入样本的数据分布性质以及数据间的近邻关系保持不变。

因此,从学习任务的特点将学习分为有监督学习和无监督学习,若只有训练集的输入数据已知,则属于无监督学习;若训练集的输入和输出均已知,则属于有监督学习。有些情况下两者可以结合使用,可以利用无监督学习对数据进行预处理,之后再进行有监督学习。

1.3.2 模型

模型是机器学习中最核心的概念。针对一个问题,往往有大量的模型可以选择。机器学习的模型按照使用的数据可分为有监督学习和无监督学习两大类。

有监督学习主要包括用于分类和回归的模型。常见的分类模型有线性分类器、支持向量机、朴素贝叶斯模型、K近邻、决策树等;常见的回归模型有线性回归、支持向量机、K近邻、回归树等。

无监督学习主要包括数据聚类(K-means)、数据降维方面的主成分分析(PCA)等。

1.3.3 特征

特征可视为一种适用于样本集合中任意实例的度量,可定义为从实例空间到特征域的映射。常见的特征域包括实数和整数以及离散集(如颜色、布尔型等)。我们后续把特征域扩展到特征空间,可以理解为定义在数域上满足加法、数乘定律的集合。

通常来说,我们要从两个方面来考虑特征选择:

- 特征是否发散:不发散的特征,大家都有或者非常相似,没有研究利用的价值。
- 特征和目标是否相关:与目标的相关性越高,越应该优先选择。

特征选择有两种常用的思路:

(1) 特征过滤(filter methods)

对各个特征按照发散性或者相关性进行评分,选择得分靠前的特征。方法如下。

- 皮尔逊相关系数(Pearson's correlation):用来度量两个变量相关性,特别是反映两个服从正态分布的随机变量的相关性,取值范围在[-1,+1]之间。
- 线性判别分析(linear discriminant analysis,LDA):一种特征抽取方式,基本思想是将高维的特征投影到最佳鉴别矢量空间,投影后的样本在子空间有最大可分离性。
- 方差分析(analysis of variance):通过分析研究不同来源的差异对总差异贡献的大

小，确定可控因素对研究结果影响力的大小。

- 卡方检验(chi-square)：就是统计样本的实际观测值与理论推断值之间的偏离程度，卡方值越大，偏差越大；卡方值越小，偏差越小。

(2) 特征筛选(wrapper methods)

不断排除特征或者不断选择特征的同时对训练得到的模型效果进行打分，通过预测效果评分来决定最终选择的特征。方法有：

- 前向选择法：从 0 开始不断地向模型添加能最大限度地提升模型效果的特征数据用以训练，直到任何训练数据都无法提升模型表现。
- 后向剃除法：先用所有特征数据进行建模，再逐一丢弃贡献最低的特征来提升模型效果，直到模型效果收敛。
- 迭代剃除法：反复训练模型并抛弃每次循环的最优或最劣特征，然后按照抛弃的顺序给特征的重要性进行评分。

1.4 机器学习基本模型

按照构建原理的不同，机器学习模型可分为几何模型、概率模型和逻辑模型三个基本的大类，下面我们将举几个例子简单介绍一下这三类模型。

1.4.1 几何模型

针对机器学习的具体任务，先抽取样本实例的特征。每个样本在所有特征分量上具有特定的取值，可以看作特征空间的一个向量。例如，我们以二维平面上的点为样本集，则可以用横坐标 x_1 和纵坐标 x_2 表示一个具体的样本。显然，样本具有两个特征，分别为 x_1 和 x_2。每个点可以用一个向量$(x_1, x_2)^T$ 表示，称为**特征向量**。我们把样本集的特征集合拓展到定义在数域上的特征空间，是因为我们在研究样本的特征时需要对特征进行度量和运算，如加法定律、数乘定律、内积操作、距离计算等。如果在上述例子中，我们关心点的位置，还关心点的颜色，则我们还需要加入颜色特征，如红色分量 r、绿色分量 g、蓝色分量 b，则特征向量变为$(x_1, x_2, r, g, b)^T$。

上述例子用的是笛卡儿坐标系中的点集，分布上具有几何特征。比如，圆周上的点围绕圆心分布。不局限于平面上的点集，通常特征空间都有一定的几何结构。若样本的所有特征都是数值型的，则可将每个特征向量视为笛卡儿坐标系中的一个点。例如，肿瘤患者的肿瘤是恶性的概率和患者年龄以及肿瘤的尺寸密切相关，则可以用以年龄和肿瘤尺寸两个特征为坐标轴的平面上的点表示一个样本。

几何特征，如直线、曲线、平面、距离等，有助于我们区分样本的分布特征。利用几何特征构建的机器学习模型，我们称为几何模型。几何模型主要包括线性分类器、支持向量机、最近邻算法以及 K 均值聚类等。

在本书后续章节会展开讨论几何模型。

1.4.2 概率模型

我们把样本的特征向量 $\boldsymbol{x}$ 看作已知变量，如 1.4.1 节中提到的患者年龄以及肿瘤的尺寸形成的特征向量。而肿瘤是良性还是恶性的分类结果是我们利用机器学习希望得到的变量，称为目标变量，记作 $\boldsymbol{y}$。基于概率的机器学习模型假设 $\boldsymbol{x}$ 和 $\boldsymbol{y}$ 之间的依赖关系由概率分布未知的随机过程确定。**概率模型**(probabilistic model)是将学习任务归结为计算变量的概率分布。变量有时既含有观测变量(observable variable)，又含有隐变量(latent variable)。在概率模型中，通常我们将分类问题划分成推断(inference)阶段和决策(decision)阶段。其中，基于可观测变量推测出未知变量的条件分布称为“推断”。在给定概率的前提下，根据对类别标签可能取值，采取具体判断的过程称为“决策”。概率模型可以分为**生成式概率模型**和**判别式概率模型**。

通过后验概率建模预测分类结果的方法称为**判别式概率模型**。典型的判别式概率模型有：感知机、决策树、K 近邻法、逻辑斯蒂回归模型、最大熵模型、支持向量机、提升法和条件随机场等。我们在使用判别方法时，由训练数据直接学习决策函数或后验概率作为预测模型，即判别模型。在决策阶段使用贝叶斯决策论对新的输入进行分类。

对联合概率分布建模得到后验概率的方法称为**生成式概率模型**。典型的生成式概率模型有：朴素贝叶斯模型和隐马尔可夫模型。使用生成式概率模型时，我们可以直接对联合概率分布建模，归一化得到后验概率。在决策阶段利用后验概率确定每个新的输入的类别。

在本书后续章节会展开讨论概率模型。

1.4.3 逻辑模型

逻辑模型是机器学习中基于特定推理方法构建的模型，包括决策树和关联规则挖掘等。机器学习中很多模型，如人工神经网络，其内部推理很难解释，而逻辑模型使用的推理规则却容易对应到人们可以理解的规则。

1. 决策树

决策树(decision tree)是一种基本的分类与回归方法。在分类问题中，决策树表示基于特征对实例进行分类的过程，可以认为是 if-then 的集合，也可以认为是定义在特征空间与类别空间上的条件概率分布。这些规则很容易用树形结构来表示，如图 1-12 所示。在有些文献中，把决策树中的特征称为属性。

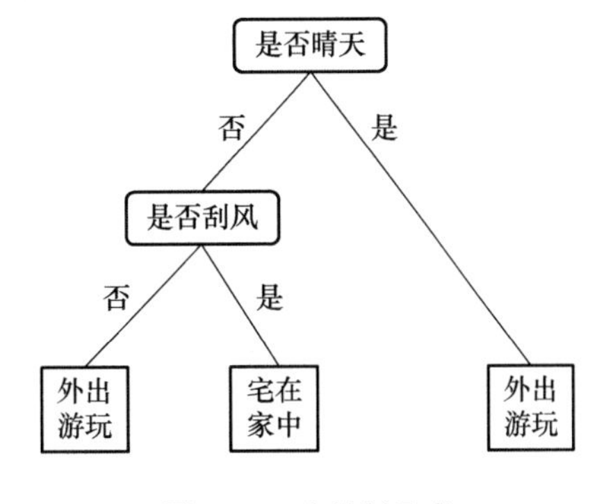

图 1-12 决策树示意

决策树是叶子结点被标记为类别的特征树。决策树的非叶子结点表示对一个特征分量的测试，该结点的分支为可能的测试结果。每个非叶子结点可以有两个分支(二叉树)，也可以有多个分支。叶子结点代表一个分类。如果样本按决策树的规则被分配到一个叶子结点，则样本的分类就是该叶子结点对应的分类。如图 1-12 所示,小明在“决策”是否外出游玩时,会考虑两个天气特征,分别是“是否晴天”和“是否刮风”。如果阴天有风,小明决定不外出游玩。小明的决策过程就是把当天天气的这两个特征取值从决策树的根结点开始,在经过的结点上顺序测试。找到对应的叶子结点,也就确定了当天的分类:外出游玩或宅在家中。

决策树算法通常包括训练和测试两个阶段。在训练阶段,采用一定的规则把训练样本集分割为几个子集,然后再以相同的规则去分割每个子集。递归这个过程,直到每个子集只含有属于同一类样本为止。在测试阶段中,将测试样本从根结点开始进行判别,看该样本属于哪个叶子结点,同样递归地执行下去,直到该样本被分到叶子结点为止。

2. 关联规则挖掘

顾名思义,关联规则挖掘就是发现数据背后存在的某种规则或者联系。“尿布和啤酒”是这方面一个经典的例子。假设通过调研超市顾客购买的东西,可以发现30%的顾客会同时购买床单和枕套,而在购买床单的顾客中有80%的人购买了枕套。这说明用户购买不同商品之间就存在一种隐含的关系,购买床单的顾客会有很大可能购买枕套。因此商场可以将床单和枕套放在同一个购物区,方便顾客购买。

假设 $I=\{i_1,i_2,\cdots,i_m\}$ 是 m 项商品的集合。给定一个交易数据库 D,其中每个事务(transaction,即单次购物清单)t 包含的项目是 I 的非空子集。对 I 中任意两件商品 i_j 和 i_k,它们之间的关联规则在 D 中的支持度(support)是 D 中同时包含 i_j 和 i_k 的两种商品的 t 所占的百分比,即概率。置信度(confidence)是 D 中事务在已经包含 i_j 的情况下,包含 i_k 的百分比,即条件概率。如果满足最小支持度阈值和最小置信度阈值,则认为关联规则是有意义的。

关联规则挖掘可以应用到优化货架商品布置、优化邮寄商品的目录、交叉销售或者捆绑销售、搜索词推荐、异常识别等领域。

1.5 发展历程

1.5.1 机器学习的萌芽时期

机器学习的研究起点最早可以追溯到对人工神经网络的研究。19世纪末美国心理学家W. James在进行关于人脑结构和功能的研究时提出了神经元是相互连接的这一重大发现。随后,20世纪40年代,机器学习开始进入萌芽时期。1943年Warren McCulloch和Walter Pitts引入神经元概念(神经网络中的最基本概念),提出了第一个人工神经网络模型,即M-P神经元模型,被确立为神经网络的计算模型理论,从而为机器学习的发展奠定了基础。

1949年Hebb提出了一个基于神经心理学的学习公式,被称为Hebb学习规则。Hebb学习规则是一种无监督学习规则,这种学习的结果是使网络能够提取训练集的统计特性,从而把输入信息按照它们的相似性程度划分为若干类。这一点与人类观察和认识世界的过程非常吻合。人类观察和认识世界在相当程度上就是在根据事物的统计特征进行分类。

1.5.2 机器学习的热烈时期

20世纪50年代中叶至60年代中叶，机器学习进入热烈时期。尽管在萌芽阶段，神经元的概念和运作过程得到初步应用，但神经网络学习的高效运作需要依赖相关学习规则，神经网络于机器学习的效果也有待实践。热烈时期的标志正是机器学习能力的初步证明和经典学习规则的提出。1950年，“人工智能之父”Turing创造了图灵测试来判定计算机是否智能。1951年，Marvin Minsky创造了第一台神经网络机，被命名为SNARC。

1952年，IBM科学家Arthur Samuel开发了一个跳棋程序。该程序能够通过观察当前位置，同时学习一个隐含的模型，从而为后续动作提供更好的指导。Samuel发现，伴随着该游戏程序运行时间的增加，其可以实现越来越好的后续指导。值得一提的是，该程序曾经战胜了美国一个保持8年不败的冠军，向人们初步展示了机器学习的能力。

1957年，康奈尔大学教授Rosenblatt提出了最简单的前向人工神经网络——感知机，开启了有监督学习的先河，可解决Hebb这一无监督学习在处理大量有标签分类问题时存在的局限性。感知机的最大特点是能够通过迭代试错解决二元线性分类问题。在感知器被提出的同时，求解算法也相应诞生，包括感知机学习法、梯度下降法和最小二乘法(Delta学习规则)等。1962年，Novikof推导并证明了在样本线性可分情况下，经过有限次迭代，感知机总能收敛，这为感知机学习规则的应用提供了理论基础。同年，Hubel和Wiesel发现猫脑皮层中独特的神经网络结构可以有效降低学习的复杂性，从而提出著名的Hubel-Wiesel生物视觉模型，以后提出的神经网络模型均受此启迪。1963年V. N. Vapnik提出了“支持向量”的概念，为其之后支持向量机概念的提出奠定了基础。

1.5.3 机器学习的冷静时期

20世纪60年代中叶至70年代中叶是机器学习的冷静时期。由于感知机结构单一，只能处理简单线性可分问题，加之现实问题难度的提升、理论的匮乏，以及计算机有限的内存和缓慢的处理速度使得机器学习算法的应用受到很大限制，在这一时期，机器学习的发展几乎停滞不前。1969年，人工智能研究的先驱者Marvin Minsky和Seymour Papert开始研究线性不可分问题，并出版了对机器学习研究具有深远影响的著作*Perceptron*。虽然其提出的XOR问题把感知机研究送上不归路，且使得此后的十几年基于神经网络的人工智能研究进入低潮，但是对于机器学习基本思想的论断(解决问题的算法能力和计算复杂性)影响深远，延续至今。Minsky还把人工智能技术和机器人技术结合起来，开发出了世界上最早的能够模拟人活动的机器人Robot C，使机器人技术跃上了一个新台阶。其另一个大举措是创建了著名的“思维机公司”(Thinking Machines, Inc.)，开发具有智能的计算机。1970年Linnainmaa提出了BP神经，并将其称为“逆向自动区分模型”，但是并未得到太多的关注。

1.5.4 机器学习的复兴时期

20 世纪 70 年代中叶至 80 年代末，机器学习进入复兴时期。1980 年，在美国的卡内基梅隆大学(CMU)召开了第一届机器学习国际研讨会，标志着机器学习研究已在全世界兴起。此后，机器学习进入应用阶段。1981 年，Werbos 基于神经网络反向传播(BP)算法中提出了多层感知机(MLP)。当然 BP 仍然是今天神经网络架构的关键因素。有了这些新思想，神经网络的研究又加快了。1982 年，Hopfield 发表了一篇关于神经网络模型的论文，构造出能量函数并把这一概念引入 Hopfield 网络，同时通过对动力系统性质的认识，实现了 Hopfield 网络的最优化求解，推动了神经网络的深入研究和发展应用。

1983 年，R. S. Michalski 等人把机器学习研究划分为"从样例中学习""在问题求解和规划中学习""通过观察和发现学习""从指令中学习"等种类。20 世纪 80 年代以来，被研究最多、应用最广泛的是"从样例中学习"，也称"归纳学习"，即从训练样例中归纳出学习结果，其中一大主流是符号主义学习，其代表包括决策树和基于逻辑的学习。

1984 年，Valiant 首次提出了"概率近似正确性学习"(PAC learning)架构，将机器学习算法的可学习性与计算复杂性联系起来，并由此派生出"计算学习理论"。

1986 年，昆兰提出了一个非常著名的 ML 算法，我们称之为决策树算法，更准确地说是 ID3 算法，这是符号主义学习的一个重要代表。同年，Rumelhart、Hinton 和 Williams 联合在《自然》杂志发表了著名的反向传播算法(BP)，这是"从样例中学习"的另一大主流技术：基于神经网络的连接主义学习。该算法首次阐述了 BP 算法在浅层前向型神经网络模型的应用，不但明显降低了最优化问题求解的运算量，还通过增加一个隐层解决了感知机无法解决的 XOR Gate 难题，该算法成为神经网络的最基本算法。同期，第一本机器学习专业期刊 *Machine Learning* 创刊，标志着机器学习逐渐为世人瞩目并开始加速发展。

1989 年，美国贝尔实验室学者 Yann LeCun 教授提出了目前最为流行的卷积神经网络(CNN)计算模型，推导出了基于 BP 算法的高效训练方法，并成功地应用于英文手写体识别。CNN 是第一个被成功训练的人工神经网络，也是后来深度学习最成功、应用最广泛的模型之一。

1.5.5 机器学习的多元发展时期

20 世纪 90 年代后，机器学习进入真正的多元发展时期。通过对前面 4 个时期的梳理可知，主流研究都是围绕人工神经网络和学习规则的衍变而展开的。随后，集成学习与深度学习的提出，成为机器学习的重要延伸。1990 年，Schapire 最先构造出一种多项式级的算法，对该问题做了肯定的证明，这就是最初的 Boosting 算法。一年后，Freund 提出了一种效率更高的 Boosting 算法。但是，这两种算法存在共同的实践上的缺陷，那就是都要求事先知道弱学习算法学习正确的下限。

1995年,Freund和Schapire改进了Boosting算法,提出了AdaBoost(adaptive boosting)算法,该算法效率和Freund于1991年提出的Boosting算法几乎相同,但不需要任何关于弱学习器的先验知识,因而更容易应用到实际问题当中。同年,Vapnik和Cortes在大量理论和实证的条件下提出支持向量机,这是"统计学习"的一大代表性技术,也是机器学习领域中一个最重要的突破,并从此将机器学习分为神经网络和支持向量机两部分。支持向量机在以前许多神经网络模型不能解决的任务中取得了良好的效果。此外,支持向量机能够利用所有的先验知识做凸优化选择,产生准确的理论和模型。因此,它可以对不同的学科产生大的推动,产生非常高效的理论和实践改善。

1996年,Breiman在Bootstrapping和aggregating概念的基础上提出了集成学习的另一算法——Bagging算法。其核心思想是可重复取样。2001年Breiman提出了集成决策树模型。该模型能够合成多个决策树,而每个决策树是由实例的一套随机子集决策,并且每个节点是通过参数的一个随机子集产生的。由于它本身的特性,它被称为随机森林(random forests,RF)。理论和实际经验证明RF对过度拟合有耐性。在处理过度拟合和数据中异常实例时,即便是AdaBoost也很无力,而RF对这些问题有着更强大的处理能力。

2006年,在学界及业界巨大需求的刺激下,特别是在计算机硬件技术的迅速发展提供了强大的计算能力的背景下,机器学习领域的泰斗Geoffrey Hinton和Ruslan Salakhutdinov提出了深度学习模型,"连接主义学习"再度卷土重来。其主要论点包括:多个隐层的人工神经网络具有良好的特征学习能力;通过逐层初始化来降低训练的难度,实现网络整体调优。这个模型的提出,开启了深度神经网络机器学习的新时代。Hinton的学生Yann LeCun的LeNets深度学习网络可以被广泛应用于全球的ATM机和银行中。同时,Yann LeCun和吴恩达等认为,卷积神经网络使得人工神经网络能够快速训练,是因为其所占用的内存非常小,无须在图像的每一个位置上都单独存储滤镜,因此非常适合构建可扩展的深度学习网络,适合识别模型。

2012年,Hinton研究团队采用深度学习模型开发的应用赢得计算机视觉领域最具影响力的ImageNet比赛冠军,标志着深度学习进入应用阶段。近年来,随着Hinton、LeCun和Andrew Ng对深度学习的研究,以及云计算、大数据、计算机硬件技术的发展,深度学习在多个领域取得了令人赞叹的进展,推出了一批成功的商业应用,如谷歌翻译、苹果语音工具Siri、微软的Cortana个人语音助手、蚂蚁金服的SmiletoPay扫脸技术。2016年Google旗下DeepMind出品的AlphaGo连胜三局(五局三胜制)战胜韩国职业棋手围棋九段李世石,成为人工智能领域的又一里程碑事件。随后,京东成立相关事业部,主要做无人机及仓储机器人项目。在2017年Pytorch发布后,Tensorflow通过在Tensorflow Fold中发布动态网络迅速作出回应。大玩家之间的"AI之战"轰轰烈烈,所有的主要供应商都已经在各自的云服务中加紧布局AI。亚马逊已经在他们的AWS进行大量创新,比如其最近推出构建和部署ML模型Sagemaker。AI赌神Libratus战胜美国得克萨斯州扑克专家,将AI的主导地位扩展到并不完善的信息游戏中。深度学习框架变得更加友好且易于访问,深度学习和集成建模方法继续显示出与其他机器学习工具相比的价值和优势,深度学习在各个领域和行业得到了更广泛的应用。

本章小结

本章以经典的"数字手写体识别"的例子来介绍机器学习的基本概念。通过介绍MNIST数据集的特点,以及如何将"数字手写体识别"的任务转换成利用有标注的数据集训练一个神经网络,最后由神经网络来完成数字识别的过程,让初学者了解到一个经典的机器学习案例。从而能够比较容易地理解什么是机器学习以及机器学习的关键构成要素。本章的最后回顾了机器学习的发展历程,启发初学者慢慢体会技术发展背后的驱动力。

本章课件

习　题

(1) 根据本章描述的基于MNIST数据集进行计算机手写体识别的例子,尝试从互联网上获取例子程序,调试运行。

(2) 试述机器学习能在哪些常见的互联网应用(举1～2个应用例子)的哪些环节起到什么作用。

第2章

几　何　模　型

导　读

本章介绍机器学习中几种经典的几何模型。通过这些简单模型的介绍，使读者在上一章的概念学习的基础上通过模型实例进一步理解什么是机器学习，以及如何使用机器学习解决二分类的问题，之后将其拓展到多分类问题。本章从线性分类器谈起，进而介绍了广泛应用的支持向量机(SVM)模型，阐明了 SVM 旨在求解最佳分类器的思想和方法，之后介绍了最近邻算法和 K-均值算法。在介绍后面两种和距离有关的算法时，首先扩展了距离的概念和基本计算方法；然后明确了有监督学习和无监督学习的概念。最近邻算法适合有监督的分类任务，不需要模型训练，是一种典型的惰性(lazy)模型；而 K-均值算法可以应用于有监督和无监督两类分类任务，是一种典型的贪婪算法。

在完成机器学习的具体任务时，都要先抽取样本实例的特征。每个样本在所有特征分量上具有特定的取值，可以看作特征空间的一个向量。例如，我们以二维平面上的点为样本集，则可以用横坐标 x_1 和纵坐标 x_2 表示一个具体的样本。显然，样本具有两个特征，分别为 x_1 和 x_2。每个点可以用一个向量 $(x_1, x_2)^{\mathrm{T}}$ 表示，这个向量称为**特征向量**。我们把样本集的特征集合拓展到定义在数域上的特征空间，是因为我们在研究样本的特征时需要对特征进行度量和运算，如加法定律、数乘定律、内积操作、距离计算等。在上述例子中，如果我们关心点的位置，还关心点的颜色，那么我们还需要加入颜色特征，如红色分量 r、绿色分量 g、蓝色分量 b，则特征向量变为：$(x_1, x_2, r, g, b)^{\mathrm{T}}$。

上述例子用的是笛卡儿坐标系中的点集，分布上天然具有几何特征。比如，圆周上的点围绕圆心分布。不局限于平面上的点集，通常特征空间都有一定的几何结构。如果样本的所有特征都是数值型的，那么可将每个特征向量视为笛卡儿坐标系中的一个点。例如，肿瘤患者的肿瘤是恶性的概率和患者年龄以及肿瘤的尺寸密切相关，可以用以年龄和肿瘤尺寸两个特征为坐标轴的平面上的点表示一个样本。

几何特征，如直线、曲线、平面、距离等，有助于我们区分样本的分布特征。利用几何特征构建的机器学习模型,我们称之为**几何模型**。几何模型主要包括线性分类器、支持向量机、最近邻算法以及 K 均值聚类等。

2.1 线性分类器

在介绍线性分类器(linear classifier)之前,我们先讨论一下什么是**线性分类问题**。如图 2-1所示,左边的两组不同标记标出的点可以用一条直线分开,直线的法线方向的点为一类,法线反方向的点为另一类;右边的两组点无法用一条直线分开。平面中的直线可以用特征的线性组合表示,如 $\omega_1 x_1+\omega_2 x_2+b$,其中 x_1、x_2 为特征,ω_1、ω_2 为实数。因此,图(a)对应线性可分,图(b)对应线性不可分。从图中明显可以看出,图(b)可以用一个圆曲线把两组点分开,但因为圆不能用坐标的线性运算表达,因此不能说图(b)是线性可分的。

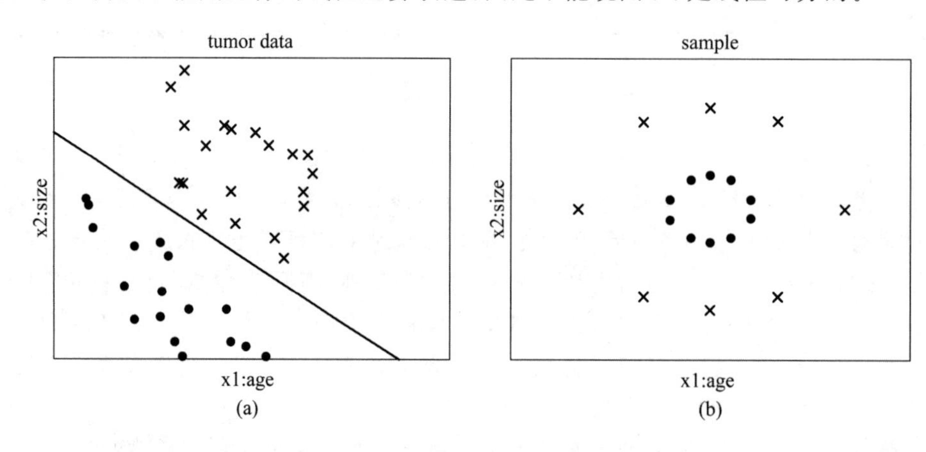

图 2-1 线性可分与线性不可分

在三维空间,坐标的线性组合代表一个平面。扩展到多维空间,坐标的线性组合代表一个超平面。因为机器学习中的任务通常处理的特征空间是多维空间,所以我们用的线性分割平面通常为超平面,我们称之为**线性决策面**。如果存在某个线性决策面能够将两类样本分离,则称所给数据集是**线性可分的**(linearly seperable)。因此,在线性分类任务中,分类问题的目标就是根据样本(点的坐标或其他几何特征)在空间中的分布,寻找能够将这些样本进行分类(使每类样本对应同一标签)的决策面。决策面可以是直线、曲线、平面、曲面、超平面。线性决策面使用线性方程表示,可以是直线、平面、超平面。

如图 2-1(a)所示,对于线性分类问题,我们可以利用一条直线将标注为"×"的点和标注为"•"的点分开。我们用横坐标表示患者的年龄,纵坐标表示患者肿瘤的大小。如果患者年龄越大,肿瘤是恶性的概率越大;肿瘤的体积越大,恶性的比例越大,那么"×"点对应的肿瘤是恶性的概率要大于"•"对应的肿瘤。

直线的方程为:

$$f(\boldsymbol{x})=\omega_1 x_1+\omega_2 x_2+b=\boldsymbol{\omega}^{\mathrm{T}}\boldsymbol{x}+b \tag{2-1}$$

其中,$\boldsymbol{x}=(x_1,x_2)^{\mathrm{T}}$,$\boldsymbol{x}$ 为样本的特征向量;$\boldsymbol{\omega}=(\omega_1,\omega_2)^{\mathrm{T}}$,$b\in\mathbf{R}$,$\boldsymbol{\omega}$ 和 b 分别为权重参数向量和偏差参数。根据式(2-1)的取值可以判断点属于"×"点集,还是属于"•"点集。本例中,

“×”点集为恶性概率大的集合，称为正例集合 $\boldsymbol{P}$；“•”点集为恶性概率小的集合，称为反例集合 $\boldsymbol{N}$。显然：

- $f(\boldsymbol{x})>0, \boldsymbol{x}\in \boldsymbol{P}$；
- $f(\boldsymbol{x})<0, \boldsymbol{x}\in \boldsymbol{N}$。

向量 $\boldsymbol{\omega}$ 垂直于直线 $f(\boldsymbol{x})=0$，$f(x)=0$ 是本分类问题中的决策面。推广到多维空间，决策面变成一个超平面，向量 $\boldsymbol{\omega}$ 垂直于决策面，即对于决策面中任意点 $\boldsymbol{x}$ 有 $\boldsymbol{\omega}^{\mathrm{T}}\boldsymbol{x}+\boldsymbol{b}=\boldsymbol{0}$。

显然 $f(\boldsymbol{x})>0$ 可以改写成：

$$\boldsymbol{\omega}^{\mathrm{T}}\boldsymbol{x}>-b \tag{2-2}$$

令 $T=-b$，则 T 表示决策阈值。

推广到一般情况，对于 n 维空间中的点用向量 $\boldsymbol{x}$ 表示：

$$\boldsymbol{x}=(x_1, x_2, \cdots, x_n)^{\mathrm{T}} \tag{2-3}$$

决策函数用 $f(\boldsymbol{x})$表示：

$$f(\boldsymbol{x})=\boldsymbol{\omega}^{\mathrm{T}}\boldsymbol{x}+b \tag{2-4}$$

n 维空间中的决策面由 $f(\boldsymbol{x})=0$ 给出，向量 $\boldsymbol{\omega}$ 垂直于决策面，其中，

$$\boldsymbol{\omega}=(\omega_1, \omega_2, \cdots, \omega_n)^{\mathrm{T}} \tag{2-5}$$

$f(\boldsymbol{x})=0$ 对应 $\boldsymbol{\omega}^{\mathrm{T}}\boldsymbol{x}=T$。对于空间中任意点 $\boldsymbol{x}$ 有：

- $\boldsymbol{\omega}^{\mathrm{T}}\boldsymbol{x}>T$，$\boldsymbol{x}$ 在决策面法向向量一侧，$f(\boldsymbol{x})>0, \boldsymbol{x}\in \boldsymbol{P}$；
- $\boldsymbol{\omega}^{\mathrm{T}}\boldsymbol{x}<T$，$\boldsymbol{x}$ 在决策面法向向量反侧，$f(\boldsymbol{x})<0, \boldsymbol{x}\in \boldsymbol{N}$。

在实际使用过程中，可以利用下式求正例样本集合的“质心”$\boldsymbol{p}$：

$$\boldsymbol{p}=\frac{1}{n_P}\sum_{\boldsymbol{x}\in \boldsymbol{P}}\boldsymbol{x} \tag{2-6}$$

其中，n_P 为 $\boldsymbol{P}$ 中样本的个数。

同理可求反例样本集合的“质心”$\boldsymbol{n}$。则决策面通过向量 $\boldsymbol{p}-\boldsymbol{n}$ 的中点，再选择恰当的决策阈值就可以得到一个线性分类器，为线性可分问题提供机器学习算法。

线性分类器的值域为实数，在整个实数域内敏感度一致。个别错误样本或噪声比较大的样本的存在会使其在训练集上表现很差。在实际使用中可以根据值域的要求，套用一个单调可微函数 $g(\cdot)$，令

$$f(\boldsymbol{x})=g^{-1}(\boldsymbol{\omega}^{\mathrm{T}}\boldsymbol{x}+b) \tag{2-7}$$

其中，$g(\cdot)$通常为非线性函数，称为**联系函数**(link function)。套用 $g(\cdot)$后，模型称为广义线性模型。如令 $g(\cdot)=\ln(\cdot)$，则

$$\ln[f(\boldsymbol{x})]=\boldsymbol{\omega}^{\mathrm{T}}\boldsymbol{x}+b \tag{2-8}$$

使用式(2-8)给出的联系函数时，模型称为**逻辑线性回归模型**(log-linear regression)。

2.2 支持向量机

针对类似上述分类问题的机器学习任务，我们希望能够通过一个 $n-1$ 维的超平面分开 n 维实空间中的点。如果我们采用线性分类器，有很多分类器都符合这个要求。由 2.1 节的讨论我们知道，利用一个通过 $p-n$ 中点再结合合适的阈值我们可以求出一个决策面。

显然不同阈值的选择可以得出多个决策面。那么，我们如何找到分类最佳的决策面呢？使得属于两类的数据样本点间隔最大的那个决策面，称为**最大间隔超平面**。如果我们能够找到这个面，那么这个分类器就称为**最大间隔分类器**。由支持向量机学习得到最大间隔决策面如图 2-2 所示。

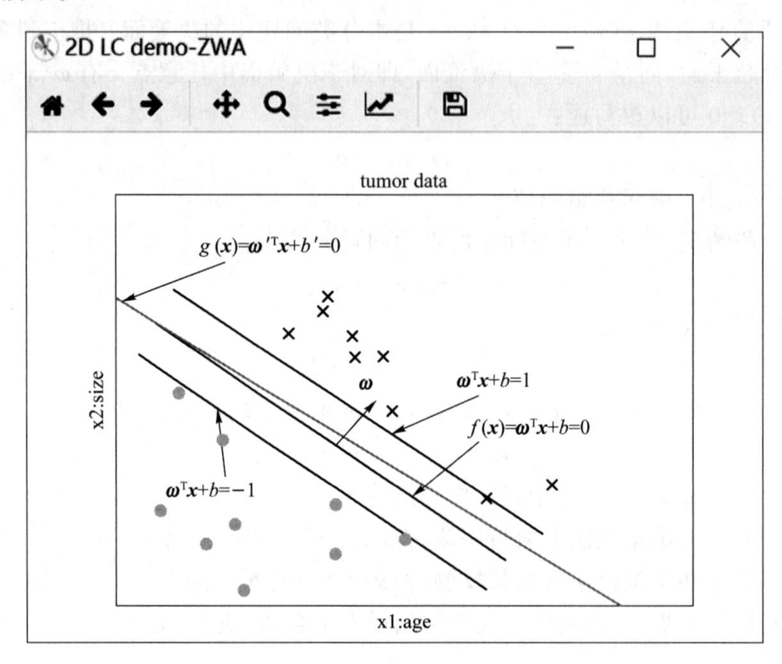

图 2-2　由支持向量机学习得到最大间隔决策面

如图 2-2 所示，$f(\boldsymbol{x})$和 $g(\boldsymbol{x})$都可以实现线性分类，而 $f(\boldsymbol{x})$满足间隔最大化要求。与 $f(\boldsymbol{x})$相对应的直线 $\boldsymbol{\omega}^{\mathrm{T}}\boldsymbol{x}+b=-1$ 和 $\boldsymbol{\omega}^{\mathrm{T}}\boldsymbol{x}+b=1$ 之间的间隔为$\frac{2}{\|\boldsymbol{\omega}\|}$。显然，只有直线 $\boldsymbol{\omega}^{\mathrm{T}}\boldsymbol{x}+b=-1$ 和 $\boldsymbol{\omega}^{\mathrm{T}}\boldsymbol{x}+b=1$ 上分布的样本点对选取决策面(此时为一条直线)有帮助，因此这些点对应的特征向量称为**支持向量**(support vector)，对应的最大化间隔模型称为**支持向量机**(support vector machine，SVM)。

有关 SVM 的知识在其他课程中会详细介绍，此处不展开讨论。这里只对 SVM 的主要思想和求解过程进行介绍。

从图 2-2 可以看出，最大化间隔就是最大化$\frac{2}{\|\boldsymbol{\omega}\|}$，等效于最小化$\|\boldsymbol{\omega}\|^2$。由于$\|\boldsymbol{\omega}\|^2=\boldsymbol{\omega}^{\mathrm{T}}\boldsymbol{\omega}$，所以 SVM 问题可以归标准化为：

$$\begin{cases}\min\limits_{\boldsymbol{\omega},b}\dfrac{1}{2}\boldsymbol{\omega}^{\mathrm{T}}\boldsymbol{\omega} \\ \text{s. t.}\ \ y^{(n)}(\boldsymbol{\omega}^{\mathrm{T}}\boldsymbol{x}^{(n)}+b)\geqslant 1 \qquad n=1,2,\cdots,N\end{cases} \tag{2-9}$$

其中，$\boldsymbol{x}^{(n)}$代表第 n 个样本点对应的特征向量；$y^{(n)}$代表第 n 个样本点的标签，正例为 1，负例为−1；N 为样本总数。

引入拉格朗日乘子 $\boldsymbol{\alpha}=(\alpha_1,\alpha_2,\cdots,\alpha_N)$，式(2-9)的对偶问题为：

$$\begin{cases}\min\limits_{\boldsymbol{\alpha}} \dfrac{1}{2}\sum\limits_{n=1}^{N}\sum\limits_{m=1}^{N}\alpha_n\alpha_m y^{(n)} y^{(m)} (\boldsymbol{x}^{(n)})^{\mathrm{T}}\boldsymbol{x}^{(m)} - \sum\limits_{n=1}^{N}\alpha_n \\ \text{s.t.} \sum\limits_{n=1}^{N} y^{(n)}\alpha_n = 0, \alpha_n \geqslant 0, n = 1,2,\cdots,N\end{cases} \tag{2-10}$$

定义矩阵 $\boldsymbol{Q}$，第 n 行第 m 列对应的元素 $q_{n,m}=y^{(n)}y^{(m)}(\boldsymbol{x}^{(n)})^{\mathrm{T}}\boldsymbol{x}^{(m)}$，则式(2-10)可以写成矩阵形式，即：

$$\begin{cases}\min\limits_{\boldsymbol{\alpha}}\dfrac{1}{2}\boldsymbol{\alpha}^{\mathrm{T}}\boldsymbol{Q}\boldsymbol{\alpha}-\boldsymbol{1}^{\mathrm{T}}\boldsymbol{\alpha} \\ \text{s.t.} \quad \boldsymbol{y}^{\mathrm{T}}\boldsymbol{\alpha}=0, -\boldsymbol{I}\boldsymbol{\alpha}\leqslant\boldsymbol{0}\end{cases} \tag{2-11}$$

其中，$\boldsymbol{1}$ 为 $N\times1$ 全“1”矩阵，$\boldsymbol{I}$ 为 $N\times N$ 单位矩阵，$\boldsymbol{0}$ 为 $N\times1$ 全“0”矩阵。

式(2-11)可以利用二次规划(quadratic programming，QP)数学工具求解。求解完成后会发现 $\boldsymbol{\alpha}$ 的大部分分量取值为 0，少数分量取值不为 0，对应支持向量。

设全体样本构成的集合为 $\boldsymbol{N}$，全体支持向量构成的集合为 $\boldsymbol{S}$，则有：

$$\boldsymbol{\omega} = \sum_{n=1,\boldsymbol{x}^{(n)}\in\boldsymbol{N}}^{N}\alpha_n y^{(n)}\boldsymbol{x}^{(n)} = \sum_{i=1,\boldsymbol{x}^{(i)}\in\boldsymbol{S}}^{|\boldsymbol{S}|}\alpha_i y^{(i)}\boldsymbol{x}^{(i)} \tag{2-12}$$

并且对于 $\boldsymbol{S}$ 中任意支持向量，$\boldsymbol{x}^{(i)}$ 有：

$$y^{(i)}(\boldsymbol{\omega}^{\mathrm{T}}\boldsymbol{x}^{(i)}+b)=1 \tag{2-13}$$

通过式(2-13)，我们可以求解出分类函数的偏差参数 b，并求出最终的分类函数 $f(\boldsymbol{x})=\boldsymbol{\omega}^{\mathrm{T}}\boldsymbol{x}+b$。

结合式(2-12)可以得到：

$$\begin{aligned} f(\boldsymbol{x}) &= \boldsymbol{\omega}^{\mathrm{T}}\boldsymbol{x}+b = \boldsymbol{\omega}\cdot\boldsymbol{x}+b \\ &= \sum_{i=1,\boldsymbol{x}^{(i)}\in\boldsymbol{S}}^{|\boldsymbol{S}|}\alpha_i y^{(i)}\langle\boldsymbol{x}^{(i)},\boldsymbol{x}\rangle+b \end{aligned} \tag{2-14}$$

式(2-14)中 $\langle\cdot,\cdot\rangle$ 表示向量的内积，在欧氏空间中，对于任意矢量 $\boldsymbol{c},\boldsymbol{d}$，$\langle\boldsymbol{c},\boldsymbol{d}\rangle=\boldsymbol{c}\cdot\boldsymbol{d}$。在实际使用中，我们求解出支持向量后，可以不用计算 $\boldsymbol{\omega}$，而是直接利用式(2-14)计算输入向量和所有支持向量的内积和求解 $f(\boldsymbol{x})$。则对于任意输入向量 $\boldsymbol{x}$，其分类标签 y 可以由下式给出：

支持向量机

$$y=\mathrm{sgn}(f(\boldsymbol{x}))=\begin{cases}1, & f(\boldsymbol{x})\geqslant0 \\ -1, & f(\boldsymbol{x})<0\end{cases} \tag{2-15}$$

2.3 最近邻算法

“距离”是几何结构描述的基础度量。如果两个实例在特征空间中的距离很小，那么我们可以认为这两个实例具有相似性。

如图 2-3 所示，横轴表示零件样本的密度，纵轴表示零件样本的硬度。在我们不知道零件的材料种类时，可以通过测量每个零件的密度和硬度，并用图 2-3 所示平面中的点表示每一个样本对应的测量值对。显然密度和硬度都相近的零件使用的材料种类更“相似”，据此可以将这组零件样本分成三类,每一类的中心点对应的坐标可以用作此类材料相应属性的特征参数。

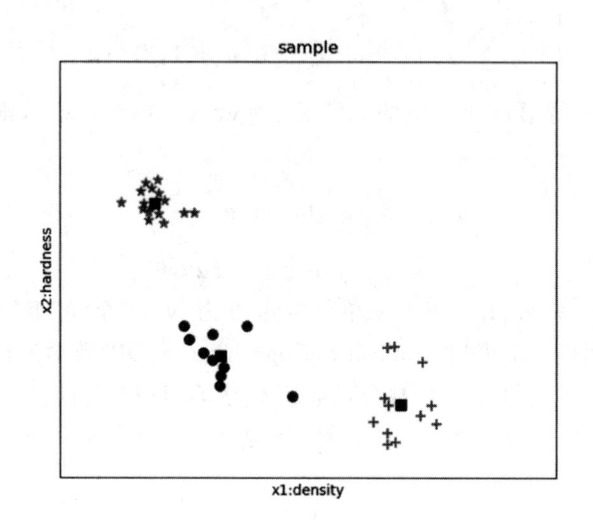

图 2-3 聚类示意

在"无监督学习"中,训练样本未知,利用分类可以揭示数据内在规律,可以作为进一步分析的基础。把样本分成多个通常不相交的子集,称为"聚类分析"。相应地,每个子集称为一个"簇"(cluster)。最近邻算法把"**距离**"彼此接近的一组样本点分成一簇,如图 2-3 中"*""●"和"+"表示的点分成三簇。

这里使用"距离"一词,借用笛卡儿坐标系中,两点之间距离的概念。在 n 维欧氏空间中,两点之间的距离为欧氏距离(Euclidean distance),定义为两数据点 $\boldsymbol{x},\boldsymbol{x}'$ 沿各坐标轴距离平方和的平方根,即:

$$|\boldsymbol{x}-\boldsymbol{x}'| = \sqrt{\langle \boldsymbol{x},\boldsymbol{x}' \rangle} = \sqrt{\sum_{i=1}^{n} (x_i - x'_i)^2} \tag{2-16}$$

最近邻分析中,需要用特定函数计算两个样本之间的距离,距离越小两者越相似。把计算点 $\boldsymbol{x}$ 和 $\boldsymbol{x}'$ 之间的距离的函数表示为 $d(\boldsymbol{x},\boldsymbol{x}')$,$d(\boldsymbol{x},\boldsymbol{x}')$ 为"距离度量"(distance measure),满足如下性质:

- 非负性:$d(\boldsymbol{x},\boldsymbol{x}')>0$
- 同一性:$d(\boldsymbol{x},\boldsymbol{x}')=0 \Leftrightarrow \boldsymbol{x}=\boldsymbol{x}'$
- 对称性:$d(\boldsymbol{x},\boldsymbol{x}')=d(\boldsymbol{x}',\boldsymbol{x}')$
- 三角不等式:$d(\boldsymbol{x},\boldsymbol{x}')\leqslant d(\boldsymbol{x},\boldsymbol{x}'')+d(\boldsymbol{x}'',\boldsymbol{x}')$

在图 2-3 所示的零件样本分析举例中,我们采用了密度和硬度作为样本点的"属性"。类似密度和硬度这些属性在定义域上取值有无穷多个可能,称为"连续性属性"(continuous attribute)或"数值属性"(numerical attribute)。如果属性的取值是有限的,则称为"分类属性"(categorical attribute)或"标称属性"(nominal attribute)。能够直接用来计算距离的属性称为"有序属性"(ordinal attribute)。欧氏空间中点的坐标值是连续性属性也是有序属性,而定义域为{1,2,3}的,用于表示一个家中孩子数量的属性虽然不是连续性属性,但可以用来计算距离,如"1"到"3"之间的距离大于"2"到"3"之间的距离,因此也是有序属性。再比如，反映人们主食结构的属性取值为{大米，白面，玉米，…}，无法用来直接计算距离，称为“无序属性”(non-ordinal attribute)。

对于有序属性可以利用“闵科夫斯基距离”(Minkowski distanse)来计算 $\boldsymbol{x}$ 和 $\boldsymbol{x}'$之间的距离，定义如下：

$$d_{\text{mink}}(\boldsymbol{x},\boldsymbol{x}') = \left(\sum_{i=1}^{n} \mid x_i - x'_i \mid^p\right)^{1/p} \tag{2-17}$$

特别地，闵科夫斯基距离在 $p=1$ 时为曼哈顿距离(Manhattan distance)；在 $p=2$ 时为欧氏距离。

对于无序属性，需要经过特定的变换才能计算不同样本之间在同一属性上的距离。1986年，Stanfill 和 Waltz 给出了一种用于计算无序属性 u 上两个离散值 a 与 b 之间距离的方法，即 VDM(value difference metric)，定义如下：

$$\text{VDM}_p(a,b) = \sum_{i=1}^{k}\left|\frac{m_{u,a,i}}{m_{u,a}} - \frac{m_{u,b,i}}{m_{u,b}}\right|^p \tag{2-18}$$

其中，$m_{u,a}$表示全体样本数据中属性 u 取值为 a 的样本数，$m_{u,a,i}$表示第 i 个样本簇中属性 u 取值为 a 的样本数，k 为样本簇数。

对于既有有序属性又有无序属性的样本数据，可以综合使用闵科夫斯基距离和 VDM，对于属性重要性不同的样本数据，可以使用“加权距离”(weighted distance)。

最近邻分类器(nearest-neighborhoodclassifier)使用最近邻算法，在训练过程中把距离彼此接近的分成一类，把样本点分成若干簇，每个簇对应一个簇标，标识一个分类。为确定一个实例所属的类别，分类器计算输入样本和每个簇中样本点之间的距离，选择距离最近的分类作为输出。

K 近邻算法(KNN)是一种常用的最近邻分类器。KNN 在判断输入对应的类时，先选择和输入最近的 K 个有标签的样本，然后再根据特定规则确定输入的最终分类。例如，选择概率最大的类作为目标输出，即选择 K 个样本中“大多数”样本属于的类。可以看出，这种算法非常简单，也不需要模型训练，是一种典型的惰性(lazy)模型。

K 近邻算法

2.4 K-均值聚类

K-均值(K-means)算法是一种很典型的基于距离的聚类算法，采用距离作为相似性的评价指标。两个样本之间的距离越近，其相似度就越大。该算法认为簇是由距离靠近的对象组成的，因此以“紧凑且独立的簇”作为最终学习任务。

假设 m 个样本组成的样本集为 $\boldsymbol{D}=\{\boldsymbol{x}^{(1)},\boldsymbol{x}^{(2)},\cdots,\boldsymbol{x}^{(m)}\}$。K-means 算法的目标是将样本分成 K 个样本簇，表示为：$\boldsymbol{C}=\{\boldsymbol{C}_1,\boldsymbol{C}_2,\cdots,\boldsymbol{C}_k\}$。

样本簇$\boldsymbol{C}_i$ 对应的“质心”为 $\boldsymbol{\mu}_i$，定义为：

$$\boldsymbol{\mu}_i = \frac{1}{|\boldsymbol{C}_i|}\sum_{\boldsymbol{x}\in\boldsymbol{C}_i}\boldsymbol{x}, \quad i=1,2,\cdots,k \tag{2-19}$$

定义簇划分的最小平方误差为：

$$\boldsymbol{E}=\sum_{i=1}^{K}\sum_{x\in \boldsymbol{C}_i}\|\boldsymbol{x}-\boldsymbol{\mu}_i\|_2^2 \tag{2-20}$$

最小化 $\boldsymbol{E}$,实质上是让每个样本都找到自己最合适的“质心”,便得出最优的划分结果。然而最小化 $\boldsymbol{E}$ 是一个 NP 难题,K-means 算法采用贪心策略,主要思路如下:

(1) 从 $\boldsymbol{D}$ 中随机选择 K 个样本作为 $\boldsymbol{\mu}_i$ 的初始值,如图 2-4 中“sample”所示的 3 个颜色的圆点,样本数据采用图 2-3 所示数据,“·”标注的点为质心,“+”标注的点为样本点。

(2) 对 $\boldsymbol{D}$ 中的所有样本 $\boldsymbol{x}^{(l)}$,$l=1,2,\cdots,m$ 逐一确定它和哪个“质心”距离最近,假设 $\boldsymbol{\mu}_i$ 最近,则将其划分到对应的簇 $\boldsymbol{C}_i$ 中。

(3) 经过步骤(2)分类后,我们得到 K 个簇。重新计算各样本簇的“质心”,如图 2-4 中“1st round”所示,新生成不同颜色的圆点和对应的不同颜色表示的“点簇”。

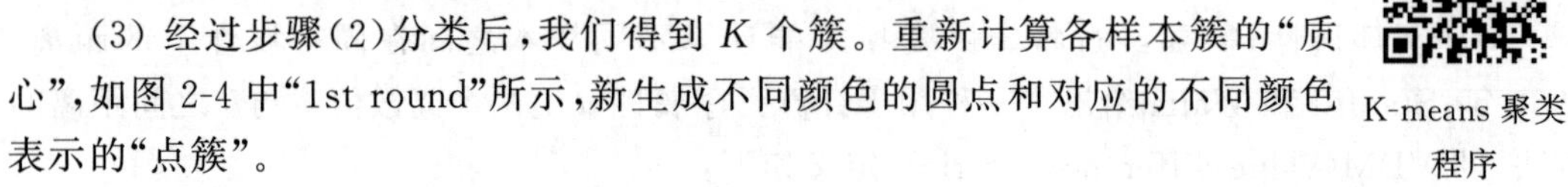

K-means 聚类程序

(4) 重复(2)和(3),直到各个样本簇的“质心”不再发生变化,如图 2-4 中的“2nd round”和“3rd round”。

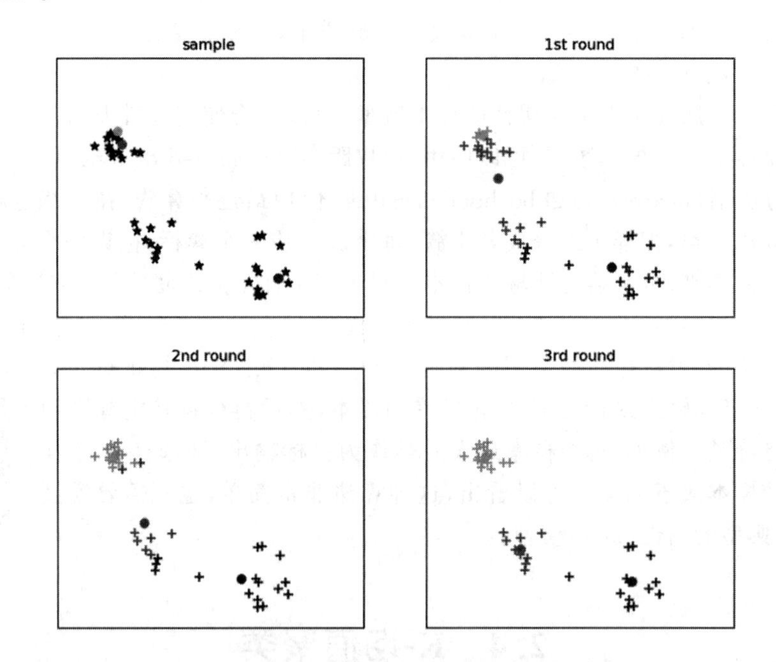

图 2-4　K-means 算法示意

K-means 算法意在找到一个原型用以刻画聚类结构,采用这种思想的方法称为原型聚类(prototype-based clustering)。K-means 算法可以对无标签数据进行分类,即无监督学习。如果样本数据带有类别标签,可以利用监督信息辅助聚类,此时可以使用 LVQ(learning vector quantization,学习向量化)算法。

K-means 聚类

本章小结

本章是第一章机器学习概念介绍的延伸。主要通过几个比较简单的几何模型完成分类的例子来让初学者进一步加深机器学习中“任务”、“模型”和“特征”的概念。相比之下，对模型本身介绍比较简略。其中对于 SVM，只介绍了其核心思想，但是这个模型在很多实际应用中其实非常有效，所以读者可以通过延伸阅读和编程实践来加深对这个模型的理解。KNN 算法和 K-mean 算法比较简单，读者可以根据文中描述的计算过程来编程实践，以达到深入理解的目标。

延伸阅读

本章介绍的线性分类器针对二分类问题，多个二分类器一起使用可以完成多分类任务。读者可以在此基础上拓展思考。对于线性可分问题，SVM 求解涉及二次规划有关数学工具，读者可以参考凸优化、二次规划有关资料。对于非线性可分问题，可以通过把低维特征空间映射到线性可分的高维空间之后再使用 SVM。读者可以参阅核函数技巧资料做进一步了解。

习　题

(1) 试分析在什么情况下，在线性模型 $y=\boldsymbol{\omega x}+b$ 中不必考虑偏置项 b。

(2) 请给出一个线性不可分问题的例子。

(3) 在进行聚类时，我们需要使用“距离”来对聚类结果不断优化，请给出距离的定义，并给出一些常用的作为距离度量的方式。

(4) 常用的距离度量方式是否都满足距离的定义？如果不满足，给出一个例子。

(5) 请给出基本 K-均值算法的优点和缺点，并查阅资料给出 3 种 K-均值算法改进方法。

(6) 有监督学习与无监督学习的区别是什么？SVM 属于有监督学习还是无监督学习？

(7) 请给出 SVM 的一个具体编程实现。

本章课件

本章其他参考程序

第3章 概念学习

导读

从训练样本中获得一般性知识(函数或者概念等)是机器学习的核心任务。本章介绍的概念学习是在给定的一些正例和负例训练样本中,归纳获得一般性概念的方法。这个方法假设有一个预定义的概念空间,通过搜索的方法,找到一个假设使其与所有的样本符合程度最高,这就是学到的概念。这个学习方法能够非常直观地展示机器学习的本质,因此是后续我们进行计算学习理论讲解的基础。在这个方法中,本章介绍了假设空间、变型空间、偏序结构等概念,以及FIND-S、候选消除算法等基本的概念学习算法。

3.1 概念学习的定义

归纳(induction)与演绎(deduction)是科学推理的两大基本手段。前者是从特殊到一般的"泛化"(generalization)过程,即从具体的事实归纳出一般性规律;后者则是从一般到特殊的"特化"(specialization)过程,即从基础原理推演出具体状况。例如,在数学公理系统中,基于一组公理和推理规则推导出与之相关的定理,这是演绎;而"从样例中学习"显然是一个归纳的过程,因此也称为"归纳学习"(inductive learning)。

归纳学习有狭义和广义之分,广义的归纳学习大体相当于从样例中学习,而狭义的归纳学习则要求从训练样本中学习概念(concept),因此也称为"概念学习"(concept learning)或者"概念形成"。概念是反映事物的本质属性的思维形式,所以概念学习就是明确描述事物本质属性的过程。例如,我们把"适合外出锻炼的日子"作为一个概念,那么要明确这样的日子具备哪些属性,如是否下雨,是否有雾霾,等等。

概念学习需要考虑的问题为在给定一个样例集合及每个样例是否属于某一概念的标注

的前提下,自动推断出该概念的一般定义。换言之,就是如何从某一类别的若干正例和反例中获得该类别的一般定义。如果把是否是正例看作一个布尔函数的取值,把判断取值的过程看作一个布尔函数运算过程,则我们可以把概念学习定义为:利用有关某个布尔函数的输入输出训练样例,推断出该布尔函数的过程。

3.2 概念学习任务的表述

首先考虑一个目标概念(target concept)为"适合进行户外运动的日子"的例子。表 3-1 描述了一系列日子的样例,每个样例都可以被表示为属性的集合。最后一个属性 OutdoorSport 表示这一天是否适合进行户外运动。我们的任务是根据表中某一天的其他属性,预测出该天 OutdoorSport 的值,来判断是否适合进行户外运动。

表 3-1 目标概念 OutdoorSport 的正例和反例

样例	阴晴 Sky	气温 Temp	湿度 Humidity	风力 Wind	水温 Water	天气变化 Forecast	户外运动 OutdoorSport
1	Sunny	Warm	Normal	Strong	Warm	Same	Yes
2	Sunny	Warm	High	Strong	Warm	Same	Yes
3	Rainy	Cold	High	Strong	Warm	Change	**No**
4	Sunny	Warm	High	Strong	Cold	Change	Yes

针对表 3-1 中的样例,我们可以考虑用一个较为简单的形式来表示,即用实例的各属性约束的合取式。每个样例可变换为上述 6 个约束向量的假设,这些约束对应样例的六个属性 Sky、Temp、Humidity、Wind、Water 和 Forecast 的值。属性的取值表示如下:

(1) 由"?"表示该属性可以是任意值;

(2) 用"="明确指定的属性值,例如 Sky=Sunny;

(3) 由"∅"表示该属性不接受任何值。

如果某一个实例 $\boldsymbol{x}$ 满足假设 h 的所有约束,那么假设 h 将该实例 $\boldsymbol{x}$ 分类为正例,即 $h(\boldsymbol{x})=1$。例如,如果判定是否适合进行户外运动的条件为气温为"Warm"、湿度为"Normal",与其他属性无关,则此假设可表示为下面的表达式:

＜?, Warm, Normal, ?, ?, ? ＞.

如果每一天都是正例,可表示为:

＜?, ?, ?, ?, ?, ? ＞.

相反,如果每一天都是反例,可表示为:

＜∅, ∅, ∅, ∅, ∅, ∅ ＞.

OutdoorSport 这个概念学习任务需要学习的是使 OutdoorSport=Yes 的日子对应各属性的布尔函数。我们可以将其表示为属性约束的合取式。一般说来,任何概念学习任务能被描述为:实例的集合、实例集合上的目标函数、候选假设的集合以及训练样例的集合。

采用一般形式定义的 OutdoorSport 概念学习任务如表 3-2 所示。

表 3-2 OutdoorSport 概念学习任务

已知：
1. 实例集合 X：表示所有可能的日子，每个日子有以下属性描述：
1）Sky （可能取值 Sunny、Cloudy 和 Rainy）
2）Temp （可能取值 Warm 和 Cold）
3）Humidity （可能取值 Normal 和 High）
4）Wind （可能取值 Strong 和 Weak）
5）Water （可能取值 Warm 和 Cool）
6）Forecast （可能取值 Same 和 Change）
2. 设假设集合 H：其中每个假设 h 描述六个属性值约束的合取。其中约束取值为："?"（表示接收任意值），"∅"（表示拒绝所有取值），或特定值
3. 目标概念 c：OutdoorSport：$X \rightarrow \{0,1\}$
4. 训练样例集合 D：包括目标函数的正例和反例
求解：
在假设集合 H 中求解假设 h，对 X 中的任意 $\boldsymbol{x}$，$h(\boldsymbol{x})=c(\boldsymbol{x})$ 都成立

在概念学习中，概念定义在一个**实例集合**（instance）之上，用 X 表示。在上述例子中，X 是所有可能的日子，每个日子由 Sky、Temp、Humidity、Wind、Water 和 Forecast 六个属性表示。

待学习的概念或函数称为**目标概念**（target concept），记作 c。一般来说，c 可以是定义在实例 X 上的任意布尔函数，即：$c: X \rightarrow \{0,1\}$。

在学习目标概念时，必须提供一套**训练样例**（training examples），每个样例为实例集合 X 中的一个实例 $\boldsymbol{x}$ 以及它的目标概念值 $c(\boldsymbol{x})$。此处用黑体字 $\boldsymbol{x}$ 表示样例，是因为通常样例具有多个属性，类似于一个特征矢量。$c(\boldsymbol{x}) = 1$ 的实例称为**正例**（positive example）或称为目标概念成员。$c(\boldsymbol{x}) = 0$ 的实例称为**反例**（negative example）或称为非目标概念成员。一般可以用表达式 $<\boldsymbol{x}, c(\boldsymbol{x})>$ 来描述训练样例，表示其包含了实例 $\boldsymbol{x}$ 和目标概念值 $c(\boldsymbol{x})$。符号 D 用来表示训练样例的集合。

在这个例子里，目标概念对应于属性 OutdoorSport 的值，当 OutdoorSport = Yes 时 $c(x)=1$，当 OutdoorSport = No 时 $c(x)=0$。

一旦给定目标概念 c 的训练样例集合，概念学习的目标就是估计 c 的取值。使用符号 H 来表示所有可能的假设（all possible hypotheses）的集合，这个集合内的假设是确定目标概念所考虑的候选假设。通常 H 依据设计者所选择的假设表示而定。H 中的每个假设 h 表示实例集合 X 上定义的布尔函数，即 $h: X \rightarrow \{0,1\}$。

基于上述符号定义，概念学习的目标就是寻找一个假设 h，使对于实例集合 X 中的所有实例 $\boldsymbol{x}$，表达式 $h(\boldsymbol{x})=c(\boldsymbol{x})$ 都成立。

我们可以把概念学习的过程看作是一个在所有假设组成的空间中进行搜索的过程，搜索的目标是寻找能够最好地拟合训练集合的假设。需要注意的是，当假设的表示形式选定后，就隐含地为学习算法确定了所有假设空间，即确定了假设空间及其规模大小。

3.3 术语定义

3.3.1 假设空间

首先我们引入假设空间的定义。我们还以上述 OutdoorSport 学习任务为例。属性 Sky 有 3 种可能的值(如表 3-2 所示)，而 Temp、Humidity、Wind、Water 和 Forecast 都只有两种可能值。根据乘法原理，此任务实例空间 X 包含了 $3 \times 2 \times 2 \times 2 \times 2 \times 2 = 96$ 种不同的实例。类似地计算可得，在假设空间 H 中有 $5\times4\times4\times4\times4\times4=5\,120$ 种语法不同(syntactically distinct)的假设，即每个属性包含了某一特定值以及“?”和“∅”。注意到包含有“∅”符号的假设代表空实例集合，即它们将每个实例都分类为反例。因此，语义不同(semantically distinct)的假设只有 $1+4\times3\times3\times3\times3\times3=973$ 个，即每个属性只包含某一特定值和“?”，最后再加上一种每个样例都是反例这一特殊极端情况。图 3-1 直观地显示出了这个户外运动问题的假设空间。

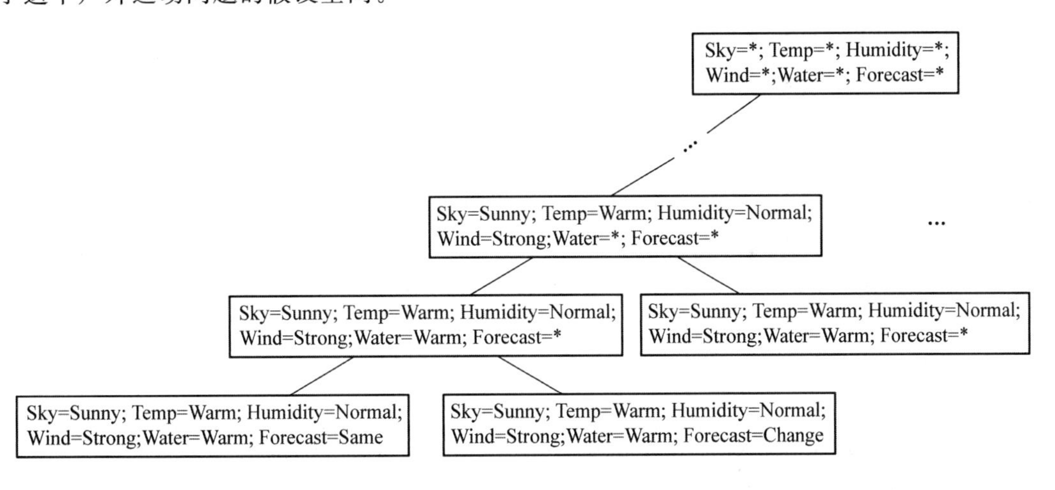

图 3-1 户外运动问题的假设空间

OutdoorSport 是一个非常简单的学习任务，它的假设空间相对较小。多数实际的学习任务的假设空间很大，有时甚至是无限的。

3.3.2 一般到特殊序

在概念学习的算法中，搜索假设空间的方法依赖于空间的一种重要结构，即假设的“一般到特殊序”关系。利用假设空间的这种自然结构，我们可以在无限的假设空间中进行彻底的搜索，而不需要明确地列举所有的假设。

为说明一般到特殊序，考虑以下两个假设：

$h_1=<\text{Sunny}, ?, \text{High}, ?, ?, ?>$和 $h_2=<\text{Sunny}, ?, ?, ?, ?, ?>$

哪些实例可被 h_1 和 h_2 划分为正例？由于 h_2 包含的实例约束较少，仅由第一个属性 Sky(Sunny)决定，因此它划分出的正例也较多，包含正例的范围也更大。实际上，任何能被 h_1 划分为正例的实例都会被 h_2 划分为正例，因此，我们说 h_2 比 h_1 更一般(more general)。"比……更一般"(more general than)这种关系的精确表述如下：

(1) 实例 $\boldsymbol{x}$ 满足假设 h

实例集合 X 中任意实例和假设集合 H 中任意假设 h，我们说 $\boldsymbol{x}$ 满足 h 当且仅当$h(\boldsymbol{x})=1$。

(2) $\geqslant_g$ 关系

$\geqslant_g$ 关系为以实例集合的形式定义的一个 more-general-than-or-equal-to 关系。给定假设 h_j 和 h_k，h_j more-general-than-or-equal-to h_k 表示的含义是：当且仅当任意一个满足假设 h_k 的实例同时也满足假设 h_j。因此可以有如下定义：

令假设 h_j 和假设 h_k 为在实例集合 X 上定义的布尔函数，称 $h_j \geqslant_g h_k$ 当且仅当 $(\forall \boldsymbol{x} \in X)$ 有 $[(h_k(\boldsymbol{x})=1) \rightarrow (h_j(\boldsymbol{x})=1)]$ 成立。

为说明这些定义，考虑 OutdoorSport 例子中的假设 h_1、h_2、h_3，如图 3-2 所示。如前所述，h_2 比 h_1 更一般是因为每个满足 h_1 的实例都满足 h_2。同样，h_2 也比 h_3 更一般。h_1 和 h_3 之间不存在 $\geqslant_g$ 关系，因为虽然满足这两个假设的实例有重叠的部分，但没有一个集合能够完全包含另一个集合。根据集合的有关知识，我们知道 $\geqslant_g$ 关系定义了假设空间 H 上的一个偏序(partially-ordered set)，具有自反性、反对称性和传递性。

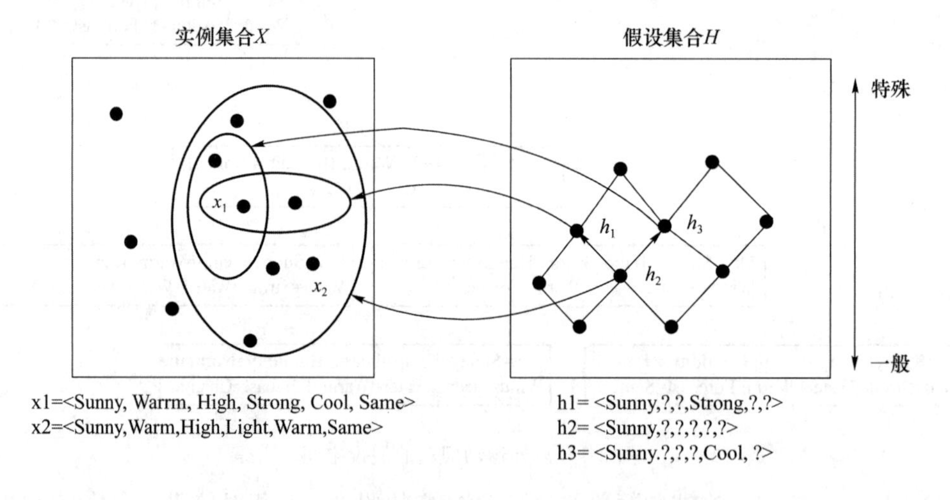

图 3-2 实例、假设和 more_general_than 的关系

图 3-2 中左边的方框代表所有实例的集合 X，右边的方框代表所有的假设集合 H。右边的每个假设对应左边 X 中某个子集，即被此假设划分为正例的集合。连接假设的箭头代表 $\geqslant_g$ 的关系。箭头所指的假设为较特殊的假设。注意到 h_2 对应的实例子集包含了 h_1 对应的实例子集，因此 $h_2 \geqslant_g h_1$。

$\geqslant_g$ 关系在假设空间 H 上对任意概念学习问题提供了一种有用的结构，在概念学习中起很重要的作用。

3.3.3 一致与变型空间

所谓假设与训练样例是"一致的(consistent)",是指该假设能够正确将这些样例分类。具体定义如下:

一个假设 h 与训练样例集合 X 称为**"一致的"**,当且仅当对 X 中每一个样例 $<\boldsymbol{x},c(\boldsymbol{x})>$,表达式 $h(\boldsymbol{x})=c(\boldsymbol{x})$ 都成立,即:

$$\text{Consitent}(h,X)\equiv(\forall <\boldsymbol{x},c(\boldsymbol{x})>\in X)\rightarrow h(\boldsymbol{x})=c(\boldsymbol{x})$$

注意,这里定义的"一致"与之前定义的"满足"是不同的。无论 x 是目标概念 c 的正例还是反例,一个样例 $\boldsymbol{x}$ 在 $h(\boldsymbol{x})=1$ 时称为满足假设 h。然而,样例是否与假设 h 一致与目标概念 c 有关,即是否 $h(\boldsymbol{x})=c(\boldsymbol{x})$。

现实问题中我们常面临很大的假设空间,但学习过程是基于有限样本训练集进行的。因此有可能有多个假设与训练集一致,即存在一个与训练集一致的"假设集合"。"假设集合"是假设空间中的一个子集,被称为关于假设空间 H 和训练样例 X 的**变型空间**,也称为版本空间(version space)。显然,变型空间包含的是目标概念的所有合理的变型,因此而得名。变型空间是概念学习中与已知数据集相一致的所有假设的子集集合,具体定义如下:

关于假设空间 H 和训练样例集合 X 的变型空间是 H 中与训练样例 X 一致的所有假设构成的子集,记为 $VS_{H,X}$,即:

$$VS_{H,X}\equiv\{h\in H\,|\,\text{Consisten}(h,X)\}$$

3.4 FIND-S 算法

在概念学习任务中,可以利用偏序结构来搜索与训练样例一致的假设。FIND-S 算法(寻找极大特殊假设)是一种常用的办法。FIND-S 算法从假设集合 H 中最特殊的假设开始。在该假设不能正确地划分一个正例的时候将其一般化。算法的主要过程描述如表 3-3 所示。

表 3-3 FIND-S 算法

1. 将假设 h 初始化为假设集合 H 中的最特殊假设
2. 遍历每个正例 x:
3. 遍历假设 h 的每个属性约束 a_i:
4. 如果 x 满足 a_i,不做任何处理
5. 否则,将假设 h 中的 a_i 替换为正例满足的下一个更一般的约束
6. 输出假设 h

一般情况下,我们假定假设空间 H 确实包含真正的目标概念 c,而且训练样例中不包含错误。先让当前假设 h 是假设空间 H 中与所观察到的正例相一致的,是最特殊的假设。由于假定目标概念 c 在集合 H 中,而且它一定是与所有正例相一致的,那么 c 一定比 h 更一般。反例不会满足目标概念 c,所以目标概念 c 不会覆盖任何一个反例,因此假设 h 也不会覆盖反例。基于

FIND-S 算法实现

上述分析，对于训练样例中的反例，假设 h 不需要做出任何修改，所以只针对正例进行训练。

为了说明这一算法，现在假定给予学习器的一系列训练样例如表 3-1 所示。

Find-S 算法的第一个步骤是将假设 h 初始化为假设集合 H 中的最特殊假设，即所有约束都为∅的假设：

$$h \leftarrow \langle \varnothing, \varnothing, \varnothing, \varnothing, \varnothing, \varnothing \rangle$$

接下来遍历表 3-1 中的所有训练样例。第一个训练样例刚好是个正例，该训练样例不满足假设 h 中的每一个"∅"约束，所以每个属性都被替换成能够拟合该样例的**紧邻的更一般**的约束值，即这个样例的属性值本身：

$$h \leftarrow \langle \text{Sunny}, \text{Warm}, \text{Normal}, \text{Strong}, \text{Warm}, \text{Same} \rangle$$

显然假设 h 还是太特殊了，因为它把除了第一个样例以外的所有实例都划分为反例。

接下来，训练样例 2。样例 2 也是正例。使得算法进一步将假设 h 进行泛化。这次使用通配符"?"代替假设 h 中不能满足样例 2 的属性值，即不管 Humidity 属性取值是 Normal 还是 High，都可以是正例。因此第二步之后的假设变为：

$$h \leftarrow \langle \text{Sunny}, \text{Warm}, ?, \text{Strong}, \text{Warm}, \text{Same} \rangle$$

然后处理第三个训练样例。样例 3 为反例，因此假设 h 不变。FIND-S 算法简单地忽略每一个反例。

最后训练样例 4。第四个样例是正例，使得假设 h 变得更一般：

$$h \leftarrow \langle \text{Sunny}, \text{Warm}, ?, \text{Strong}, ?, ? \rangle$$

显然上式表示的假设能够正确分类所有的训练样例。

FIND-S 算法是一种利用 more-general-than 的偏序结构来搜索假设空间的方法，这一搜索沿着偏序链，从较特殊的假设逐渐演变为较一般的假设。

图 3-3 展示了在实例和假设空间中的这种搜索过程。搜索从假设集合 H 中最特殊的假设 h_0 开始，然后通过训练样例将其逐步一般化（h_1 到 h_4）。在实例空间图中，正例用"+"标记表示，反例标用"−"标记表示，其他实例则以实心圆点表示。在 FIND-S 搜索过程的每一步中，只在需要覆盖新的正例时，泛化当前假设。因此，每一步得到的假设，都是在该点上与训练样例相一致的最特殊的假设，这也是算法名字 FIND-S 的由来。

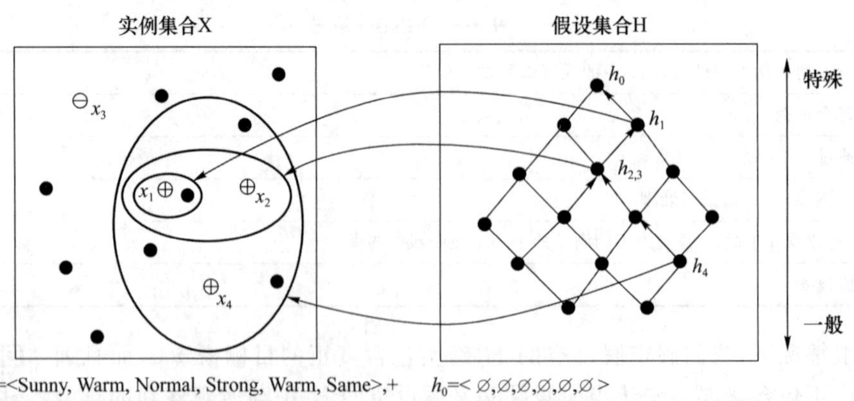

图 3-3　FIND-S 算法中的假设空间搜索

FIND-S算法的关键特点在于以属性约束的合取式描述的假设空间。FIND-S算法输出为假设集合 H 中与正例相一致的最特殊的假设。只要正确的目标概念包含在 H 中,并且训练数据都是正确的,最终的假设也与所有反例一致。

然而,这一学习算法仍存在一些未解决的问题。

(1) 目标任务是否收敛到了正确的目标概念?虽然FIND-S算法找到了与训练数据相一致的假设,但我们没有办法确定它是否找到了唯一合适的假设(即目标概念本身),或者是否还有其他可能的假设。在实际应用中,我们更希望算法知道它能否收敛到目标概念,如果不能,要给出不确定性相关描述。

(2) 我们为什么要使用最特殊的假设?如果有多个与训练样例相一致的假设,FIND-S算法只能找到最特殊的假设。实际上,我们不一定需要最特殊的假设。

(3) 训练样例是否相互一致?在实际的学习问题中,训练数据中常出现某些错误或噪声,这样的训练集将严重破坏FIND-S算法,因为它忽略了所有反例。我们期望的算法至少能检测出训练数据中的错误样例,并且最好能允许样例集中有少量的错误样例。

(4) 如果有多个极大特殊假设的情况怎么办?在OutdoorSport学习任务的假设集合 H 中,存在一个唯一的最特殊假设,且训练数据满足该假设。然而,实际应用可能遇到有多个极大特殊假设的情况。在这种情况下,FIND-S必须被扩展,以允许其在选择怎样泛化假设的路径上回溯,以容纳目标假设位于偏序结构的另一分支上的可能性。

3.5 候选消除算法

鉴于FIND-S算法仍有一些不足之处,概念学习中引入了**候选消除**(candidate-elimination)算法。在FIND-S算法中,输出的假设只是假设集合 H 中能够拟合训练样例的多个假设中的一个;而在候选消除算法中,输出的是与训练样例相一致的所有假设的集合。候选消除算法旨在寻找所有与训练样例相一致的所有假设的集合,即学习任务的变型空间。

3.5.1 先列表后消除算法

由变型空间的定义可知,列出其所有成员就可以表示一个变型空间。基于这种思路可以得出一个简单的算法:**先列表后消除**(list-then-eliminate)算法。先列表后消除算法如表3-4所示。

表3-4 先列表后消除算法

1. 将变型空间VS初始化为包含假设空间 H 中所有假设的列表
2. 遍历每个训练样例 $\langle x, c(x) \rangle$:
3. 从VS中移除所有 $h(x) \neq c(x)$ 的假设 h
4. 输出VS中的假设列表

候选消除算法实现

从表3-4可以看出,先列表后消除算法先将变型空间初始化为假设集合 H 中的所有假设,然后从中去除与任意一个训练样例不一致的假设。在训练过程中,包含候选假设的变型空间随着输入训练样例的增加而逐渐减小。

在最理想情况下，如果最终只剩一个与所有样例相一致的假设，那么这个假设就是我们所需的目标概念。如果没有充足的数据使变型空间缩减到只有一个假设，那么该算法将输出一个集合，且集合中所有的假设与训练样例都是一致的。

原则上来讲，对于有限的假设空间都可以使用先列表后消除算法。先列表后消除算法的主要优点在于能保证最终得到所有与训练数据相一致的假设。但是，这一算法需要列出假设集合 H 中的所有假设，非常烦琐，在有些实际问题中甚至无法列出所有假设。

3.5.2 变型空间的简明表示

本小节给出一种更简明的变型空间表示法，即用变型空间的最一般的和最特殊的成员表示变型空间。变型空间的最一般的和最特殊的成员对应一般边界和特殊边界，可以在假设空间中划分出变型空间。

对于表 3-1 中给定的 4 个训练样例，FIND-S 算法输出假设为

$$h = \langle \text{Sunny, Warm, ?, Strong, ?, ?} \rangle$$

上式给出的假设只是假设集合 H 中与训练样例相一致的所有假设中的一个。图 3-4 给出所有 6 个相一致的假设，它们构成了与该数据集合和假设空间相对应的变型空间。6 个假设之间的箭头表示实例间的 more-general-than 关系。可以使用**最一般成员**（在图 3-4 中标为 G）和**最特殊成员**（图 3-4 中标为 S）来表示变型空间。只要给定这两个集合，就可以列举出变型空间中的所有成员，方法是使用一般到特殊偏序结构来生成 S 和 G 集合之间的所有假设。

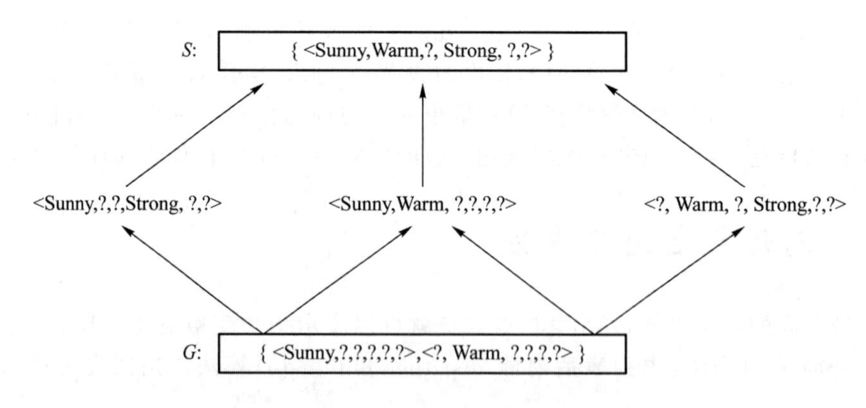

图 3-4 变型空间及其一般和特殊边界集合

就表 3-1 中描述的 OutdoorSport 概念学习问题及其训练样例而言，变型空间中包含 6 个假设，但可以简单地用 S 和 G 来表示。图中，箭头表示实例间的 more-general-than 关系。基于这一思路我们可以定义一般边界和特殊边界。

一般边界（general boundary）：关于假设空间 H 和训练数据集合 X 的一般边界是在假设空间 H 中与训练数据集合 X 相一致的极大一般（maximally general）成员的集合，记为 G。可以采用如下形式给出：

$$G \equiv \{g \in H(g, X) \wedge (\neg \exists g' \in H(g' >_g g) \wedge \text{Consistent}(g', X))\}$$

特殊边界(specific boundary):关于假设空间 H 和训练数据集合 X 的特殊边界是在假设空间 H 中与训练数据集合 X 相一致的极大特殊(maximally specific)成员的集合,记为 S,可以采用如下形式给出:

$$S\equiv\{s\in H(s,X)\wedge(\neg\exists s'\in H)[s>_g s'\wedge \text{Consistent}(s',X)]\}$$

只要我们能够正确定义集合 G 和 S,它们就能够完全地规定了变型空间。显然,变型空间的组成包括一般边界集合 G 中包含的假设集,特殊边界集合 S 中包含的假设集以及 G 和 S 之间偏序结构所规定的假设。

接下来我们用图例来进一步说明 S 和 G 集合与变型空间之间的关系。如图 3-5 所示。对于二维空间中的"矩形"假设,加号代表正类样本,小圆圈代表负类样本。G 是一般边界,S 是特殊边界。G 与 S 所围成的区域即为变型空间中的假设,可以采用**变型空间表示定理**来表述。

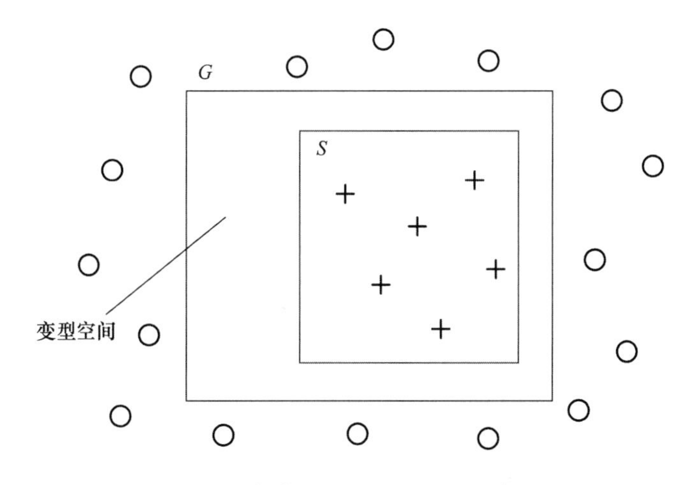

图 3-5 集合 S、G 和变型空间的关系

变型空间表示定理:令 X 为一任意实例集合,H 为 X 上定义的布尔假设的集合,$c:X\rightarrow\{0,1\}$ 为 X 上定义的一目标概念,D 为训练样例的集合$\{<x,c(x)>\}$。对所有的 X,H,c,D 以及边界集合 S 和 G,以下表达式都成立:

$$VS_{H,D}=\{h\in H\mid(\exists s\in S)(\exists g\in G)(g\geqslant_g h\geqslant_g s)\}$$

3.5.3 候选消除算法的说明

候选消除算法借助一般边界和特殊边界表示的变型空间。

候选消除算法计算开始时把变型空间初始化为 H 中所有假设的集合,即将 G 边界集合初始化为 H 中最一般的假设 $G_0\leftarrow\{<?,?,?,?,?,?>\}$。将 S 边界集合初始化为最特殊假设 $S_0\leftarrow\{<\varnothing,\varnothing,\varnothing,\varnothing,\varnothing,\varnothing>\}$。用这两个边界表示的集合包含了整个假设空间。因为假设空间 H 中所有假设都比 S_0 更一般,且比 G_0 更特殊。

后续在处理每个训练样例时,S 和 G 边界集合分别被泛化(特殊性减少)和特化(一般性减少),用于从变型空间中逐步消去与样例不一致的假设。在所有训练样例都处理完成之后,得到的变型空间就包含了所有也仅有的与样例相一致的假设。算法的具体描述如表 3-5 所示。

表 3-5　使用变型空间的候选消除算法

1. 将 G 集合初始化为假设空间 H 中的极大一般假设
2. 将 S 集合初始化为假设空间 H 中的极大特殊假设
3. 对每个训练样例 d，进行如下操作
4. 如果 d 是一个正例：
5. 从集合 G 中去除所有与 d 不一致的假设
6. 对 S 中每一个与 d 不一致的假设 s：
7. 从集合 S 中去除假设 s
8. 把假设 s 的所有极小泛化式 h 加入 S 中，其中 h 满足：
9. h 与训练样例 d 一致，而且集合 G 的某个成员比 h 更一般
10 从集合 S 中去除所有比 S 中另一假设更一般的假设
11. 如果 d 是一个反例：
12. 从集合 S 中去除所有与 d 不一致的假设
13. 对 G 中每一个与 d 不一致的假设 g：
14. 从集合 G 中去除假设 g
15. 把假设 g 的所有极小特化式 h 加入到 G 中，其中 h 满足：
16. h 与训练样例 d 一致，而且集合 S 的某个成员比 h 更特殊
17. 从集合 G 中去除所有比 G 中另一假设更特殊的假设

需要注意的是算法中的操作，包括对给定假设的极小泛化式和极小特化式的计算，还需要确定哪些是非极小和非极大的假设。

3.5.4　候选消除算法的示例

图 3-6 演示了候选消除算法应用到表 3-1 中的前两个训练样例时的运行步骤。如3.5.3小节的算法说明所述，边界集合首先被初始化为 G_0 和 S_0，分别代表假设空间 H 中最一般和最特殊的假设。

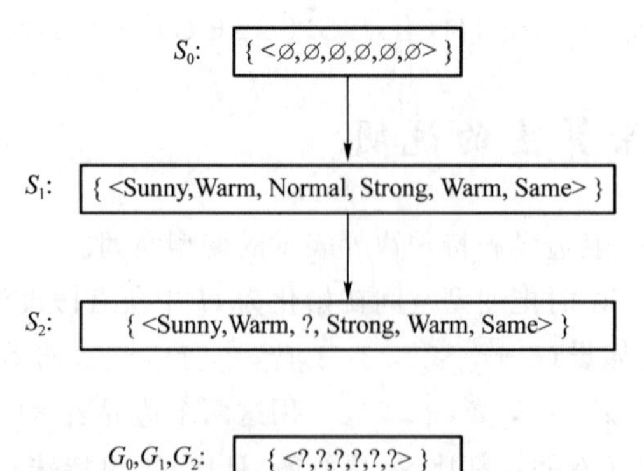

训练样例：
1.<Sunny, Warm, Normal, Strong, Warm, Same> , OutdoorSport = Yes
2.<Sunny, Warm, High, Strong, Warm, Same> , OutdoorSport = Yes

图 3-6　候选消除算法步骤 1

S_0和G_0为最初的边界集合，分别对应最特殊和最一般的假设。训练样例1和2使得S边界变得更一般，如FIND-S算法中一样。这些样例对G边界没有影响。

处理第一个训练样例时，发现该样例为一个正例，于是候选消除算法检查S边界，并发现它过于特殊了以至于不能覆盖该正例。这一边界就被修改为紧邻较一般的假设，以覆盖新的样例。修改后的边界在图3-6中显示为S_1。G边界不需要修改，因为G_0能够正确地覆盖该样例。

接下来处理第二个训练样例。第二个样例也是一个正例，同样地，需要将S进一步泛化到S_2，G仍旧不变，因此$G_2=G_1=G_0$。

前两个正例的处理非常类似于FIND-S算法，正例使得变型空间的S边界逐渐泛化，而反例扮演的角色恰好相反，使得G边界逐渐特化。

现在考虑第三个训练样例，如图3-7所示。这一反例显示，G边界过于一般，以至于G中的假设错误地将该例判定为正例。因此G边界中的假设必须被特化，使它能对新的反例正确分类。如图3-7所示，这里有几种候选的极小更特殊的假设，都成为新的G_3边界集合的成员。

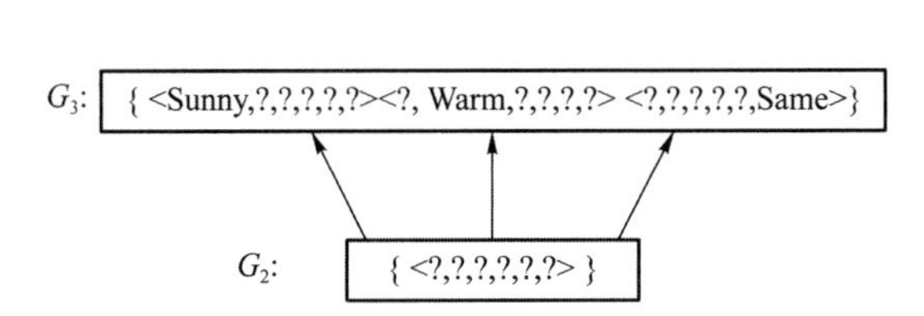

训练样例:
3.<Rainy, Cold, High, Strong, Warm, Change> , OutdoorSport = No

图3-7 候选消除算法步骤2

样例3是一反例，它把G_2边界特化为G_3。注意在G_3中有多个可选的极大一般假设。

在算法的这一个步骤中，有6个属性可以用来使G_2特化，为什么只有3个在G_3中呢？比如$h = <?, ?, Normal, ?, ?, ?>$是$G_2$的一个极小特化式，它能够将新的样例正确地划分为反例，但它不在G_3中。原因很简单，它与以前遇到的正例不一致。实际上变型空间的S边界形成了之前所有正例的摘要说明，可以用来判断任何给定的假设是否与之前所有样例一致。根据定义，任何比S更一般的假设能够覆盖所有S能覆盖的样例，即之前的所有正例。同样地，G边界说明了之前所有反例的信息，任何比G更特殊的假设能保证与所有反例相一致。

最后训练第四个样例，如图3-8所示，使变型空间的S边界更一般化。它也导致G边界中的一个成员被删除，因为这个成员不能覆盖新的正例。

最后这一操作的说明来源于表3-5算法中“如果d是一个正例”下的第一个步骤(从G中去除所有与d不一致的假设)。为了理解做这一步操作的原因，需要首先考虑为什么不一致的假设要从G中移去。注意这一个假设(即$<?, ?, ?, ?, ?, Same>$)不能再被特化，因为进一步特化将不能覆盖新的样例。它也不能被泛化，因为按照G的定义，任意一个更一般的假设至少能够覆盖一个反例，而该假设不能。这样，这一假设必须从G中移去，也相当于移去了变型空间的偏序结构中的一个分支。

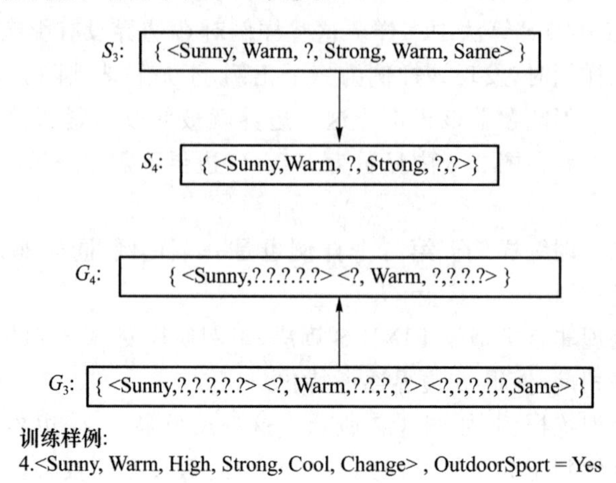

图 3-8　候选消除算法步骤 3

正例使 S 边界更一般，从 S_3 变为 S_4。G_3 的一个成员也必须被删除，因为它不再比 S_4 边界更一般。

在处理完这 4 个样例后，边界集合 S_4 和 G_4 划分出的变型空间包含了与样例一致的所有假设的集合。最终的变型空间包含那些由 S_4 和 G_4 界定的假设都在图 3-9 中表示出来。这一变型空间不依赖于训练样本出现的次序，最终包含了与训练样例集相一致的所有假设。

如果提供更多的训练数据，S 和 G 边界将继续单调移动并相互靠近，划分出越来越小的变型空间。

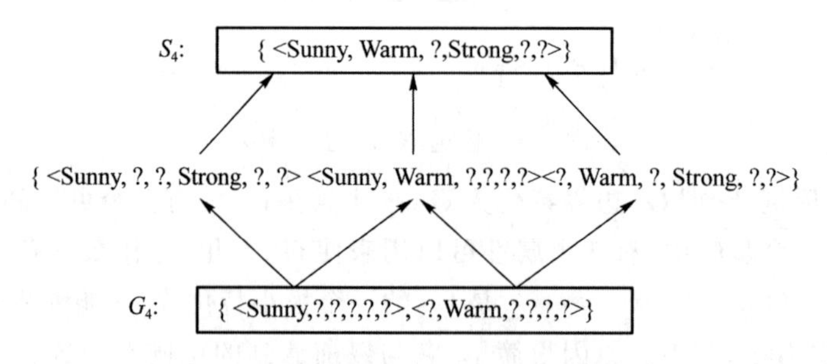

图 3-9　OutdoorSport 概念学习问题中最终的变型空间

本章小结

概念学习可看作是在预定义的潜在假设空间中的搜索过程。本章介绍了假设空间、变型空间、偏序结构等概念，以便更好地理解概念学习的原理和算法。本章介绍的 FIND-S 算法使用了一般到特殊序，在偏序结构的一个分支上从一般到特殊进行搜索，以寻找与样例一致的最特殊假设。候选消除算法利用一般到特殊序，通过渐进地计算极大特殊假设集合 S 和极大一般假设集合 G，从而计算变型空间，可以给出所有与训练数据相一致的假设。

含有多个假设的变型空间可以用来判断学习器是否已收敛到了目标概念，训练数据是否不一致，还可以进一步精化变型空间。变型空间和候选消除算法为研究概念学习提供了一种有用的框架，然而这一算法缺少鲁棒性，特别是在遇到有噪声的数据以及目标概念无法在假设空间中表示的情况下。

延伸阅读

概念学习以及使用一般到特殊序的相关研究由来已久。Bruner et al.(1957)较早地对人类的概念学习做出研究，而 Hunt & Hovland(1963)较早将其自动化。Winston(1970)的有名的博士论文中将概念学习看作是包含泛化和特化操作的搜索过程。Plotkin(1970，1971)较早地提供了形式化的 more-general-than 关系，以及一个相关的概念 θ-包容。Simon 和 Lea(1973)将学习的过程看作是在假设空间中搜索的过程。

变型空间和候选消除算法由 Mitchell(1977,1982)提出，这一算法已应用于质谱分析(mass spectroscopy)中的规则推理(Mitchell 1979)以及应用于学习搜索控制规则(Mitchell et al. 1983)。Haussler(1988)证明即使当假设空间只包含简单的特征合取时，一般边界的大小根据训练样例的数目指数增长。Smith & Rosenbloom(1990)提出对 G 集合的表示进行简单的更改，以改进其特定情况下的复杂性，Hirsh(1992)提出在某些情况下不存储 G 集合时学习过程为样例数目的多项式函数。Subramanian & Feigenbaum(1986)讨论了特定情况下通过分解变型空间以生成有效查询一种方法。候选消除算法的一个最大的实际限制是它要求训练数据是无噪声的。Mitchell(1979)描述了该算法的一种扩展，以处理可预见的有限数量的误分类样例，Hirsh(1990，1994)提出一种良好的扩展以处理具有实数值属性的训练样例中的有限噪声。Hirsh(1990)描述了一种递增变型空间合并算法，它将候选消除算法扩展到能处理由不同类型的值约束表示的训练信息。来自每个约束的信息由变型空间来表示，然后用交叠变型空间的办法合并这些约束。Sebag(1994，1996)展示了一种被称为析取变型空间的方法来从有噪声数据中学习析取概念。从每个正例中学到一个分立的变型空间，然后用这些变型空间进行投票以分类新实例。Sebag 在几个问题领域进行了实验，得出她的方法同其他广泛使用的归纳方法有同样良好的性能，如决策树和 K-近邻法。

感兴趣的读者可以阅读这些经典的方法，以获得更多的启发。

本章课件

习　题

(1) 现有西瓜数据集如下：

编号	瓜茎长度	颜色	响声	好坏
1	长	深色	响亮	好
2	短	浅色	沉闷	坏
3	中	深色	沉闷	好
4	短	浅色	响亮	坏

请分别预测计算西瓜好坏任务的实例空间、假设空间和语义不同的假设个数。

(2) 请证明变型空间表示定理。

变型空间表示定理：令 X 为任一实例集合，H 为 X 上定义的布尔假设的集合，$c:X\to\{0,1\}$ 为 X 上定义的一目标概念，D 为训练样例的集合 $\{<x,c(x)>\}$。对所有的 X,H,c，D 以及边界集合 S 和 G，以下表达式都成立：

$$VS_{H,D}=\{h\in H\mid(\exists s\in S)(\exists g\in G)[g\geqslant_g h\geqslant_g s]\}$$

(3) 请给出 Find-S 算法的描述，并实现该算法，验证它可以成功地产生本章中户外运动例子中各步骤的结果。

(4) 请给出候选消除算法的描述，并实现该算法，验证它可以成功地产生本章中户外运动例子中各步骤的结果。

(5) 分析 Find-S 算法与候选消除算法有什么区别。

第4章

人工神经网络

导　读

人工神经网络是机器学习中最重要的模型之一。本章主要介绍基本的人工神经网络和反向传播算法，这是后续学习深度神经网络的基础。本章将介绍感知器模型、多层神经网络模型、代价函数和反向传播算法，最后给出利用单隐藏层 BPNN 处理 MNIST 学习数据集的实例。使读者对人工神经网络的概念、原理以及使用都有一个全面的认识。

4.1　人工神经网络的介绍

人工神经网络(artificial neural networks，ANN)方面的研究可追溯到20世纪40年代。发展到今天，ANN 已经成为一个庞大的多学科交叉领域。不同领域对于神经网络的定义多种多样。总体来讲，神经网络是受组成动物大脑的生物神经网络启发而实现的一种计算机系统。ANN 不是一种算法，而是一个学习框架。针对某项任务，ANN 通常不需要任务特定规则就可以直接从样例中学习。使用1988年 Kohonen 给出的定义，神经网络是由具有适应性的简单单元组成的，能够模拟生物神经系统对真实世界物体所做出的交互反应的并行互连的网络。

神经网络应用于机器学习是这两个学科领域的交叉，称为神经网络学习，是机器学习的重要方法。ANN 提供了一种普遍的、实用的方法，可以用来从样例中学习模型参数、构建预测函数，函数值可以为实数、离散数据、向量。

在生物神经网络中，神经元之间广泛互联。当一个神经元“兴奋”时，它会向相连的神经元发送生物信号。接收到生物信号的强度超过自己的“阈值”(threshold)的神经元会被激活，并向与它相连的神经元发送生物信号。生物神经系统的信息处理能力得益于对分布在大量神经元上的信息表示的高度并行处理。人工神经网络系统的出发点在于获得这种基于分布表示的高度并行算法。

人工神经网络的研究在一定程度上受到了生物学的启发,它是由一系列简单单元相互密集连接构成。ANN 定义中的“简单单元”采用神经元(neuron)模型。每一个单元有一定数量的实值输入,并产生单一的实数值输出。在多层网络架构时,本层网络的输入来自其他单元的输出,本层的输出又作为其他单元的输入。

ANN 学习对于训练数据中的错误有很好的鲁棒性,且已经成功地应用到很多领域,例如本章要描述的反向传播(back-propagation,BP)算法。BP 算法使用梯度下降调节 ANN 网络参数,能够最佳拟合由输入-输出对组成的训练集合。BP 算法已经在很多实际问题中取得了惊人的成功,如手写字符识别、口语识别和人脸识别。其他应用领域,如视觉场景分析(interpreting visual scenes)、语音识别、机器人控制等也大量使用 BP 算法。

4.2 神经元模型

1943 年,McCulloch and Pitts 提出“M-P 神经元模型”(如图 4-1 所示)。在 M-P 神经元模型中,神经元接收到来自 n 个其他神经元传递过来的输入信号,用列向量表示为:$\boldsymbol{x}=[x_1, x_2, \cdots, x_n]^{\mathrm{T}}$。每个输入信号通过带权重的连接(connection)进行传递,权重值用行向量表示为:$\boldsymbol{\omega}=[\omega_1, \omega, \cdots, \omega_n]$。神经元接收到的输入信号基于对应的权值进行线性组合得到神经元的总输入,将神经元的总输入与阈值 θ 进行比较,然后通过“激活函数”(activation function)$f(\cdot)$处理以产生神经元的输出 y。激活函数用于判断神经元的输入是否超过其阈值,同时利用激活函数可以引入非线性操作,使神经元具有更强的表征能力。

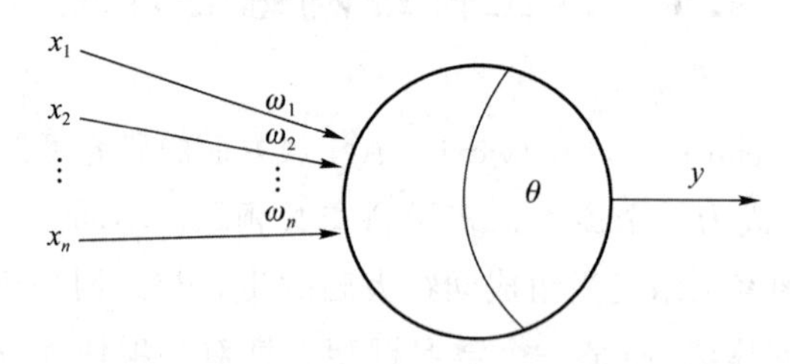

图 4-1 M-P 神经元模型

显然,

$$y = f\Big(\sum_{i=1}^{i=n} \omega_i x_i - \theta\Big) = f(\boldsymbol{\omega x} - \theta) \tag{4-1}$$

判断神经元接收到总输入是否大于自身阈值可以利用一个简单的二值函数处理,如大于等于用“1”表示,小于用“0”表示。因此,最理想的激活函数是阶跃函数,如图 4-2(a)所示。其中,“1”对应于神经元兴奋,“0”对应于神经元抑制。由于阶跃函数不是连续函数,在微分操作方面很不方便,因此常用 Sigmoid 函数代替。Sigmoid 函数可以将变化范围很大的输入值映射到区间(0, 1)内,因此也称“挤压函数”(squashing function),如图4-2(b)所示。

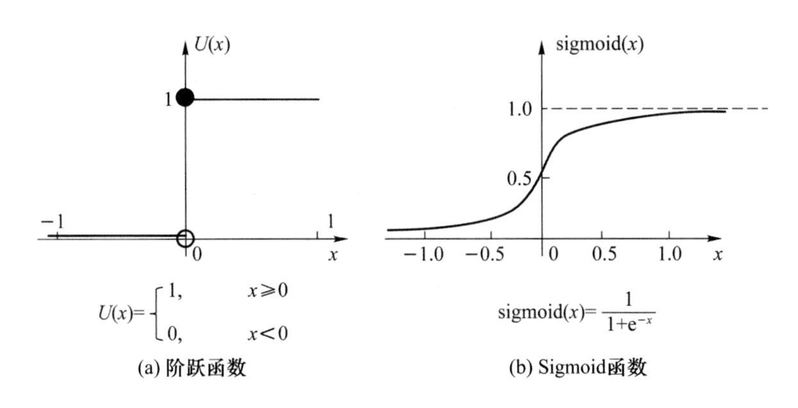

图 4-2　典型的神经元激活函数

多个神经元按一定的层次结构连接起来，就得到了神经网络。尽管神经网络未必能够真正模拟生物神经网络，但它作为一种有许多参数的数学模型，在机器学习方面得到普遍应用。

4.3　适合神经网络学习的问题

人工神经网络学习输入数据噪声的鲁棒性很强，非常适于处理训练集合为含有噪声的复杂传感器数据，如来自摄像机和麦克风的数据。反向传播算法是最常用的人工神经网络学习技术，适用于解决具有以下特征的问题。

- 实例由"属性-值对"表示。要学习的目标函数是定义在可以用特征向量描述的实例之上的，例如 MINST 中手写数字图片中的各点的像素值。特征向量的各个分量对应不同的特征属性，它们之间可以高度相关，也可以相互独立。输出值可以是任何实数。
- 目标函数的输出可能是实数值、离散值或者由若干实数属性或离散属性组成的向量。例如，在 MNIST 中的 10 维列向量。
- 训练数据可能包含错误。人工神经网络学习算法对于训练数据中的错误有非常好的鲁棒性，如在 MNIST 中，不同人书写的数字图片之间差异较大。
- 可容忍长时间的训练。网络训练算法通常比决策树学习之类的算法需要更长的训练时间。训练时间可能从几秒钟到几小时，和网络中权值参数数量、训练实例数量、学习算法参数设置等因素有关。
- 需要快速求出目标函数值。人工神经网络的学习时间相对较长，但对新样例求解速度通常会很快。

人类能否理解学到的目标函数不重要。神经网络方法学习到的权值经常是人类难以解释的。通过学习得到的神经网络比通过学习获得的规则更难于翻译成人类能够懂的逻辑表达。

4.4 感知器与多层网络

感知器(perceptron)单元是人工神经网络系统中一种常见的神经元,如图 4-3 所示。感知器输入为一实数值向量,输出层是 M-P 神经元。感知器计算输入向量各分量的线性组合,并将结果和阈值比较,大于或等于阈值就输出 1,否则输出 −1。

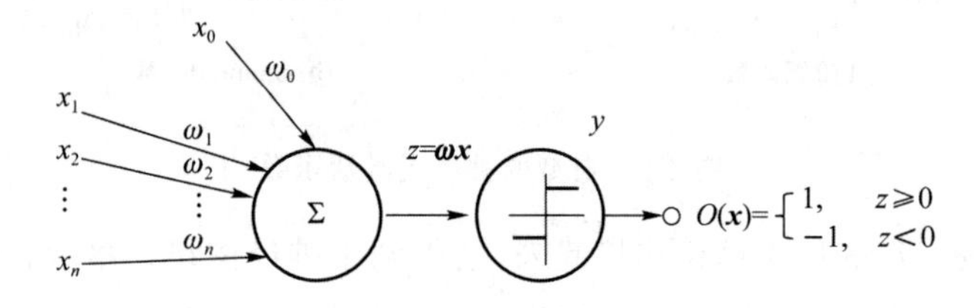

图 4-3 感知器

设输入向量为 $\boldsymbol{x}'=[x_1,x_2,\cdots,x_n]^{\mathrm{T}}$,扩展 x_0 后记作 $\boldsymbol{x}=[x_0,x_1,x_2,\cdots,x_n]^{\mathrm{T}}$;权重向量扩展 ω_0 后表示为 $\boldsymbol{\omega}=[\omega_0,\omega_1,\omega_2,\cdots,\omega_n]$。令 $z=\boldsymbol{\omega x}=\sum_{i=0}^{i=n}\omega_i x_i$,则感知器的输出为:

$$O(\boldsymbol{x})=\begin{cases}1, & \boldsymbol{\omega x}\geqslant 0\\ -1, & \boldsymbol{\omega x}<0\end{cases} \tag{4-2}$$

其中,$\omega_i,i=0,1,2,\cdots,n$ 是一个实数常量,称作权值(weight),用来决定输入 x_i 对感知器输出的贡献率。和 M-P 神经元对比,x_0 是附加常量,值为 1;常量 $-\omega_0$ 相当于阈值。

利用符号函数 sgn(·),感知器的输出可以表示为:

$$O(\boldsymbol{x})=\mathrm{sgn}(\boldsymbol{\omega x}) \tag{4-3}$$

其中,符号函数的定义为:

$$\mathrm{sgn}(x)=\begin{cases}1, & x\geqslant 0\\ -1, & x<0\end{cases} \tag{4-4}$$

式(4-3)中,感知器的输入向量扩展 $x_0=1$ 变成 $n+1$ 维列向量,使用和其对应的列矩阵相同的符号表示,依然记作 $\boldsymbol{x}$。同理,权值向量扩展 ω_0 后依然记作 $\boldsymbol{\omega}$。向量 $\boldsymbol{x}$ 和 $\boldsymbol{\omega}$ 的内积 $\langle\boldsymbol{x},\boldsymbol{\omega}\rangle$ 和矩阵 $\boldsymbol{\omega}$ 和 $\boldsymbol{x}$ 的乘积 $\boldsymbol{\omega x}$ 相同。在本书中的算法介绍部分,从符号上不对向量和表示向量的矩阵进行区分,读者可以根据使用环境进行判断。

以感知器为模型的学习任务主要是选择权值 $\omega_i,i=0,1,2,\cdots,n$。候选值权向量的全体构成空间 $\boldsymbol{H}$,$\boldsymbol{H}=\{\boldsymbol{\omega}|\boldsymbol{\omega}\in\mathbb{R}^{n+1}\}$。

4.4.1 感知器的表征能力

从式(4-3)可以看出,当权值向量确定之后,感知器可以被看作是 n 维实例空间中的超平面决策面,它把空间中的实例分成两部分。一部分实例对应的输出为 1,称为正例;另一部分实例对应的输出为 −1,称为反例,如图 4-4(a)所示。当然只有线性可分的样例集合才能用一个超平面分割。否则,不能用超平面分割,如图 4-4(b)所示。

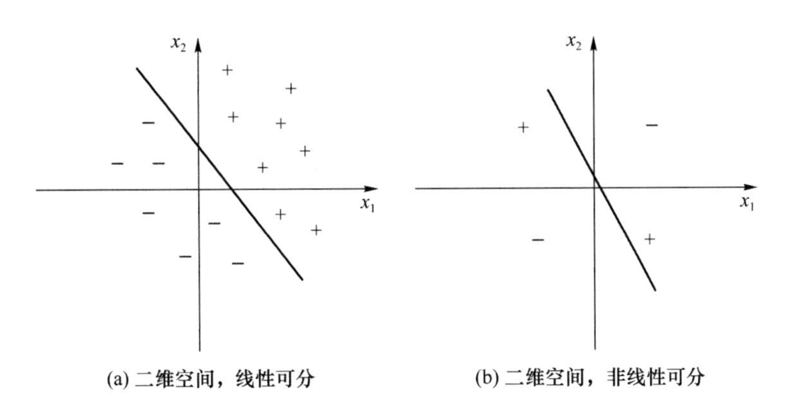

(a) 二维空间，线性可分　　(b) 二维空间，非线性可分

图 4-4　两输入感知器表示的决策面

大部分的简单布尔函数(primitive boolean function)都可以用感知器来表示，如“与”“或”“与非(NAND)”“或非(NOR)”，如图 4-5 所示。

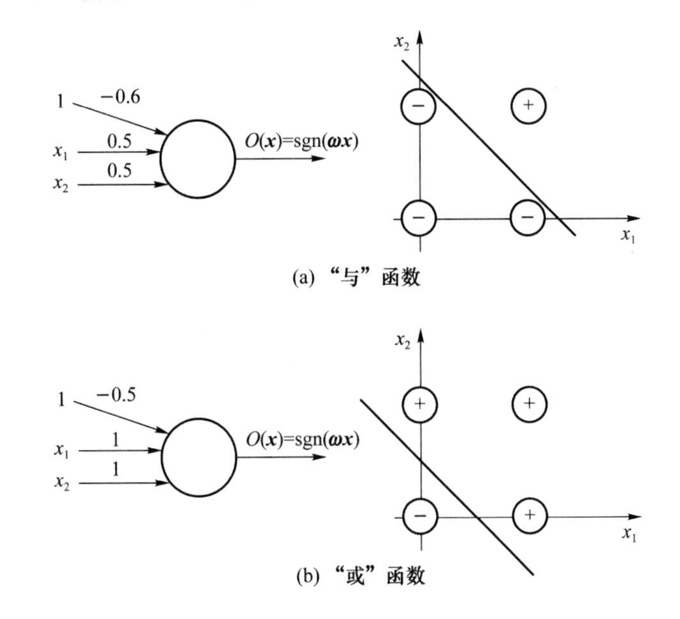

(a) “与”函数

(b) “或”函数

图 4-5　“与”和“或”布尔函数的实现

图 4-5(a)表示一个用感知器实现的“与”布尔函数，对于 4 种可能的输入，感知器输出两个变量“与”操作布尔运算结果，如表 4-1 所示。决策面(此处为一条直线)为 $\boldsymbol{\omega x}=0.5x_1+0.5x_2-0.6=0$ 对应的直线如图 4-5(a)所示。

表 4-1　感知器输出两个变量“与”操作布尔运算结果

x_1	x_2	$\boldsymbol{\omega x}=0.5x_1+0.5x_2-0.6$	$\boldsymbol{\omega x}\geqslant 0$?	$O(\boldsymbol{x})$
0	0	−0.6	否	−1
0	1	−0.1	否	−1
1	0	−0.1	否	−1
1	1	0.4	是	1

图 4-5(b)表示一个用感知器实现的“或”布尔函数，对于 4 种可能的输入，感知器输出两个变量“或”操作布尔运算结果，如表 4-2 所示。决策面(此处为一条直线)为 $\boldsymbol{\omega x}=x_1+x_2-0.5=0$对应的直线如图 4-5(b)所示。

表 4-2 感知器输出两个变量“或”操作布尔运算结果

x_1	x_2	$\boldsymbol{\omega x}=x_1+x_2-0.5$	$\boldsymbol{\omega x}\geqslant 0$?	$O(x)$
0	0	−0.5	否	−1
0	1	0.5	是	1
1	0	0.5	是	1
1	1	1.5	是	1

对于异或布尔函数(XOR)函数，要求的运算结果如表 4-3 所示。

表 4-3 感知机输出两个变量异或布尔(XOR)操作运算结果

x_1	x_2	$\boldsymbol{\omega x}=\omega_0\cdot 1+\omega_1 x_1+\omega_2 x_2$	$\boldsymbol{\omega x}\geqslant 0$?	$O(x)$
0	0	<0	否	−1
0	1	>0	是	1
1	0	>0	是	1
1	1	<0	否	−1

由表 4-3 容易得出：

$$\begin{cases}\omega_0\cdot 1+\omega_1\cdot 0+\omega_2\cdot 0<0 & ①\\ \omega_0\cdot 1+\omega_1\cdot 0+\omega_2\cdot 1>0 & ②\\ \omega_0\cdot 1+\omega_1\cdot 1+\omega_2\cdot 0>0 & ③\\ \omega_0\cdot 1+\omega_1\cdot 1+\omega_2\cdot 1<0 & ④\end{cases}$$

由①、②、③知$\omega_0\cdot 1+\omega_1\cdot 1+\omega_2\cdot 1>0$，与④矛盾。因此 XOR 函数无法用单一的感知器表示。

一般来说，用两层深度的感知器就能够表示所有的布尔函数。在两层网络中输入被送到第一层的多个感知器单元，它们的输出被输入到第二层，用于生成最终的输出结果。用两层感知器实现 XOR 布尔函数的原理如图 4-6 所示。

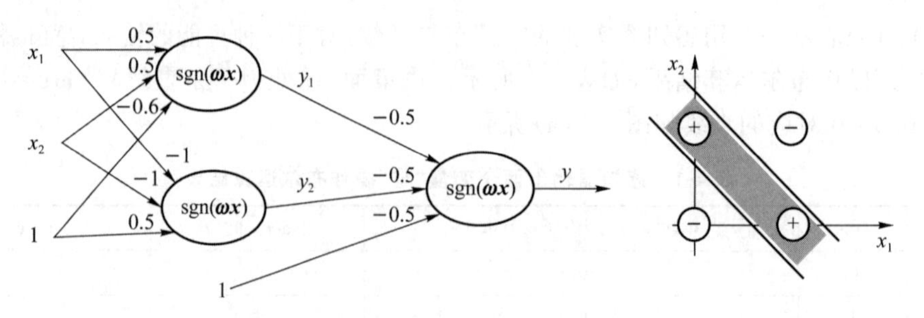

图 4-6 两层感知器实现 XOR 布尔函数

图 4-6 所示两层感知器网络实现的 XOR 布尔运算计算过程如表 4-4 所示。第一层相当于用两条直线，把样本分成两部分，一部分在两条直线之间，另一部在两条直线外侧。

表 4-4 两层感知器网络实现 XOR 布尔运算计算过程

x_1	x_2	y_1	y_2	y
0	0	sgn(−0.6)=−1	sgn(0.5)=1	sgn(−0.5)=−1
0	1	sgn(−0.1)=−1	sgn(−0.5)=−1	sgn(0.5)=1
1	0	sgn(−0.1)=−1	sgn(−0.5)=−1	sgn(0.5)=1
1	1	sgn(0.4)=1	sgn(−1.5)=−1	sgn(−0.5)=−1

4.4.2 感知器学习算法

由前文所述可以看出，感知器的学习算法就是寻找感知器权值向量的方法。1958年，Frank Rosenblatt 给出了一种感知器权值向量的学习法则，这里称之为感知器学习法则。

对于输入为 $\boldsymbol{x}$，权值向量为 $\boldsymbol{\omega}$ 的感知器，实际输出为 $O(\boldsymbol{x})=\mathrm{sgn}(\boldsymbol{\omega x})$，期望输出为 y，则感知器实际输出的误差为：

$$e=y-O(\boldsymbol{x}) \tag{4-5}$$

则权值调整公式为：

$$\Delta\boldsymbol{\omega}=\eta[y-\mathrm{sgn}(\boldsymbol{\omega x})]\boldsymbol{x}=\eta e\boldsymbol{x} \tag{4-6}$$

或

$$\Delta\omega_i=\eta[y-\mathrm{sgn}(\boldsymbol{\omega x})]x_i=\eta e x_i,\quad i=0,1,2,\cdots,n \tag{4-7}$$

式(4-6)和式(4-7)中的 η 为一个正数，称为学习率，用于控制权重向量参数调整速度，太大会影响训练的稳定性，太小会影响收敛速度，通常 $0<\eta\leqslant 1$。

从式(4-6)和式(4-7)可以看出：

- 当感知器的实际输出和期望值相同时，$e=0$，$\Delta\boldsymbol{\omega}=\boldsymbol{0}$，因此参数不用调整。
- 当感知器的实际输出小于期望值时，即 $y=1$，$O(\boldsymbol{x})=-1$ 时，$e=2$，则 $\Delta\boldsymbol{\omega}=2\eta\boldsymbol{x}$。此时，如果样本实例数据大于0，则权重调整量也大于0，权值增加，调整后的权值向量会使 $\boldsymbol{\omega x}$ 增大；如果样本实例数据小于0，则权重调整量也小于0，权值减小，调整后的权值向量同样会使 $\boldsymbol{\omega x}$ 增大。
- 当感知器的实际输出大于期望值时，即 $y=-1$，$O(\boldsymbol{x})=1$ 时，$e=-2$，则 $\Delta\boldsymbol{\omega}=-2\eta\boldsymbol{x}$。此时，如果样本实例数据大于0，则权重调整量会小于0，权值降低，调整后的权值向量会使 $\boldsymbol{\omega x}$ 减小；如果样本实例数据小于0，则权重调整量会大于0，权值增加，调整后的权值向量同样会使 $\boldsymbol{\omega x}$ 减小。

从上述分析可以看出，感知器学习法则采用式(4-5)～式(4-7)给出的权值调整方法，可以使感知器的输出逐步接近期望值。实际上，只要训练样例**线性可分**，并且使用了充分小的 η，经过有限次感知器学习法则训练后，感知器的权值向量会收敛到一个能正确分类所有训练样例的权值向量。

感知器学习算法可以概括如下。

算法 4.1(感知器学习算法)

(1) 用较小的非零随机数初始化 $\omega_i, i=0,1,2,\cdots,n$。

(2) 对于输入的 M 个样本$(\boldsymbol{x}^{(j)}, y^{(j)}), j=1,2,\cdots,M$,逐一进行如下操作:

① 计算 $O(\boldsymbol{x}^{(j)})$及$e^{(j)}=y^{(j)}-O(\boldsymbol{x}^{(j)})$;

② 调整权值向量:$\boldsymbol{\omega}:=\boldsymbol{\omega}+\eta e^{(j)}\boldsymbol{x}^{(j)}$。

(3) 重复(2),直到感知器对所有样本的实际输出和期望输出相等。

4.4.3 Delta 法则

1. 梯度下降与 Delta 法则

感知器学习算法只适用于神经元输出为二值函数的简单单元。1986 年,McClelland 和 Rumelhart 提出了 Delta 法则,它在迭代过程中使用梯度下降方法修正权值向量,要求激活函数可导,因此 Delta 法则亦可称为连续感知器学习法则。

梯度下降(gradient descent)方法沿代价函数的负梯度方向调整权值向量各属性的取值,经过多次迭代后获得代价函数的最小值对应的权重值,如图 4-7 所示。我们以关于变量 x 的函数 $y=0.5\,(x-2)^2$ 为例,求 x_E使得函数值最小。

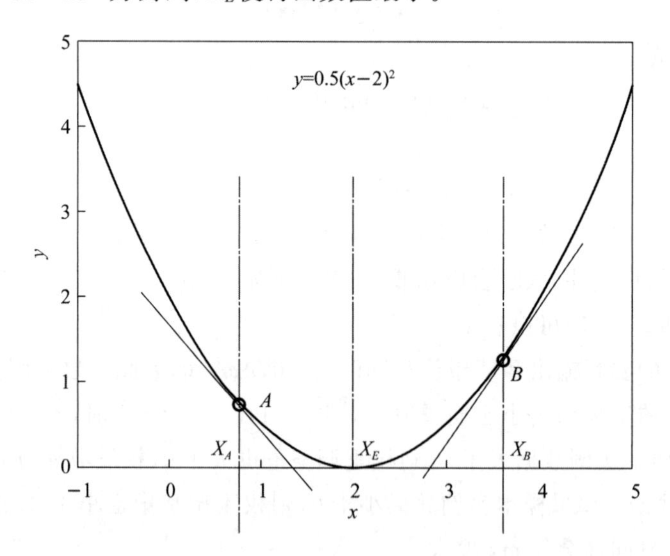

图 4-7 梯度下降搜索示意

假设初始化时,x 选取了 x_A,在 x_E的左侧。为了寻求函数值的最小值,沿梯度的负方向调整 x,可以搜索到最小值点,即 $x:=x-\eta y'(x_A)$。其中 η 为学习率,$0<\eta\leqslant 1$, $y'(x_A)<0$,则调整后 x 值增加,逐步接近极值点。

同理,假设初始化时,x 选取了 x_B,在 x_E的右侧。为了寻求函数值的最小值,应沿梯度的负方向调整 x,可以搜索到最小值点,即 $x:=x-\eta y'(x_B)$。其中 η 为学习率,$0<\eta\leqslant 1$, $y'(x_B)>0$,则调整后 x 值减小,逐步接近极值点。

Delta 法则使用梯度下降方法,可以处理输出值连续的感知器。对于权值向量为 $\boldsymbol{\omega}$ 的感知器,输入 M 个样本$(\boldsymbol{x}^{(j)}, y^{(j)}), j=1,2,\cdots,M$。$\boldsymbol{x}^{(j)}$ 的实际输出为$O^{(j)}=f(\boldsymbol{\omega x}^{(j)})$,期望输出为 $y^{(j)}$,则感知器实际输出的平方误差为

$$E = \frac{1}{2}\sum_{j=1}^{M}(y^{(j)} - O^{(j)})^2$$
$$= \frac{1}{2}\sum_{j=1}^{M}(y^{(j)} - f(\boldsymbol{\omega x}^{(j)}))^2 \tag{4-8}$$

这里 $\boldsymbol{\omega}$ 采用行向量表示，则 E 对 $\boldsymbol{\omega}$ 的梯度为：

$$\nabla E = \frac{\partial E}{\partial \boldsymbol{\omega}} = \left[\frac{\partial E}{\partial \omega_0}, \frac{\partial E}{\partial \omega_1}, \cdots, \frac{\partial E}{\partial \omega_n}\right] \tag{4-9}$$

其中，

$$\frac{\partial E}{\partial \omega_i} = -\sum_{j=1}^{M}[y^{(j)} - f(\boldsymbol{\omega x}^{(j)})]f'(\boldsymbol{\omega x}^{(j)})x_i^{(j)} \tag{4-10}$$

则权值向量的调整值为：

$$\Delta\omega_i = -\eta\frac{\partial E}{\partial \omega_i} \tag{4-11}$$

权值向量调整后的值为：

$$\omega_i := \omega_i + \Delta\omega_i \tag{4-12}$$

基于上述推导，Delta 法则的训练算法可以概括如下。

算法 4.2(Delta 法则学习算法)

(1) 用较小的非零随机数初始化 $\omega_i, i=0,1,2,\cdots,n$。

(2) 对于输入的 M 个样本 $(\boldsymbol{x}^{(j)}, y^{(j)}), j=1,2,\cdots,M$，逐一计算。

$$O(\boldsymbol{x}^{(j)}) = f(\boldsymbol{\omega x}^{(j)})$$
$$E = \frac{1}{2}\sum_{j=1}^{M}(y^{(j)} - O^{(j)})^2$$
$$\Delta\omega_i = -\eta\frac{\partial E}{\partial \omega_i}$$

(3) 调整权值向量：$\omega_i := \omega_i + \Delta\omega_i, i=0,1,2,\cdots,n$。

(4) 重复(2)、(3)直到感知器对所有样本的实际输出和期望输出平方误差足够小。

2. 梯度下降的随机近似

梯度下降是一种重要的通用学习范型，它在实践中会遇到这样两个问题：(1) 有时收敛过程可能非常慢；(2)如果在误差函数曲面上有多个局部极小值，那么不能保证这个过程能找到全局最小值。

为缓解这些困难，我们通常使用梯度下降的变体形式，称为增量梯度下降(incremental gradient descent)，或称为随机梯度下降(stochastic gradient descent)。式(4-10)～式(4-12)给出的梯度下降训练法则，在对训练样例中所有训练样例对应的平方误差求和后计算权值更新，随机梯度下降的思想是根据每个单独样例的误差增量地计算权值更新，得到近似的梯度下降搜索。在迭代计算每个训练样例 $\boldsymbol{x}$，对应输出 y 时，根据下面的公式来更新权值：

$$\Delta\omega_i = \eta[y - f(\boldsymbol{\omega x})]f'(\boldsymbol{\omega x})x_i \tag{4-13}$$

标准的梯度下降算法在权值更新前对所有样例汇总误差，随机梯度下降则根据每个训练实例更新权值。在标准的梯度下降中，权值更新的每一步对多个样例的误差求和，需要更多的计算。如果误差函数有多个局部极小值，随机的梯度下降有时可能避免陷入这些局部极小值。

增量法则与前一节提到的感知器训练法则的权值调整公式有些相似，但是要注意区分：增量法则中 $O(\boldsymbol{x})=f(\boldsymbol{\omega x})$，感知器法则中 $O(\boldsymbol{x})=\text{sgn}(\boldsymbol{\omega x})$。$f(\boldsymbol{\omega x})$ 可导，当 $f'(\boldsymbol{\omega x})=\mathbf{1}$ 时这两个法则形式上一样。

4.5　多层网络和反向传播算法

单层感知机能力有限，多层网络的学习能力要强大得多。多层网络包括一个输入层和一个输出层，其他层称为隐藏层。想要训练多层网络，感知器学习规则无法胜任，需要更强大的学习算法。反向传播（back-propagation，BP）算法就是其中最杰出的代表，它是迄今最成功的神经网络学习算法之一。利用 BP 算法实现的多层神经网络简称 BPNN。

BP 网络简史

本节讨论如何学习这样的多层网络，使用的算法和前面讨论的梯度下降方法相似。

4.5.1　可微阈值单元和前向传播

在数学中我们知道多个变量线性组合的线性组合依然是这些变量的线性组合。同理，多个线性单元的连接只能生成线性函数，无法应用于表征非线性函数的网络。感知器单元虽然是非线性的，它的不连续阈值使它不可微，不适合梯度下降算法。为了提高模型表征能力和使用梯度下降算法，我们需要的神经元应该具备如下特点：输出是输入的非线性函数，并且输出是输入的可微函数。

常用的非线性可微函数有 S(Sigmoid)函数和双曲函数(tanh)。这里着重介绍 Sigmoid 函数，第 l 层第 i 个 Sigmoid 神经单元如图 4-8 所示。

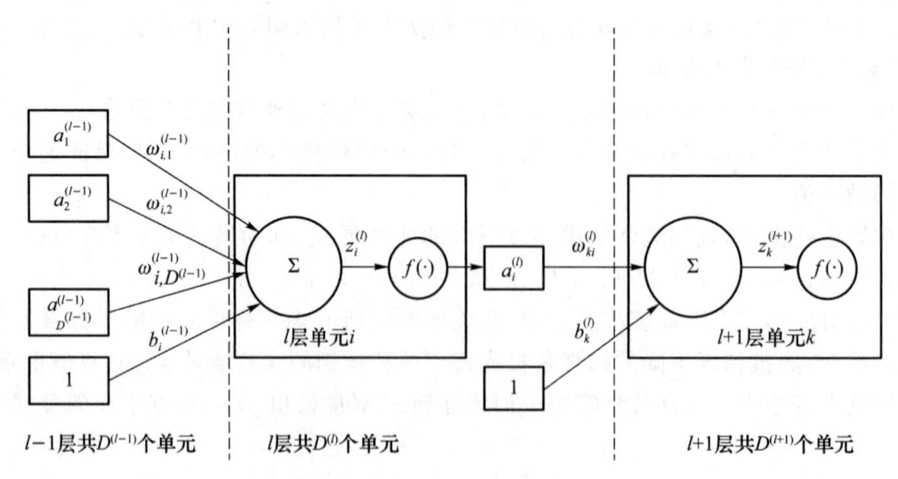

图 4-8　Sigmoid 神经单元

为方便后续介绍多层网络的反向传播算法，图 4-8 画出了第 l 层第 i 个 Sigmoid 神经单元和第$(l+1)$层第 k 个 Sigmoid 神经单元。就第 l 层第 i 个 Sigmoid 神经单元而言，

Sigmoid 单元先计算来自$(l-1)$层的输入的线性组合，然后应用激活函数进行非线性变换。

Sigmoid 单元使用 Sigmoid 函数作为激活函数 $\sigma(x)$，定义如下：

$$\sigma(x)=\text{sigmoid}(x)=\frac{1}{1+e^{-x}} \tag{4-14}$$

激活函数的导数为：

$$\sigma'(x)=\sigma(x)[1-\sigma(x)] \tag{4-15}$$

Sigmoid 函数定义中的e^{-x}项有时被替换为e^{-kx}，其中 k 为某个正的常数，用来控制函数图像的陡峭程度。

如图 4-8 所示，设第 l 层包含的神经单元数目为 $D^{(l)}$，对于第 l 层第 i 个单元就有：

$$z_i^{(l)} = \sum_{j=1}^{D^{(l-1)}} \omega_{i,j}^{(l-1)} a_j^{(l-1)} + b_i^{(l)} \tag{4-16}$$

$$a_i^{(l)} = \sigma(z_i^{(l)}) \tag{4-17}$$

将来自 $l-1$ 层的 $D^{(l-1)}$ 个输入数据写作向量形式，即：

$$\boldsymbol{A}^{(l-1)}=[a_1^{(l-1)},a_2^{(l-1)},\cdots,a_{D^{(l-1)}}^{(l-1)}]^{\mathrm{T}}$$

将来自 $l-1$ 层的 $D^{(l)}$ 个偏置数据写成向量形式，即：

$$\boldsymbol{B}^{(l-1)}=[b_1^{(l-1)},b_2^{(l-1)},\cdots,b_{D^{(l)}}^{(l-1)}]^{\mathrm{T}}$$

将第 $l-1$ 层的权重写成矩阵形式，其中每一行为下一层对应单元的权值向量，即：

$$\boldsymbol{\omega}^{(l-1)}=\begin{bmatrix} \omega_{1,1}^{(l-1)} & \omega_{1,2}^{(l-1)} & \cdots & \omega_{1,D^{(l-1)}}^{(l-1)} \\ \omega_{2,1}^{(l-1)} & \omega_{2,2}^{(l-1)} & \cdots & \omega_{2,D^{(l-1)}}^{(l-1)} \\ \vdots & \vdots & & \vdots \\ \omega_{D^{(l)},1}^{(l-1)} & \omega_{D^{(l)},2}^{(l-1)} & \cdots & \omega_{D^{(l)},D^{(l-1)}}^{(l-1)} \end{bmatrix}$$

显然 $\boldsymbol{\omega}^{(l-1)}$ 共有 $D^{(l)}$ 行，分别对应第 l 层的 $D^{(l)}$ 个神经单元。$\boldsymbol{\omega}^{(l-1)}$ 共有 $D^{(l-1)}$ 列，分别对应来自第 $l-1$ 层的 $D^{(l-1)}$ 个输入。

第 l 层所有线性单元输出(第 l 层激活函数的输入)组成的向量为 $\boldsymbol{Z}^{(l)}=[z_1^{(l)},z_2^{(l)},\cdots,z_{D^{(l)}}^{(l)}]^{\mathrm{T}}$，则有：

$$\boldsymbol{Z}^{(l)}=\boldsymbol{\omega}^{(l-1)}\boldsymbol{A}^{(l-1)}+\boldsymbol{B}^{(l-1)} \tag{4-18}$$

请注意：有的书籍把 $\boldsymbol{A}^{(l-1)}$ 写成列向量，把权重也写成列向量，则

$$\boldsymbol{Z}^{(l)}=(\boldsymbol{\omega}^{(l-1)})^{\mathrm{T}}\boldsymbol{A}^{(l-1)}+\boldsymbol{B}^{(l-1)}$$

对于任意向量 $\boldsymbol{x}=[x_1,x_2,\cdots,x_n]^{\mathrm{T}}$，定义如下向量函数：

$$\boldsymbol{\sigma}(\boldsymbol{x})=[\sigma(x_1),\sigma(x_2),\cdots,\sigma(x_n)]^{\mathrm{T}}$$

结合上述向量函数，第 l 层的输出(第 l 层激活函数的输出)向量 $\boldsymbol{A}^{(l)}$ 可表示为：

$$\boldsymbol{A}^{(l)}=\boldsymbol{\sigma}(\boldsymbol{Z}^{(l)}) \tag{4-19}$$

注意式(4-16)和式(4-17)给出的是每个单元输出值的计算方法，式(4-18)和式(4-19)给出的是计算整层输出的方法，采用矩阵运算表示。

如式(4-18)所示，由 $l-1$ 层的输出作为第 l 层的输入，利用 $l-1$ 层的权重矩阵和偏置向量生成第 l 层输出的方法，称作前向传播。前向传播用于预测样本的标签，总结如下。

算法 4.3(前向传播算法)

(1) 对于具有 $D^{(0)}$ 个属性的样本用列向量表示为 $\boldsymbol{x}$,令 $\boldsymbol{A}^{(0)}=\boldsymbol{x}$;

(2) 利用式(4-18)和式(4-19)计算 $\boldsymbol{A}^{(1)}=\boldsymbol{\sigma}(\boldsymbol{Z}^{(1)})=\boldsymbol{\sigma}(\boldsymbol{\omega}^{(0)}\boldsymbol{A}^{(0)}+\boldsymbol{B}^{(0)})$;

(3) 重复步骤(2)直到最后一层 L 的输出为 $\boldsymbol{A}^{(L)}$,则 $\boldsymbol{A}^{(L)}$ 为 L 层神经网络的输出。

请注意,这里所说的 L 层神经网络不包括输入层,包括输出层,中间隐藏层的层数为 $L-1$。例如,有 1 个隐藏层的神经网络称作 2 层神经网络。在数学表达式中,把输入层写作第"0"层,因此 $\boldsymbol{A}^{(0)}=\boldsymbol{x}$,有 $D^{(0)}$ 个属性。

给定各层权值矩阵和偏置向量的 L 层神经网络能够把输入向量 $\boldsymbol{x}$ 映射到输出向量 $\boldsymbol{A}^{(L)}$,其中 $\boldsymbol{x}\in\mathbb{R}^{D^{(0)}}$,$\boldsymbol{A}^{(L)}\in\mathbb{R}^{D^{(L)}}$。为了方便书写,令 L 层网络的转移函数为 $\boldsymbol{H}_{\boldsymbol{\omega},\boldsymbol{B}}$,输出为 $\boldsymbol{o}$,则

$$\boldsymbol{o}=\boldsymbol{A}^{(L)}=\boldsymbol{H}_{\boldsymbol{\omega},\boldsymbol{B}}(\boldsymbol{x}) \tag{4-20}$$

4.5.2 二次代价函数

第 j 个样本数据 $\boldsymbol{x}^{(j)}$ 对应的标签为 $\boldsymbol{y}^{(j)}$。$\boldsymbol{x}^{(j)}$ 为列向量,包含 $D^{(0)}$ 个分量。输出 $\boldsymbol{o}^{(j)}$ 和标签 $\boldsymbol{y}^{(j)}$ 都为列向量,包含 $D^{(L)}$ 个分量。$\boldsymbol{o}^{(j)}$ 和标签值之间的误差向量用 $\boldsymbol{e}^{(j)}$ 表示,则

$$\begin{aligned}\boldsymbol{e}^{(j)}&=\boldsymbol{y}^{(j)}-\boldsymbol{o}^{(j)}=\boldsymbol{y}^{(j)}-\boldsymbol{H}_{\boldsymbol{\omega},\boldsymbol{B}}(\boldsymbol{x}^{(j)})=[e_1^{(j)},e_2^{(j)},\cdots,e_{D^{(L)}}^{(j)}]^{\mathrm{T}}\\&=[y_1^{(j)}-o_1^{(j)},y_2^{(j)}-o_2^{(j)},\cdots,y_{D^{(L)}}^{(j)}-o_{D^{(L)}}^{(j)}]^{\mathrm{T}}\end{aligned} \tag{4-21}$$

用二次代价函数衡量误差向量的大小,系统优化过程就是求二次代价函数的最小值(MSE)。此处使用的二次代价函数定义为:

$$\begin{aligned}\boldsymbol{J}_{\boldsymbol{\omega},\boldsymbol{B}}(\boldsymbol{x}^{(j)},\boldsymbol{y}^{(j)})&=\frac{1}{2}\|\boldsymbol{e}^{(j)}\|_2^2=\frac{1}{2}(\boldsymbol{e}^{(j)})^{\mathrm{T}}\boldsymbol{e}^{(j)}\\&=\frac{1}{2}\sum_{k=1}^{k=D^{(L)}}(y_k^{(j)}-o_k^{(j)})^2\end{aligned} \tag{4-22}$$

式(4-22)中,j 表示第 j 个样本,L 表示第 L 层。M 个样本$(\boldsymbol{x}^{(j)},\boldsymbol{y}^{(j)})$,$j=1,2,\cdots,M$ 组成的样本集合,对应整体二次代价函数为:

$$\boldsymbol{J}_{\boldsymbol{\omega},\boldsymbol{B}}(\boldsymbol{X},\boldsymbol{Y})=\frac{1}{2M}\sum_{j=1}^{j=M}\|\boldsymbol{e}^{(j)}\|_2^2=\frac{1}{2M}\sum_{j=1}^{j=M}(\boldsymbol{e}^{(j)})^{\mathrm{T}}\boldsymbol{e}^{(j)} \tag{4-23}$$

式(4-23)中,$\boldsymbol{X}$、$\boldsymbol{Y}$ 分别表示样本空间和标签空间,分别由 M 个样本向量和 M 个标签向量组成。

L 层网络的学习算法就是寻找各层的权值矩阵和偏置向量 $\boldsymbol{\omega}^{(l)}$,$\boldsymbol{B}^{(l)}$,$l=0,2,\cdots,L-1$,使 $\boldsymbol{J}_{\boldsymbol{\omega},\boldsymbol{B}}(\boldsymbol{X},\boldsymbol{Y})$ 最小,即:

$$\boldsymbol{\omega}^{(l)},\boldsymbol{B}^{(l)}=\arg\min_{\boldsymbol{\omega},\boldsymbol{B}}\boldsymbol{J}_{\boldsymbol{\omega},\boldsymbol{B}}(\boldsymbol{X},\boldsymbol{Y}),\quad l=0,2,\cdots,L-1 \tag{4-24}$$

采用随机梯度下降时,对每一个样本 $\boldsymbol{x}$ 进行权值和偏置参数调整,省略样本序列编号,式(4-21)、式(4-22)分别改写为:

$$\boldsymbol{e}=\boldsymbol{y}-\boldsymbol{o}=\boldsymbol{y}-\boldsymbol{H}_{\boldsymbol{\omega},\boldsymbol{B}}(\boldsymbol{x})=\boldsymbol{y}-\boldsymbol{A}^{(L)}=\boldsymbol{y}-\boldsymbol{\sigma}(\boldsymbol{Z}^{(L)})$$

$$\boldsymbol{J}_{\boldsymbol{\omega},\boldsymbol{B}}(\boldsymbol{x},\boldsymbol{y})=\frac{1}{2}\|\boldsymbol{e}\|_2^2=\frac{1}{2}(\boldsymbol{e})^{\mathrm{T}}\boldsymbol{e}=\frac{1}{2}\sum_{k=1}^{k=D^{(L)}}(y_k-a_k^{(L)})^2 \tag{4-25}$$

4.5.3 反向传播算法

本节利用随机梯度下降方法，求解使二次代价函数 $\boldsymbol{J}_{\boldsymbol{\omega},\boldsymbol{B}}(\boldsymbol{X},\boldsymbol{Y})$ 的最小的参数 $\boldsymbol{\omega},\boldsymbol{B}$。为方便书写，两同形状矩阵对应元素的乘积用“$\circ$”运算表示，称为哈达玛乘积（Hadamard product）。两个 $m\times n$ 矩阵 $\boldsymbol{C}$ 和 $\boldsymbol{D}$ 的哈达玛乘积定义为：

$$(\boldsymbol{C}\circ\boldsymbol{D})_{i,j}=(\boldsymbol{C})_{i,j}(\boldsymbol{D})_{i,j} \tag{4-26}$$

反向传播算法从输出层（第 L 层）开始，逐层向前计算代价函数对权重矩阵各元素和偏置向量各元素的偏导，并利用梯度下降法进行调整。

用较小的随机值初始化各层的权值矩阵和偏置矩阵后，选取合适的学习率参数 η，反向传播算法如下。

算法 4.4(反向传播算法)

步骤 1：第 L 层偏导计算

(1) 计算 $\boldsymbol{\delta}^{(L)}$

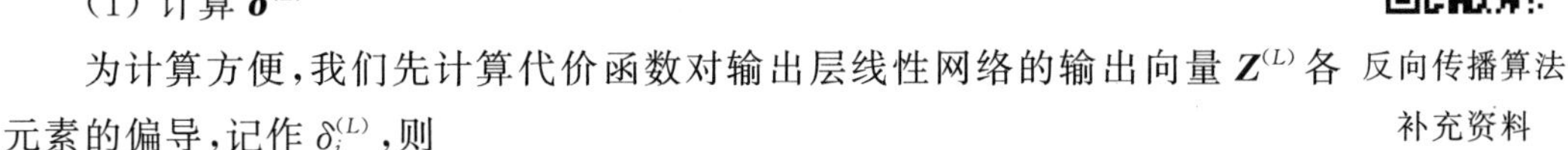

为计算方便，我们先计算代价函数对输出层线性网络的输出向量 $\boldsymbol{Z}^{(L)}$ 各元素的偏导，记作 $\delta_i^{(L)}$，则

反向传播算法
补充资料

$$\delta_i^{(L)}=\frac{\partial \boldsymbol{J}_{\boldsymbol{\omega},\boldsymbol{B}}(\boldsymbol{x},\boldsymbol{y})}{\partial z_i^{(L)}}=-e_i\sigma'(z_i^{(L)}) \tag{4-27}$$

其中，$e_i=y_i-a_i^{(L)}=y_i-\sigma(z_i^{(L)})$，$z_i^{(L)}=\sum\limits_{j=1}^{D^{(L-1)}}\omega_{i,j}^{(L-1)}a_j^{(L-1)}+b_i^{(L-1)}$。

把式(4-27)写成矩阵形式，$\boldsymbol{\delta}^{(L)}=[\delta_1^{(L)},\delta_2^{(L)},\cdots,\delta_{D^{(L)}}^{(L)}]^{\mathrm{T}}$，则

$$\boldsymbol{\delta}^{(L)}=\frac{\partial \boldsymbol{J}_{\boldsymbol{\omega},\boldsymbol{B}}(\boldsymbol{x},\boldsymbol{y})}{\partial \boldsymbol{Z}^{(L)}}=-\boldsymbol{e}\circ\boldsymbol{\sigma}'(\boldsymbol{Z}^{(L)}) \tag{4-28}$$

$\boldsymbol{\delta}^{(l)}$ 为一列向量，式(4-27)中 $\delta_i^{(L)}$ 为 $\boldsymbol{\delta}^{(L)}$ 中的第 i 个元素。$\boldsymbol{\delta}^{(l)}$ 反应 $\boldsymbol{Z}^{(L)}$ 变化引起 $\boldsymbol{J}_{\boldsymbol{\omega},\boldsymbol{B}}(\boldsymbol{x},\boldsymbol{y})$ 变化的剧烈程度，因此有时称为敏感度向量。

(2) 计算代价函数对权值和偏置的偏导

考虑到对于第 $L-1$ 层的权值矩阵中的元素 $\omega_{ij}^{(L-1)}$ 表示在利用第 $L-1$ 层第 j 个单元输出计算第 L 层第 i 个单元加权和 $z_i^{(L)}$ 时所使用的权重系数。因此 $\boldsymbol{Z}^{(L)}$ 的各元素中只有 $z_i^{(L)}$ 与 $\omega_{i,j}^{(L)}$ 相关，即：

$$\frac{\partial z_k^{(L)}}{\partial \omega_{i,j}^{(L-1)}}=0,\quad k\neq i \tag{4-29}$$

$$\nabla\omega_{i,j}^{(L-1)}=\frac{\partial \boldsymbol{J}_{\boldsymbol{\omega},\boldsymbol{B}}(\boldsymbol{x},\boldsymbol{y})}{\partial \omega_{i,j}^{(L-1)}}=\frac{\partial \boldsymbol{J}_{\boldsymbol{\omega},\boldsymbol{B}}(\boldsymbol{x},\boldsymbol{y})}{\partial z_i^{(L)}}\frac{\partial z_i^{(L)}}{\partial \omega_{i,j}^{(L-1)}}=\delta_i^{(L)}a_j^{(L-1)} \tag{4-30}$$

式(4-30)写成矩阵形式得：

$$\nabla\boldsymbol{\omega}^{(L-1)}=\frac{\partial \boldsymbol{J}_{\boldsymbol{\omega},\boldsymbol{B}}(\boldsymbol{x},\boldsymbol{y})}{\partial \boldsymbol{\omega}^{(L-1)}}=\boldsymbol{\delta}^{(L)}(\boldsymbol{A}^{(L-1)})^{\mathrm{T}} \tag{4-31}$$

同理可求二次代价行数对偏置向量各元素的偏导数。

$$\nabla b_i^{(L-1)}=\frac{\partial \boldsymbol{J}_{\boldsymbol{\omega},\boldsymbol{B}}(\boldsymbol{x},\boldsymbol{y})}{\partial b_i^{(L-1)}}=\frac{\partial \boldsymbol{J}_{\boldsymbol{\omega},\boldsymbol{B}}(\boldsymbol{x},\boldsymbol{y})}{\partial z_i^{(L)}}\frac{\partial z_i^{(L)}}{\partial b_i^{(L-1)}}=\delta_i^{(L)} \tag{4-32}$$

$$\nabla \boldsymbol{B}^{(L-1)}=\frac{\partial \boldsymbol{J}_{\boldsymbol{\omega},\boldsymbol{B}}(\boldsymbol{x},\boldsymbol{y})}{\partial \boldsymbol{B}^{(L-1)}}=\boldsymbol{\delta}^{(L)} \tag{4-33}$$

步骤 2:第 $L-1$ 层偏导计算

(1) 计算 $\boldsymbol{\delta}^{(L-1)}$

根据链式法则有

$$\begin{aligned}\delta_i^{(L-1)} &= \frac{\partial \boldsymbol{J}_{\boldsymbol{\omega},\boldsymbol{B}}(\boldsymbol{x},\boldsymbol{y})}{\partial z_i^{(L-1)}} = \sum_{j=1}^{D^{(L)}} \frac{\partial \boldsymbol{J}_{\boldsymbol{\omega},\boldsymbol{B}}(\boldsymbol{x},\boldsymbol{y})}{\partial z_j^{(L)}} \frac{\partial z_j^{(L)}}{\partial z_i^{(L-1)}} \\ &= \sum_{j=1}^{D^{(L)}} \delta_j^{(L)} \frac{\partial z_j^{(L)}}{\partial a_i^{(L-1)}} \frac{\partial a_j^{(L-1)}}{\partial z_i^{(L-1)}} \\ &= \sum_{j=1}^{D^{(L)}} \omega_{j,i}^{(L-1)} \delta_j^{(L)} \sigma'(z_i^{(L-1)})\end{aligned} \tag{4-34}$$

把式(4-34)写成矩阵形式得:

$$\boldsymbol{\delta}^{(L-1)}=[(\boldsymbol{\omega}^{(L-1)})^{\mathrm{T}}\boldsymbol{\delta}^{(L)}]\circ\boldsymbol{\sigma}'(\boldsymbol{Z}^{(L-1)}) \tag{4-35}$$

(2) 计算代价函数对权值和偏置的偏导

采用与式(4-31)~式(4-33)同样的原理,可得:

$$\nabla \boldsymbol{\omega}^{(L-2)}=\frac{\partial \boldsymbol{J}_{\boldsymbol{\omega},\boldsymbol{B}}(\boldsymbol{x},\boldsymbol{y})}{\partial \boldsymbol{\omega}^{(L-2)}}=\boldsymbol{\delta}^{(L-1)}(\boldsymbol{A}^{(L-2)})^{\mathrm{T}} \tag{4-36}$$

$$\nabla \boldsymbol{B}^{(L-2)}=\frac{\partial \boldsymbol{J}_{\boldsymbol{\omega},\boldsymbol{B}}(\boldsymbol{X},\boldsymbol{Y})}{\partial \boldsymbol{B}^{(L-2)}}=\boldsymbol{\delta}^{(L-1)} \tag{4-37}$$

步骤 3:其他层偏导计算

依据步骤 2 的原理,计算 $L-2$ 层到第 1 层各层的偏导数。通过步骤 2 的推导可以看出相邻两层反向传播关系如下:

$$\boldsymbol{\delta}^{(l)}=[(\boldsymbol{\omega}^{(l)})^{\mathrm{T}}\boldsymbol{\delta}^{(l+1)}]\circ\boldsymbol{\sigma}'(\boldsymbol{Z}^{(l)}) \tag{4-38}$$

$$\nabla \boldsymbol{\omega}^{(l-1)}=\boldsymbol{\delta}^{(l)}(\boldsymbol{A}^{(l-1)})^{\mathrm{T}} \tag{4-39}$$

$$\nabla \boldsymbol{B}^{(l-1)}=\boldsymbol{\delta}^{(l)} \tag{4-40}$$

第 1 层对应计算过程如下:

$$\boldsymbol{\delta}^{(1)}=[(\boldsymbol{\omega}^{(1)})^{\mathrm{T}}\boldsymbol{\delta}^{(2)}]\circ\boldsymbol{\sigma}'(\boldsymbol{Z}^{(1)}) \tag{4-41}$$

$$\nabla \boldsymbol{\omega}^{(0)}=\boldsymbol{\delta}^{(1)}(\boldsymbol{A}^{(0)})^{\mathrm{T}}=\boldsymbol{\delta}^{(1)}\boldsymbol{x}^{\mathrm{T}} \tag{4-42}$$

$$\nabla \boldsymbol{B}^{(0)}=\boldsymbol{\delta}^{(1)} \tag{4-43}$$

步骤 4:调整各层权值矩阵和偏置矩阵

对第 l 层,$l=0,1,\cdots,L-1$,逐层调整权值矩阵和偏置矩阵中的各元素,即:

$$\boldsymbol{\omega}^{(l)}:=\boldsymbol{\omega}^{(l)}-\eta\,\nabla \boldsymbol{\omega}^{(l)} \tag{4-44}$$

$$\boldsymbol{B}^{(l)}:=\boldsymbol{B}^{(l)}-\eta\,\nabla \boldsymbol{B}^{(l)} \tag{4-45}$$

步骤 5:迭代训练

对 M 个样本$(\boldsymbol{x}^{(j)},\boldsymbol{y}^{(j)})$,$j=1,2,\cdots,M$ 组成的随机样本数据集,逐一重复步骤 1~4。完成训练后,各层 $0,1,2,\cdots,L-1$ 权值矩阵和偏置向量确定,此时便可以用训练好的网络 $\boldsymbol{H}_{\boldsymbol{\omega},\boldsymbol{B}}(\boldsymbol{X})$前向传播算法对输入样本 $\boldsymbol{x}$ 进行预测。

反向传播算法适用于无环网络，学习过程是在假设空间中搜索最佳权值参数和偏置参数，其中假设空间由各层所有可能的权值参数和偏置参数构成，非常庞大。第 l 层权值参数为矩阵，再考虑多层网络结构，权值参数为三维数组，可以用张量表示。多层网络的误差曲面可能有多个局部极小值，梯度下降仅能保证收敛到局部极小值，而未必得到全局最小误差。尽管有这个障碍，实践中反向传播算法在很多应用中都表现出色。

4.6 利用单隐藏层 BPNN 处理 MNIST 学习数据集

如本书第 1 章所述，MNIST 数据集中的每张图片大小为 28×28 像素，用包含 784(28×28)个元素的数组表示一张图片，对应一个手写数字。数组每一元素对应一个像素点，数组的行列号对应像素点的竖直和水平像素坐标，左上角为(0,0)，竖直方向向下为正，水平方向向右为正。数据的元素取值为[0,255]，可以理解为像素点的灰度，255 表示黑，0 表示白。

BPNN 程序

利用本书第 1 章给出的 MNIST 可视化工具，选择标签为“5”的 25 个图形和标签为“8”的 25 个图形示例，如图 4-9 所示。

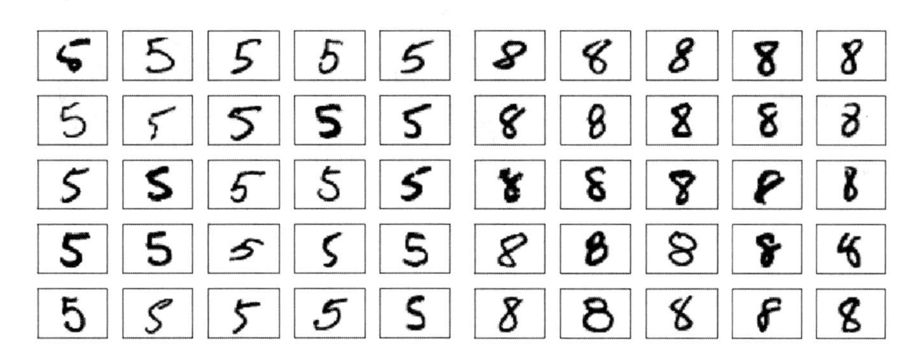

图 4-9 MNIST 手写数字示例

从图 4-9 可以看出，同样的字符对应的“黑点”相对分布在类似的区域，但彼此都有一定的偏差，适合使用 BPNN 实现对这些字符的识别。

此处使用 2 层神经网络、1 个隐藏层和 1 个输出层，MNIST 网站上称为 2-layer NN。隐藏层使用 300 个神经单元。

激活函数采用 Sigmoid 函数。为避免输入数据过大，因此要对每张图片像素值的取值范围进行压缩，即除以 255 之后，把像素值压缩到区间[0,1]之内。把 MNIST 的 6 万张训练图片和 1 万张测试图片进行上述处理后，加载到程序中。

把图片对应的 28×28 像素矩阵改写成 784×1 列矩阵形式，作为网络的输入。则 $\boldsymbol{\omega}^{(0)}$ 为一个 300×784 的矩阵，$\boldsymbol{B}^{(0)}$ 为 300×1 的列矩阵。因为要预测“0”到“9”10 个手写数字，所以输出层有 10 个神经单元。则 $\boldsymbol{\omega}^{(1)}$ 为 10×300 矩阵，$\boldsymbol{B}^{(1)}$ 为 10×1 的列矩阵。

训练方法如下：

(1) 利用较小的随机数初始化 $\boldsymbol{\omega}^{(0)}$，$\boldsymbol{B}^{(0)}$，$\boldsymbol{\omega}^{(1)}$，$\boldsymbol{B}^{(1)}$，令 $\eta=0.1$。

(2) 对 6 万个训练图片中的图片及其标签依次做如下操作：

① 使用前向传播算法 4.3，逐层计算 $\boldsymbol{Z}^{(1)}$，$\boldsymbol{A}^{(1)}$，$\boldsymbol{Z}^{(2)}$，$\boldsymbol{A}^{(2)}$，则输出 $\boldsymbol{o}=\boldsymbol{A}^{(2)}$。

② 利用后向传播算法 4.4，依次计算 $\boldsymbol{\delta}^{(2)}$，$\nabla\boldsymbol{\omega}^{(1)}$，$\nabla\boldsymbol{B}^{(1)}$ 和 $\boldsymbol{\delta}^{(1)}$，$\nabla\boldsymbol{\omega}^{(0)}$，$\nabla\boldsymbol{B}^{(0)}$。

③ 利用式(4-44)和式(4-45)调整 $\boldsymbol{\omega}^{(0)}$，$\boldsymbol{B}^{(0)}$，$\boldsymbol{\omega}^{(1)}$，$\boldsymbol{B}^{(1)}$。

(3) 训练完成后将 $\boldsymbol{\omega}^{(0)}$，$\boldsymbol{B}^{(0)}$，$\boldsymbol{\omega}^{(1)}$，$\boldsymbol{B}^{(1)}$ 保存。

测试方法如下：

(1) 从保存的文件中加载 $\boldsymbol{\omega}^{(0)}$，$\boldsymbol{B}^{(0)}$，$\boldsymbol{\omega}^{(1)}$，$\boldsymbol{B}^{(1)}$，初始化预测错误数为 0。

(2) 对 1 万个测试图片中的图片及其标签依次做如下操作：

① 使用前向传播算法 4.3，逐层计算 $\boldsymbol{Z}^{(1)}$，$\boldsymbol{A}^{(1)}$，$\boldsymbol{Z}^{(2)}$，$\boldsymbol{A}^{(2)}$，则输出 $\boldsymbol{o}=\boldsymbol{A}^{(2)}$。

② 把 $\boldsymbol{o}$ 中最大的元素对应的下标作为预测数字，和测试图片对应的标签数字比较，不一致时错误数加 1。

(3) 统计最终的错误数，计算差错率。

基于上述方法，利用 Python 计算，具有 300 个单元构成的单隐藏层神经网络，采用均方误差二次代价函数和随机梯度下降方法时，得到的错误率为 6.67%。其中三个标签为“5”的被错误分类的图片如图 4-10 所示。

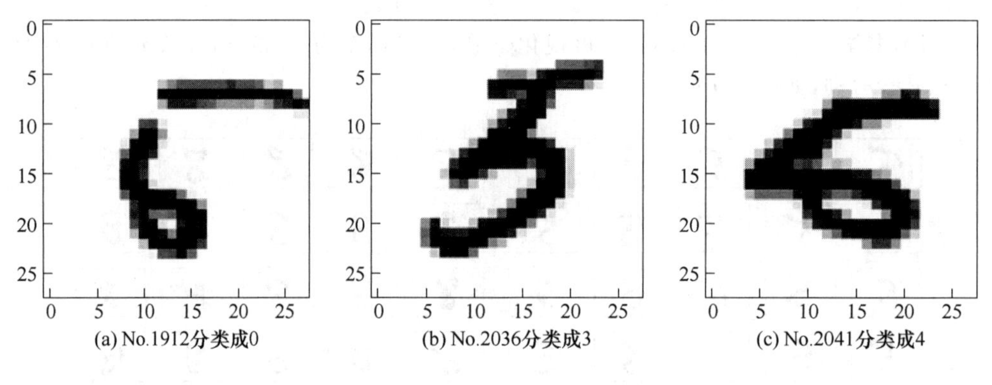

图 4-10 错误分类示例

测试数据集中的第 1 912 个图片实际标签为“5”，我们的神经网络将其分类成“0”；第 2 036个图片对应标签为“5”，我们的神经网络将其分类成“3”；第 2 041 个图片对应标签为“5”，我们的神经网络将其分类成“4”。

就第 2 041 个图片而言，预测输出向量为：

$$
\begin{bmatrix} 0.0095098169 \\ 0.0000354037 \\ 0.0023094405 \\ 0.0000230662 \\ 0.2507429442 \\ 0.0255000696 \\ 0.0943534040 \\ 0.0000043460 \\ 0.0002858027 \\ 0.0002914610 \end{bmatrix} \rightarrow \begin{bmatrix} 0 \\ 1 \\ 2 \\ 3 \\ 4 \\ 5 \\ 6 \\ 7 \\ 8 \\ 9 \end{bmatrix}
$$

从预测输出向量看，图片第一可能是“4”，第二可能是“6”，第三可能为“5”。从图 4-10 可以看出，从“黑点”分布来看，图 4-10(c)确实和“4”“6”对应的手写数字图像很像。这也是简单 BPNN 的缺陷，BPNN 把输出数据元素作为独立对象，无法考虑像素点之间的关系。如果结合手写数字中的“折”“弯”和“交叉点”，图 4-10(c)所示数字应该被识别为“5”或“6”，但绝对不应该是“4”。进行更多特征的识别，简单的 BPNN 无法胜任，需要更高级的机器学习算法，如基于卷积神经网络的深度学习算法。在后续章节中，我们会讨论。

4.7 BPNN 的应用、BPNN 的优缺点及改进

从 BPNN 算法推导和将其用于手写数字识别的例子可以看出，BPNN 具有以下优点：

- BPNN 利用多层网络和非线性激活函数单元，实现了输入到输出的非线性映射。原理上讲，我们可以利用 BPNN 模拟任何一个非线性连续函数，对于多维数据特征构造有很大帮助。
- 利用梯度下降，可以对参数进行优化。随着样本实例的增加，能够得到更优的结果。从而使 BPNN 具有一定的泛化能力。
- 通过调整激活函数，BPNN 有较好的适应性。BPNN 最后一层的激活函数决定网络转移函数的输出特性。例如，采用 Sigmoid 时，输出值在区间[0,1]之内；采用 ReLU 时，取值范围为[0,+∞]。

上述优点使得 BPNN 具有比较广泛的用途，如：

- 模式识别。类似手写数字识别，BPNN 可以用于模式识别，根据表征事物的数值特征对其进行识别(分类)。
- 预测。BPNN 通过有监督的训练后，可以用来预测，如利用股票的历史数据预测未来股票的价格。BPNN 比线性拟合适应场景更多。
- 数据压缩。图像延缩本身是原始数据向压缩后数据的映射过程，BPNN 可以进行非线性映射，有利于实现图像压缩。Ackley 和 Hinton 等 1985 年提出了利用单隐藏层 BPNN 实现数据压缩的方法。
- 函数逼近。在现实问题中，系统的输出是输入函数，函数可能是线性的或非线性的，有的系统转移函数很难用明确的函数表达式表示。另外系统的输出还受各个环节的误差影响。在这种情况下，可以利用 BPNN 获得系统函数的逼近。

正如在分析用 BPNN 处理 MNIST 数据集的错误示例中看到的那样，BPNN 无法考虑输入变量各元素之间的联系，存在一定的局限性。总体来讲 BPNN 的主要缺点如下：

- BPNN 的假设空间可以看作一个张量，维数可能会很高，因此 BPNN 的误差函数是一个复杂函数，会有很多局部最小值。训练过程中一旦陷入局部最小值，则使我们无法找到全局最小值，会导致训练失败。此时需要重新选取初值，再进行训练。
- 代价函数可能会导致函数在某些区间梯度很小，非常平坦，此时梯度下降收敛速度会很慢。
- BPNN 各层采用全连接，参数数量多。就手写数字识别而言，第一层的权值矩阵为 300×784，共 235 200 个元素，对于分辨率更高的图像而言参数会急速增加。例如，1 024×1 024像素的图片，100 个隐藏层单元时，第一层权值矩阵的元素个数会达到 1 亿个。

- BPNN网络训练过程中，训练能力(学习能力)提高，预测能力(泛化能力)也会提高，但到达一定极限后，再进行训练有时会出现过拟合现象，导致预测能力下降。
- BPNN隐藏层层数和每层单元数目选择比较困难，目前还没有有效的理论指导。
- 反向传播过程中，每层都乘以$\boldsymbol{\sigma}'(\boldsymbol{Z})$，由于$\boldsymbol{\sigma}'(\boldsymbol{Z})\leqslant 0.25$，会进一步降低学习效率。

针对上述缺点，常用的改进方法如下：

- 参数惩罚。给二次代价函数增加$\alpha\|\boldsymbol{\omega}\|_2^2$，$0<\alpha<1$之后，再求偏导，可以减少梯度下降过程中的震荡，使模型具有系数偏小优化的偏向，防止过拟合。
- Sigmoid函数定义的e^{-x}项替换为e^{-kx}，其中k为某个正的常数，可以用来控制Sigmoid曲线的陡峭程度，控制平坦区域范围。
- 自适应调节学习率。根据误差函数在调整前后的变化，调整学习率η。

本章小结

本章主要介绍了人工神经网络和反向传播算法。人工神经网络学习为学习实值或向量值函数提供了一种实用的方法，并且对训练数据中的噪声有很好的鲁棒性。反向传播算法是最常见的神经网络学习算法，已经成功应用到很多学习任务，比如手写识别和机器人控制。

反向传播算法考虑的假设空间是有特定连接关系的有权网络所能表示的所有函数空间，包含三层单元的前馈网络能够以任意精度逼近任意函数。反向传播算法使用梯度下降方法，在假设空间中搜索最佳函数。通过迭代减小误差。

延伸阅读

对人工神经网络(ANN)的研究可以追溯到计算机科学的早期。

McCulloch & Pitts于1943年提出了一个相当于感知器的神经元模型。20世纪60年代，针对这个模型的很多变体人们开展了大量研究工作。Widrow & Hoff于1960年研究了感知器网络和Delta法则，Rosenblatt于1962年证明了感知器训练法则的收敛性。

然而，60年代晚期，人们渐渐意识到单层感知器网络的表征能力很有限，而且找不到训练多层网络的有效方法。Minsky & Papert于1969年证明了单层感知器网络无法表达像XOR异或这样简单的函数。随后，整个70年代人工神经网络的研究处于停滞状态。

在80年代中期人工神经网络的研究经历了一次复兴，这主要归功于训练多层网络的反向传播算法的发明。BP算法的实质是LMS(Least Mean Square)算法的推广。LMS试图使网络的输出均方误差最小化，将LMS推广到由非线性可微神经元组成的多层前馈网络，就得到BP算法，因此BP算法亦称为广义δ规则。

1992年，MacKay在贝叶斯框架下提出了自动确定神经网络正则化参数的方法。同年，Gori和Tesi对BP网络的局部极小问题进行了详细讨论。同时，大量对BP算法的改进研究在各地开展，如自适应缩小学习速率等。

人工神经网络领域的主流学术期刊有 *Neural Computation*、*Neural Networks*、*IEEE Transactions on Neural Networks and Learning Systems*；主要国际学术会议有国际神经信息处理系统会议（NIPS）和国际神经网络联合会议（IJCNN），主要区域性会议有欧洲神经网络会议（ICANN）和亚太神经网络会议（ICONIP）。读者可以跟踪这些资料进一步了解神经网络的最新发展。

习　题

（1）为什么神经元的激活函数最好选择非线性并且连续（可微）的函数，采用线性函数$\left(例如,F(x)=\sum_{i=1}^{i=n} w_i x_i\right)$有什么缺陷？

（2）证明任意布尔函数均可用两层感知器实现。

本章课件

（3）简述感知器学习法则如何进行权值调整。

（4）梯度下降用来寻求函数的最小值，在 Delta 法则中，梯度下降寻求的是谁的最小值？为什么要这样做？

（5）为什么要引入随机梯度下降？它有什么优缺点？

（6）前向传播算法与二次代价函数有什么联系？尝试推导前向传播算法的迭代过程。

（7）简述学习率的取值对反向传播算法训练的影响。

（8）由于强大的表示能力，BPNN 经常遭遇过拟合现象，试提出缓解过拟合的方法。

（9）编程实现 BPNN。①按照本章所述处理 MNIST 学习数据集。②实现参数惩罚和 Sigmoid 函数替换，对比结果。③实现学习率动态调整，通过实验观察收敛速度的变化。

（10）神经网络的特征学习相比较传统机器学习的人工特征工程，有什么优缺点？

第5章 模型的评估和选择

导　读

前面几章已经初步介绍了一些机器学习的模型，这些模型虽然各自的机理不同，但是往往能够解决相同的任务。另外，使用同一个模型解决不同的任务时，也往往需要调整相关的参数。因此，选择模型和相关的参数是机器学习实践中最常面对的问题。本章将讲解常用的模型评估方法和性能度量方法，有助于读者真正了解如何解决实际应用问题。

本章首先介绍训练误差和泛化误差的概念及关系，进而介绍机器学习中常出现的过拟合和欠拟合现象，这是导致模型性能不佳的主要原因，最后介绍了3种常用的模型评估方法和面向回归及分类任务的模型性能度量方法。

经过前面对ANN的学习，我们对机器学习中的任务、模型和特征三要素以及模型的训练有了一定的了解，本章我们将就模型评估和选择中的一般问题进行讨论。

5.1 测试集与训练集

在机器学习中，训练模型使用的数据集称为**训练集**。拥有M个样本实例的训练集通常表示为：

$$\boldsymbol{D}=\{(\boldsymbol{x}^{(j)},\boldsymbol{y}^{(j)}),\quad j=1,2,\cdots,M\}$$

或

$$\boldsymbol{D}=\{(\boldsymbol{x}^{(1)},\boldsymbol{y}^{(1)}),(\boldsymbol{x}^{(2)},\boldsymbol{y}^{(2)}),\cdots,(\boldsymbol{x}^{(M)},\boldsymbol{y}^{(M)})\} \tag{5-1}$$

样本实例通常具有多个属性，一般用向量表示，所以使用黑体小写字母表示，如式(5-1)中的$\boldsymbol{x}$。样本的某个属性，即样本向量的某个分量通常为标量，用带下标的小写字母表示，

如 $\boldsymbol{x}=[x_1, x_2, \cdots, x_n]^{\mathrm{T}}$。鉴于上述原因,样本实例的序号用上标表示。但为了书写方便,有时也用下标表示样本编号。

在有监督学习中,训练样本需要有标签。对于分类问题来讲,通常标签采用 one-hot 编码,也用向量表示,如式(5-1)中的 $\boldsymbol{y}$。对于 K 分类问题:

$$\boldsymbol{y}=[y_1, y_2, \cdots, y_K]^{\mathrm{T}} \tag{5-2}$$

利用 one-hot 编码时,$\boldsymbol{y}$ 中除所属类对应的分量为 1 外,其他分量均为 0。

机器学习模型在投入实际使用之前,需要对训练好的模型进行测试。为保证测试结果能够更好地反映模型在实际应用中的表现,测试使用的样例不应取自训练集。我们把测试样例组成的集合称为**测试集**。由 N 个测试样本实例组成的测试集通常表示为:

$$\boldsymbol{T}=\{(\boldsymbol{x}^{(1)}, \boldsymbol{y}^{(1)}), (\boldsymbol{x}^{(2)}, \boldsymbol{y}^{(2)}), \cdots, (\boldsymbol{x}^{(N)}, \boldsymbol{y}^{(N)})\} \tag{5-3}$$

5.2 经验误差与泛化误差

模型预测结果和样本真实标签之间的差异可以用来衡量模型的性能。

就机器学习中的分类问题而言,我们通常把分类错误的样本数占样本总数的比例称为**错误率**。如果测试 N 个样本发现有 n 个样本分类出错,则错误率为 n/N。同理,正确分类的样本数占总体样本的比例称为**精度**,有人也称之为准确度。显然,精度$=1-$错误率。

对于回归问题,模型预测值和真实值之间的差异可以反映模型的误差水平。考虑到分类标签也可以用向量表示,所以分类错误一样可以用预测值和真实值之间的差异衡量。因此我们推广到一般情况,把学习器的实际预测输出与样本的真实标值之间的差异称为"**误差**"。相应地,如果以训练集样本数据为测量参考,模型在训练集上的误差称为"**训练误差**"(training error)或者"**经验误差**"(empirical error);在测试集上的误差称为"**测试误差**"(testing error);在新样本上的误差称为"**泛化误差**"(generalization error)。如果测试集上的数据特征能够全面反映实际应用中新样本的数据特征,则测试误差等于泛化误差。显然,我们利用机器学习解决实际问题时,**希望得到泛化误差小的学习器**。

通常情况下,我们无法获得实际问题中包含的所有样本及其分布规律,因此我们只能基于训练集和测试集,努力使经验误差和测试误差最小化。但不幸的是,经验误差小的学习器在测试集上表现得并不一定好,泛化误差不一定小。

如图 5-1 所示,我们给出一些白马和花狗的图片。假设我们希望利用一个模型对图 5-1 中的图片进行学习,试图用于识别其他图片中含有的动物是"马"还是"狗"。就训练集而言,只要通过是"纯白"还是"白褐相间"就能 100%准确区分,显然这样的模型在新样本集上会一无是处。

图 5-1 白马和花狗的图片集

5.3 过拟合和欠拟合

从 5.2 节的讨论中我们知道,只有在新样本上能表现很好的学习器才具有实际使用价值。从图 5-1 给出的例子我们可以看出,为了使学习器泛化误差小,模型应该从训练样本中学习那些适用于所有潜在样本的"普遍规律",这样才能在遇到新样本时做出正确的判别。简而言之,我们不能利用"大块"的白色判断图片中的动物是不是马,因为现实中还有"黑马""棕马"等。

在机器学习中,模型过于重视训练样本个性化属性会导致"普遍规律"被忽视,从而使模型泛化误差大于测试误差的现象称为**"过拟合"**(overfitting)。与"过拟合"相对的是**"欠拟合"**(underfitting)。显然,欠拟合是由于模型不能全面反映样本"普遍规律"造成的。图 5-1 中,如果仅通过颜色区分图片中的动物,就不能反映"马"和"狗"的普遍区别,就会发生欠拟合现象,导致无法区分新样本中的"黑马"和"黄狗"。如果通过"白色+体格大+四肢长+耳朵短+头面平直而偏长+……"特征来区分"马"和"狗",就会导致过拟合现象。很显然,其中的"白色"就是样本在个性化特征,使得模型无法把新样本中的"黑马"判别为"马"。

机器学习中欠拟合通常是由于学习能力低下、样本数量不足等原因造成的。欠拟合比较容易克服,例如在决策树学习中扩展分支、在神经网络学习中增加训练轮数、在样本不足时引入样本扩增等。发生过拟合时,最常见的情况是由于学习能力过于强大,把训练样本所包含的不太"个别现象"都学到了。相比欠拟合问题,过拟合问题处理起来比较麻烦,而且无法彻底避免。因此,机器学习各类学习算法都会针对过拟合现象采取一定的措施来减小过拟合风险。

5.4 测试集样本数据获取方法

实际应用过程中，针对同一问题我们通常可以采用多种方案。机器学习也是一样，通常我们会有多个候选模型。那么，我们该选用哪一个学习算法，又该如何确定模型的参数配置呢？这就是机器学习中的**“模型选择”**(model selection)问题。当然如果我们能够对候选模型的泛化误差进行评估，就可以挑选出泛化误差最小的模型。然而我们并不能直接获得泛化误差，考虑到过拟合现象的存在，我们也不能以经验误差最小为依据，因此我们需要研究模型的评估方法。

很容易想到，如果我们能够获得一个可以“代表”实际样本的测试集，则可以用测试误差来近似泛化误差。基于这一考虑，测试集中的样本需要从样本真实分布中进行独立同分布采样获得。另外，要尽可能使测试集和训练集互斥，即测试样本尽量不出现在训练集中，且在训练过程中没有被使用过。这好比我们经常参加的各种比赛，如果比赛试题是习题集中的原题，每个同学都能得满分，这样就无法判别哪个同学学得更好。

就模型选择而言，我们希望得到泛化性能强的模型，好比是希望选出具有“举一反三”能力的学生去参加竞赛。训练样本相当于给同学们练习的习题集，测试过程则相当于考试。显然，若测试中使用训练样本，则得到的将是过于“乐观”的估计结果。可见测试集和训练集样本对于模型选择非常重要。

在实际应用中，就某一问题我们积累了一组数据 $\boldsymbol{D}$，那么我们如何利用数据集 $\boldsymbol{D}$ 构建训练集 $\boldsymbol{S}$ 和测试集 $\boldsymbol{T}$，使得测试误差能够尽可能近似泛化误差？接下来我们将介绍几种常见的做法。

5.4.1 留出法

“留出法”(hold-out)直接将数据集 $\boldsymbol{D}$ 划分为两个互斥的集合，一个集合作为训练集 $\boldsymbol{S}$，另一个作为测试集 $\boldsymbol{T}$，即 $\boldsymbol{D}=\boldsymbol{S}\cup\boldsymbol{T}$，且 $\boldsymbol{S}\cap\boldsymbol{T}=\varnothing$。$\boldsymbol{S}$ 用于训练出模型，$\boldsymbol{T}$ 用来测试模型的测试误差，把测试误差作为泛化误差的估计并据此对模型进行评估。

比如，对于 MNIST 数据集，训练集包含 6 万张手写数字的图片，测试集包含 1 万张手写数字的图片。在 ANN 一章中，我们对有 300 个隐藏节点的两层神经网络模型进行测试时，发现有 667 个错误，因此测试错误率为 667/10 000=6.67%。

需要注意的是，训练/测试集的划分要尽可能保持数据分布的一致性，避免因数据划分引入额外的偏差而对最终结果产生影响。例如，在分类任务中至少要保持样本的类别比例相似。保持类别比例不变的采样方式通常称为“分层采样”(stratified sampling)。比如，在 MNIST 数据集中，“0”到“9”10 个数字分布比例一致，都是 10%，因此 $\boldsymbol{S}$ 和 $\boldsymbol{T}$ 中也要保证每个数字对应的图片数都是总数的 10%。在 10 000 个图片组成的测试集中，10 个数字对应的图片张数都是 1 000。

给定训练/测试集的样本比例之后，仍存在多种划分方式对初始数据集 $\boldsymbol{D}$ 进行分割。不同的划分将导致不同的训练/测试集，模型评估的结果也会有所差别。上述原因导致单次使用留出法得到的估计结果往往不够稳定可靠。因此,在使用留出法时,一般要采用若干次随机划分重复进行实验评估后取平均值作为模型的评估结果。

针对我们仅有的数据集 $\boldsymbol{D}$,使用留出法时需要划分训练/测试集。若令训练集 $\boldsymbol{S}$ 包含绝大多数样本,则训练出的模型会更接近于用 $\boldsymbol{D}$ 训练出的模型,但由于 $\boldsymbol{T}$ 比较小,测试结果会不够稳定;若令测试集 $\boldsymbol{T}$ 多包含一些样本,则训练集 $\boldsymbol{S}$ 与 $\boldsymbol{D}$ 的差别就会很大,被评估的模型与用 $\boldsymbol{D}$ 训练出的模型相比可能会有较大差别,从而降低了评估结果的**保真性**(fidelity)。这个问题没有完美的解决方案。在样本数据足够时,通常将 2/3 ～ 4/5 的样本用于训练,剩余样本用于测试。对于小样本空间要结合其他方法降低这一问题的影响。

5.4.2 *m* 折交叉验证法

"交叉验证法"(cross validation)先将数据集 $\boldsymbol{D}$ 划分为 m 个大小相似的互斥子集,即 $\boldsymbol{D}=\boldsymbol{D}^{(1)}\cup\boldsymbol{D}^{(2)}\cup\cdots\cup\boldsymbol{D}^{(m)}$,$\boldsymbol{D}^{(i)}\cap\boldsymbol{D}^{(j)}=\varnothing,i\neq j$。每个子集 $\boldsymbol{D}^{(i)}$ 都尽可能保持数据分布的一致性,即从 $\boldsymbol{D}$ 中通过分层采样得到。逐次用 $m-1$ 个子集的并集作为训练集,余下的那个子集作为测试集,可以获得 m 组训练集、测试集,进行 m 次训练和测试。最终可以采用这 m 个测试结果的平均值作为模型的评估值。

显然,交叉验证法评估结果的稳定性和保真性在很大程度上取决于 m 的取值,为此,通常把交叉验证法称为**"*m* 折交叉验证"**(m-fold cross validation)。常用的 m 折交叉验证法有 5 折交叉验证、10 折交叉验证等。图 5-2 给出了 5 折交叉验证的示意图。

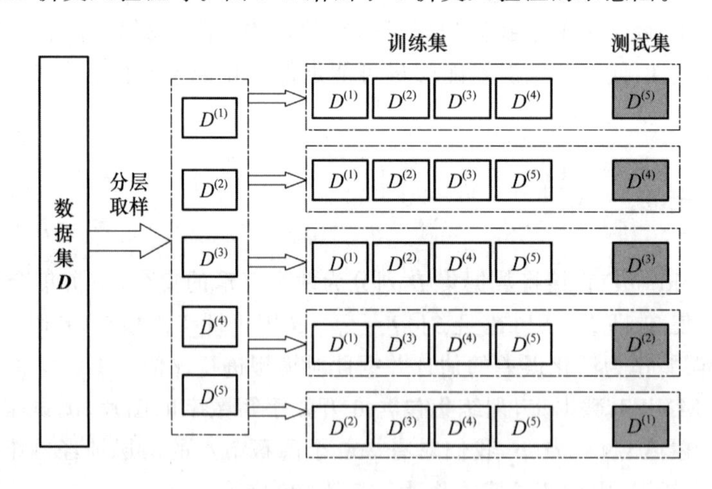

图 5-2　5 折交叉验证

与留出法相似,将数据集 $\boldsymbol{D}$ 划分为 m 个子集同样存在多种划分方式。为减小因样本划分不同而引入的差别,m 折交叉验证通常要随机使用不同的划分重复 p 次,最终的评估结果是这 p 次 m 折交叉验证结果的均值。图 5-2 给出的是 5 次 5 折交叉验证。

留一法(leave-one-out,LOO)是交叉验证法的一个特例,即把包含 M 个样本的数据集划分成 M 个子集,每个子集只包含一个样本。每次使用任意 $M-1$ 个子集的并集作为训练集,余下的一个样本用作测试。留一法使用的训练集与初始数据集相比只少了一个样本,这就使得在绝大多数情况下,留一法中被实际评估的模型与期望评估的用 $\boldsymbol{D}$ 训练出的模型很相似。然而在数据集比较大的时候，训练M个模型的计算开销是不难忍受的。

5.4.3 自助法

使用留出法或交叉验证法分割测试集和训练集时，模型所使用的训练集比 $\boldsymbol{D}$ 小，训练样本规模的差异会影响对模型评估的准确性。留一法受训练样本规模变化的影响较小，但计算复杂度又太高了。留出法也好，交叉验证法也好，测试集、训练集都是建立在对样本数据集进行分割的基础上的，因此必然会导致训练集数据规模的减少。特别是在处理样本数据规模较小的小样本应用时，数据分割会对模型训练产生较大影响。

自助法借用统计学在20世纪70年代小样本数据增广的思想，采用“有放回的”采样方法产生数据的子集。

自助法(Bootstrap)由美国斯坦福大学统计学教授 Efron 在 1977 年提出。当时，Bootstrap 方法因其“过于简单”而不被重视，后来大量事实证明，作为一种崭新的增广样本统计方法，Bootstrap 方法为解决小规模子样试验评估问题提供了很好的思路。

当我们利用统计方法研究实际问题时，总体样本空间通常是无法获得的，这时人们难免会怀疑通过有限的样本空间获得统计规律在整体样本空间上的稳定性。既然无法获得总体样本空间，那么只能利用样本的样本验证。Bootstrap 就是一种从样本数据集中进行样本抽样的有效方法，尤其对于小样本集来讲，Bootstrap 可以起到对样本数据集进行增广的作用。

简言之，Bootstrap 采样就是“有放回的”随机采样。给定包含 M 个样本的数据集 $\boldsymbol{D}$，我们要对它进行采样产生数据集 $\boldsymbol{D}'$，主要过程如下：

每次随机从 $\boldsymbol{D}$ 中挑选一个样本，将其复制放入 $\boldsymbol{D}'$，然后再将该样本放回原始数据集 $\boldsymbol{D}$ 中；重复上述步骤，直到我们得到包含 M 个样本的数据集 $\boldsymbol{D}'$。$\boldsymbol{D}'$就是自助采样的结果。

显然，$\boldsymbol{D}$ 中有一部分样本会在 $\boldsymbol{D}'$ 中多次出现，而另一部分样本不出现。可以做一个简单的估计，样本在 M 次采样中始终不被采到的概率是$(1-1/M)^M$，取极限得到：

$$\lim_{M\to\infty}\left(1-\frac{1}{M}\right)^M=\lim_{M\to\infty}\left(1+\left(-\frac{1}{M}\right)\right)^{-(-M)}=\frac{1}{\mathrm{e}}=0.368 \tag{5-4}$$

由式(5-4)可以看出，采用自助采样方法时，原始数据集 $\boldsymbol{D}$ 中约有 36.8%的样本不会出现在采样数据集 $\boldsymbol{D}'$中。于是我们可以将 $\boldsymbol{D}'$用作训练集，$\boldsymbol{D}-\boldsymbol{D}'$用作测试集。这样我们就获得 M 个训练样本后仍有约数据总量 1/3 的样本用作测试。

自助法在数据集较小、难以有效划分训练/测试集时非常有用。此外，自助法可以从初始数据集中产生多个不同的训练集，这对集成学习等方法有很大的帮助。然而，自助法产生的数据集改变了初始数据集的分布，会引入估计偏差。因此，在初始数据量足够时，留出法和交叉验证法更加常用。

5.5 模型性能度量

本章前面部分我们介绍了经验误差和泛化误差的概念。很明显，对于分类问题，错误率越低的模型，性能越好；对于预测问题，均方误差越小的模型性能越好。为了能够定量描述模型性能的好坏,我们需要衡量模型泛化能力的评价标准,这就是性能度量(performance measure)。

5.5.1 回归模型的性能度量

下面我们先讨论预测任务。假设样例集 $\boldsymbol{D}$ 为:

$$\boldsymbol{D}=\{(\boldsymbol{x}^{(1)},\boldsymbol{y}^{(1)}),(\boldsymbol{x}^{(2)},\boldsymbol{y}^{(2)}),\cdots,(\boldsymbol{x}^{(M)},\boldsymbol{y}^{(M)})\}$$

对于实例 $\boldsymbol{x}^{(i)}$,$\boldsymbol{y}^{(i)}$ 是它对应的真实值,$\boldsymbol{H}(\boldsymbol{x}^{(i)})$ 是输入为 $\boldsymbol{x}^{(i)}$ 时模型的输出。显然,$\boldsymbol{H}(\boldsymbol{x}^{(i)})$ 和 $\boldsymbol{y}^{(i)}$ 越接近,模型性能越好。为评估模型在整体测试集上的反映,均方误差(mean squared error,MSE)是预测任务最常用的性能度量方式,定义如下:

$$E_{\mathrm{MSE}}(\boldsymbol{x},\boldsymbol{y})=\frac{1}{M}\sum_{j=1}^{j=M}\|\boldsymbol{H}(\boldsymbol{x}^{(i)})-\boldsymbol{y}^{(i)}\|_2^2 \tag{5-5}$$

MSE 可以作为预测任务模型的性能度量指标。模型训练时要最小化的代价函数。代价函数也称损失函数、误差函数等,通常是 MSE 的变形或 MSE 的等价函数。为了数学计算上的方便,二次代价函数通常定义为 MSE 的 1/2,用于抵消梯度计算时产生的因数 2。其他形式的损失函数,如指数损失、交叉熵损失函数等,在后续的章节中我们将进一步详细介绍。

5.5.2 分类模型的性能度量

对于分类任务,错误率是分类错误的样本数占样本总数的比例,精度则是分类正确的样本数占样本总数的比例。

假设样例集 $\boldsymbol{D}$ 为:$\boldsymbol{D}=\{(\boldsymbol{x}^{(1)},\boldsymbol{y}^{(1)}),(\boldsymbol{x}^{(2)},\boldsymbol{y}^{(2)}),\cdots,(\boldsymbol{x}^{(M)},\boldsymbol{y}^{(M)})\}$,$\boldsymbol{y}^{(i)}$ 是实例 $\boldsymbol{x}^{(i)}$ 的实际分类,$\boldsymbol{H}(\boldsymbol{x}^{(i)})$对应在输入为 $\boldsymbol{x}^{(i)}$ 时模型给出的分类结果。则分类**错误率**的定义为:

$$E(\boldsymbol{x},\boldsymbol{y})=\frac{1}{M}\sum_{i=1}^{i=M}I(\boldsymbol{H}(\boldsymbol{x}^{(i)})\neq\boldsymbol{y}^{(i)}) \tag{5-6}$$

其中,函数 $I(x)$是指示函数,在 x 为真和假时分别取值为 1 和 0。

精度则定义为:

$$A(\boldsymbol{x},\boldsymbol{y})=\frac{1}{M}\sum_{i=1}^{i=M}I(\boldsymbol{H}(\boldsymbol{x}^{(i)})=\boldsymbol{y}^{(i)})=1-E(\boldsymbol{x},\boldsymbol{y}) \tag{5-7}$$

如果各个样本的权重为 $p(\boldsymbol{x}^{(i)})$,不是常数 $1/M$,那么

$$E(\boldsymbol{x},\boldsymbol{y})=\frac{1}{\sum_{j=1}^{M}p(\boldsymbol{x}^{(j)})}\sum_{i=1}^{i=M}I(\boldsymbol{H}(\boldsymbol{x}^{(i)})\neq\boldsymbol{y}^{(i)})p(\boldsymbol{x}^{(i)}) \tag{5-8}$$

虽然错误率和精度可以反映分类模型的性能,但是有时不能满足任务需要。例如,在判断肿瘤是良性还是恶性的初步筛查过程中,我们可以容忍将部分良性的肿瘤划分成疑似恶性,但要尽可能避免将恶性的肿瘤病例漏掉。为此,我们需要在精度基础上进一步将指标扩展。

对于二分类问题,我们把测试样本分为正例(positive)和负例(negative)。引入如下

定义：

1. TP(true positive)：测试集中被正确分类的正样本数。
2. TN(true negative)：测试集中被正确分类的负样本数。
3. FP(false positive)：测试集中被错误分类的正样本数。
4. FN(false negative)：测试集中被错误分类的负样本数。

显然有：

- 样本总数 M＝TP＋TN＋FP＋FN
- 实际正样本总数＝TP＋FN
- 实际负样本总数＝TN＋FP
- 预测结果中正样本总数＝TP＋FP
- 预测结果中负样本总数＝TN＋FN

基于上述定义，我们容易看出，精度 A 可以由下式计算：

$$A=\frac{\mathrm{TP}+\mathrm{TN}}{\mathrm{TP}+\mathrm{TN}+\mathrm{FP}+\mathrm{FN}} \tag{5-9}$$

定义**查准率** P(precision)为预测结果为正例的样例中预测正确的比例，即：

$$P=\frac{\mathrm{TP}}{\mathrm{TP}+\mathrm{FP}} \tag{5-10}$$

在判断肿瘤是否是恶性的例子中，P 可以理解为在预测为恶性的情况下，真正最终确诊为恶性的比例，因此被称**查准率**。

定义**查全率** R(recall)为所有正例样本中被正确预测的比例，即：

$$R=\frac{\mathrm{TP}}{\mathrm{TP}+\mathrm{FN}} \tag{5-11}$$

显然，R 越大，“漏检”的样例越少。在判断肿瘤是否是恶性的例子中，我们希望尽可能把所有是恶性(正例)的样本都检查出来，即使 R 尽可能接近 1。

实际应用时，如果我们不希望“漏检”，需要 R 大一些，那么判断为正例的标准就应该“松”一些，这样势必增加 FP。显然，查准率和查全率是一对矛盾的度量。实际应用中，对查准率和查全率的重视程度有所不同。如在肿瘤筛查应用中，我们会更重视查全率，否则会因为“误诊”耽误患者的治疗。同理在商品推荐系统中，为了尽可能少打扰用户，更希望推荐内容确实是用户感兴趣的，此时查准率更重要。综合考虑查准率和查全率，我们定义F_β度量(F_β-Score)：

$$F_\beta=(1+\beta^2)\frac{P\times R}{\beta^2 P+R} \tag{5-12}$$

在式(5-12)中，$\beta=1$ 时 F_β 也称为F_1 度量，F_1 相当于 P 和 R 的调和均值，$\frac{1}{F_1}=\frac{1}{2}\left(\frac{1}{R}+\frac{1}{P}\right)$；$\beta>1$ 时查全率有更大的影响；$\beta<1$ 时查准率有更大的影响。

上述 P、R 和F_β适用于单个二分类器的性能度量。对于多个二分类器综合指标，可以使用宏指标(macro)和微(micro)指标。宏指标利用各个分类器上 P、R 指标的均值计算“宏查准率”(macro-P)和“宏查全率”(macro-R)，再用 macro-P 和 macro-R 计算“宏 F1 度量”(macro-F1)。微(micro)指标利用各个分类器的 TP、TN、FP、FN 的均值计算“微查准率”

(micro-P)、"微查全率"(micro-R),再用 micro-P 和 micro-R 计算"微 F1"(micro-F1)。

具有相同的差错率指标的两个模型性能也有差异。比如,概率模型中我们会学习到用概率阈值进行正负样本划分的模型,即如果判断样本是正例的概率大于某个阈值,比如0.6,就预测该样本为正例。显然有的模型对阈值敏感,有的不敏感。例如,当我们把阈值从 0.6 调整到 0.8 时,会有一些正例被漏检,R 会增大;同时 FP 也会减少,P 会增加,被"误检"为正例的比例 FPR 会降低,FPR=FP/(TN+FP)。

用 R 为纵坐标,FPR 为横坐标可以绘制一条曲线,曲线上各点代表阈值。R-FPR 曲线称为受体操作特征曲线(receiver operating characteristic curve,ROC),简称 **ROC 曲线**。**ROC** 曲线上的每个点反映了**模型的敏感性**,如图 5-3 所示。

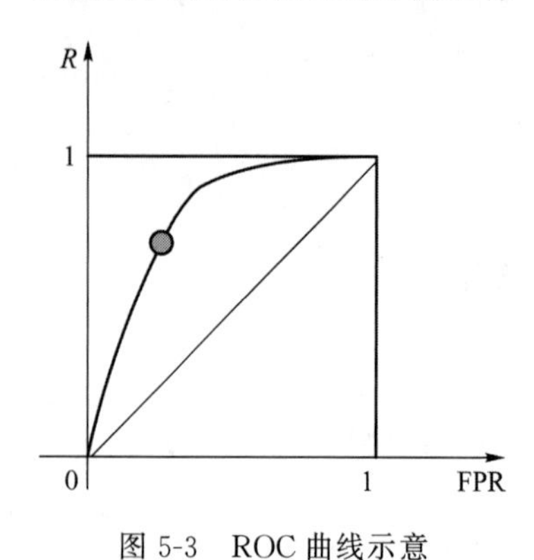

图 5-3 ROC 曲线示意

仍以概率模型中概率阈值不同为例,阈值为 1 的模型对应图 5-3 中坐标原点,该模型不会把任何样本正确或错误地划分正例。阈值为 0 的模型对应图中(1,1)点,该模型把所有的正例都划分为正例的同时,也把所有的复例划分为正例。图中原点到(1,1)的对角线代表随机猜想,漏检的概率和误检的概率相同。理想情况下,我们希望没有漏检,即 $R=1$,同时也没有误检,即 FPR=0,所以 ROC 曲线越偏离对角线越好。

5.6 回归模型的泛化误差分解

本节我们在 MSE 定义的基础上讨论 MSE 的来源。

为简化分析,我们假设要评估的模型预测输出为一数值变量,模型用 H 表示。因为用不同的训练集训练时,得到的模型预测函数不同,所以我们假设训练集为 $\boldsymbol{D}$ 时,模型的输出函数为 $H_{\boldsymbol{D}}(\boldsymbol{x})$,即在输入变量为 $\boldsymbol{x}$ 时模型的输出为 $H_{\boldsymbol{D}}(\boldsymbol{x})$。

就数据集 $\boldsymbol{D}$ 而言,每个样本的标记值是经过某种测量而来的,因此标记值本身是有误差的。设样本变量 $\boldsymbol{x}^{(i)}$ 的标记值为 $\boldsymbol{y}_{\boldsymbol{D}}^{(i)}$,而样本变量 $\boldsymbol{x}^{(i)}$ 对应的真实值为 $\boldsymbol{y}^{(i)}$。更一般的,设样本变量为 $\boldsymbol{x}$,其在数据集中对应的标记值为 $\boldsymbol{y}_{\boldsymbol{D}}$,而其对应的真实值为 $\boldsymbol{y}$。

定义样本自身的噪声为 ε^2:

$$\varepsilon^2=E_{\boldsymbol{D}}[(\boldsymbol{y}_{\boldsymbol{D}}-\boldsymbol{y})^2] \tag{5-13}$$

其中,$E_{\boldsymbol{D}}[\boldsymbol{x}]$表示在数据集 $\boldsymbol{D}$ 上求随机变量 $\boldsymbol{x}$ 的期望。

在实际应用中,我们往往需要准备多个训练集,但保持所有训练集包含的样本数目都相同。用不同的训练集 $D_i, i=1,2,\cdots$ 训练同一模型,最终得到的预测函数不一样,这样会得到多个模型。在测试过程中,给这些模型输入样本变量 $\boldsymbol{x}$ 时,各个模型的输出值不同,分别为 $H_{D_1}(\boldsymbol{x}), H_{D_2}(\boldsymbol{x}),\cdots$。定义全体模型对输出样本变量 $\boldsymbol{x}$ 的预测值的均值为:

$$\overline{H}(\boldsymbol{x})=E[H_{D_i}(\boldsymbol{x})],\quad i=1,2,\cdots \tag{5-14}$$

则这些模型预测值的方差为:

$$\mathrm{Var}(\boldsymbol{x})=E[(H_{D_i}(\boldsymbol{x})-\overline{H}(\boldsymbol{x}))^2],\quad i=1,2,\cdots \tag{5-15}$$

由于我们生成的多个训练集彼此之间是独立同分布的，根据概率论中的中心极限定理，多次独立同分布试验的和分布可以近似为高斯分布。我们用$\overline{H}(\boldsymbol{x})$作为最终依据样本 $\boldsymbol{x}$ 得出的预测值，则预测偏差定义为：

$$\mathrm{Bias}(\boldsymbol{x})=\overline{H}(\boldsymbol{x})-y \tag{5-16}$$

如果只考虑数据集中样本标记值带有随机白噪声情况，即有：

$$E_{\boldsymbol{D}}[(\boldsymbol{y}_{\boldsymbol{D}}-\boldsymbol{y})]=0 \tag{5-17}$$

基于上述假设，我们可以对 MSE 进行分解，计算过程如下：

$$\begin{aligned}E_{\mathrm{MSE}}(\boldsymbol{x},\boldsymbol{y})&=E[(H_{D_i}(\boldsymbol{x})-y_{D_i})^2]\\&=E[(H_{D_i}(\boldsymbol{x})-\overline{H}(\boldsymbol{x})+\overline{H}(\boldsymbol{x})-y_{D_i})^2]\\&=E[(H_{D_i}(\boldsymbol{x})-\overline{H}(\boldsymbol{x}))^2]+E[(\overline{H}(\boldsymbol{x})-y_{D_i})^2]\\&=E[(H_{D_i}(\boldsymbol{x})-\overline{H}(\boldsymbol{x}))^2]+E[(\overline{H}(\boldsymbol{x})-y+y-y_{D_i})^2]\\&=E[(H_{D_i}(\boldsymbol{x})-\overline{H}(\boldsymbol{x}))^2]+E[(\overline{H}(\boldsymbol{x})-y)^2]+E[(y-y_{D_i})^2]\\&=\mathrm{Var}(\boldsymbol{x})+\mathrm{Bias}^2(\boldsymbol{x})+\varepsilon^2\end{aligned} \tag{5-18}$$

式(5-18)指出，泛化误差可以分解为偏差、方差与噪声之和，称作**“偏差-方差分解”**(bias-variance decomposition)，是解释学习算法泛化能力的一种重要工具。其中，偏差度量了预测值与真实结果的偏离程度，反映学习算法本身的拟合能力；方差度量了训练集的变动引起学习性能的变化，反映了数据扰动所造成的影响；噪声是样本标记值本身携带的误差，是任何学习算法所能达到的期望泛化误差的下界，反映了任务本身的难度。

从偏差-方差分解可知：**泛化性能是由算法能力、数据的充分性以及学习任务本身的难度共同决定的**。给定学习任务，为了取得好的泛化性能，需要使偏差较小。增加数据的拟合程度可以减少偏差。为了取得好的泛化性能，还要使方差较小，即降低数据扰动产生的影响。偏差越大，预测值偏离真实值越多，方差越大，预测值本身的扰动越大。偏差和方差与预测值分布之间的关系如图 5-4 所示。图中圆点表示样本对应的真实值，三角形图标表示样本对应的预测值。

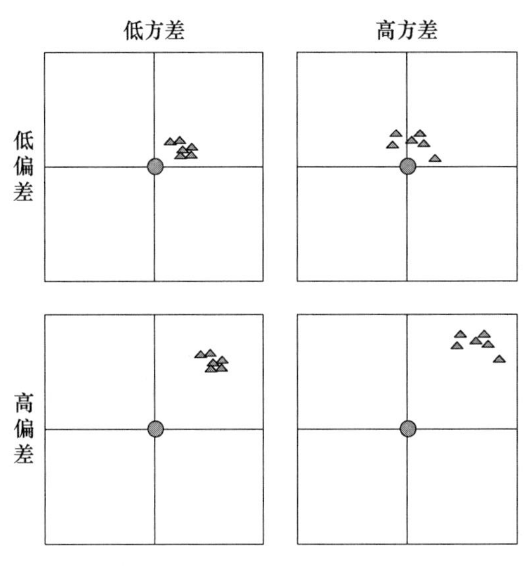

图 5-4 偏差和方差与预测值分布之间的关系

一般来说，偏差与方差是有冲突的，这称为**偏差-方差窘境**（bias-variance dilemma），如图 5-5 所示。

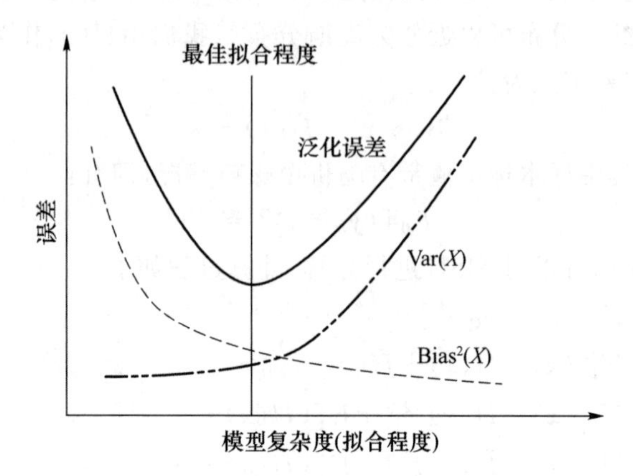

图 5-5　泛化误差与偏差、方差的关系

如图 5-5 所示，对于给定学习任务：

- 假定我们对模型训练程度不够、模型过于简单，则模型的表达能力不足。很显然，此时偏差会很大。由于模型还不足以表达数据的特性，因此训练集扰动对模型影响不大，方差会较小。这种情况下，泛化误差主要由偏差引起。结合之前的讨论，我们发现此种情况对应模型欠拟合，对应图 5-5 中最佳拟合程度线的左侧。在以后的学习中我们会进一步说明，此种情况下单个模型是弱学习器，可以借助集成学习提升总体泛化性能。
- 相反，当我们对模型训练过多、模型过于复杂时，模型会详细刻画训练数据的特质，偏差会很小。模型过多表达训练数据的特质，训练集扰动对模型影响大，方差会很大。这种情况下，泛化误差主要由方差引起，会发生过拟合现象，对应图 5-5 中最佳拟合程度线的右侧。此种情况下，应该降低模型复杂度，减少模型特征。
- 如果发现噪声影响因素较大，就需要增加训练数据实例。

本章小结

在评估和选择模型时，需要区分训练误差和泛化误差的关系，我们希望得到泛化误差小的学习器。过拟合和欠拟合是机器学习中常见的问题，过拟合相对比较难以控制。

测试集划分有三种常用的方法，各有优缺点。留出法需要采用若干次随机划分、重复进行实验评估后取平均值作为评估结果，划分不均匀会导致保真性降低；交叉验证法受训练样本规模变化的影响较小，但计算复杂度高；自助法能够减少训练样本规模不同造成的影响，但是会引入估计偏差。

在回归问题中，常用均方误差作为性能度量。在分类问题中，使用错误率和精度进行模型度量。在实际应用问题中，查全率和查准率会更适用。

泛化误差的分解有助于我们研究分析实际中遇到的问题。

延伸阅读

自助采样法在机器学习中有重要用途，1993年Efron and Tibshirani对此进行了详细的描述。1998年，Dietterich指出了常规K折交叉验证法存在的风险，并提出了5×2交叉验证法。2006年，Demsar讨论了对多个算法进行比较检验的方法。

1992Geman等人针对回归任务给出了偏差-方差-协方差分解。需要注意的是，偏差-方差分解是基于均方误差回归任务推导出的。对于分类任务，由于0/1损失函数的跳变性，理论上推导出偏差-方差分解很困难，所以常见的是采用实验对偏差和方差进行评估。

习　题

(1) 试述真正例率(TPR)、假正例率(FPR)与查准率(P)、查全率(R)之间的联系。

本章课件

(2) 一个数据集有1 000个数据，其中有200个正例。模型判断出250个正例，但是实际只有150个判断正确。

① 画出分类结果的混淆矩阵。

② 根据矩阵计算出准确率、查准率P、查全率R、F1度量。

题表5-1　混淆矩阵

真实情况	预测结果	
	正例	反例
正例		
反例		

(3) 有以下数据：输入和输出都只有一个变量。使用线性回归模型($y=wx+b$)来拟合数据。那么使用留一法(leave-one out)交叉验证得到的均方误差是多少？

x (input)	y(putput)
0	2
2	2
3	1

(4) 假如我们利用y是x的三阶多项式产生一些数据。那么对于使用(a)简单的线性回归模型，(b)x的二、三阶多项式拟合的回归模型，会产生怎么样的偏差(bias)、方差(variance)。

(5) 关于K折交叉验证，对于K值选取的大小会对训练产生什么影响？

(6) 下述措施应该应用于在高偏差还是高方差？

① 增加模型复杂度；

② 减少模型复杂度；

③ 增加样本数量；

④ 减少样本数量。

(7) 有样本数据和两个分类器如题表 5-2，其中两个分类器都按正负排好了序。分别计算准确率、查准率、查全率、F1 分数，并比较说明这两个分类器的优劣适用于哪种场景。

题表 5-2

样本数据	1/＋	2/＋	3/＋	4/＋	5/＋	6/－	7/－	8/－	9/－	10/－
第一个分类器	1/＋	2/＋	3/＋	4/＋	6/－	5/－	7/－	8/－	9/－	10/－
第二个分类器	1/＋	2/＋	3/＋	4/＋	6/＋	5/－	7/－	8/－	9/－	10/－

(8) 从题表 5-2 的一个分类器选择一个画出 ROC 图。

(9) 请了解 Python 中的机器学习包 scikit-learn 中经典的鸢尾花(Iris)数据集，试编程在此数据集上使用留出法划分训练验证集，并实现线性回归模型，输出测试集的准确率、查准率、查全率、F1 分数。

(10) 在上题的基础上试编程在 Iris 数据集上使用 10 折交叉验证法、留一法，并进行各种性能度量对比。

第6章
概 率 模 型

导 读

概率模型就是将学习任务归结为计算变量的概率分布的机器学习模型。举个直观的例子,假设对于输入样本集 $\boldsymbol{X}$ 中的 $\boldsymbol{x}$,有 k 种可能的分类 $\{c_1, c_2, \cdots, c_k\}$,如果机器学习构建了一个后验概率模型 $P(c_j|\boldsymbol{x})$,则可以基于此模型算出的结果,按照概率越大可能性越大的原则进行推理,从而预测 $\boldsymbol{x}$ 的分类。这是一类典型的统计学习方法,属于经典的机器学习模型。本章将首先介绍判别式概率模型和生成式概率模型的概念,然后介绍常用的朴素贝叶斯模型、逻辑斯蒂回归模型以及高斯混合模型。为了更好地理解本章的内容,读者需要简要地复习概率论的一些基本知识。

在之前对多分类问题的导论中,我们提到可以把样本属于某个分类的概率作为分类的依据。概率模型(probabilistic model)就是将学习任务归结为计算变量的概率分布的机器学习模型。概率模型中的变量往往既包含观测变量(observable variable)又包含隐变量(latent variable)。

对于只含观测变量的有监督学习,我们通常使用生成方法(generative approach)或判别方法(discriminative approach),分别对应生成式概率模型(generative probabilistic model)或判别式概率模型(discriminative probabilistic model)。倘若概率模型中含有隐形变量,如高斯混合模型的参数估计,则可以使用 EM(expectation-maximization)算法来解决,也是一种生成式概率模型。

本章首先是对生成式概率模型和判别式概率模型进行简单的阐述,然后分别对朴素贝叶斯模型和逻辑斯蒂回归模型进行介绍,最后对高斯混合模型进行详细讨论。

6.1 生成式概率模型与判别式概率模型

通常我们将分类问题划分成推断(inference)阶段和决策(decision)阶段。“推断”是基于观测变量推测未知变量的条件分布的过程。基于给定概率,结合类别标签的可能取值判断分类结果的过程称为“决策”。

假设有 k 种可能标签,记作 $\boldsymbol{\gamma}=\{c_1,c_2,\cdots,c_k\}$,对于输入样本集 $\boldsymbol{X}$ 中的 $\boldsymbol{x}$,分类为 c_j 的后验概率为:

$$P(c_j|\boldsymbol{x}),\quad j=1,2,\cdots,k \tag{6-1}$$

给定 $\boldsymbol{x}$,通过后验概率建模预测 c_j 的方法称为**判别式概率模型**。典型的判别模型有:感知机、决策树、k 近邻法、逻辑几率回归模型(logit)、最大熵模型、支持向量机和提升方法等。

使用判别方法时,由训练数据直接学习后验概率分布 $P(c_j|\boldsymbol{x})$ 构建预测模型,在决策阶段使用贝叶斯决策论对新的输入样本进行分类。

根据全概率公式,后验概率可以通过联合概率和样本的概率分布表示,即

$$P(c_j|\boldsymbol{x})=\frac{P(\boldsymbol{x},c_j)}{P(\boldsymbol{x})}=\frac{P(c_j)P(\boldsymbol{x}|c_j)}{P(\boldsymbol{x})} \tag{6-2}$$

式(6-2)给出联合概率 $P(\boldsymbol{x},c_j)$ 和后验概率 $P(c_j|\boldsymbol{x})$ 之间的关系。当 $P(\boldsymbol{x})$ 对所有类别都相同时,两者等价。显然,对联合概率建模同样可以实现对样本分类。对联合概率分布建模得到后验概率的方法称为**生成式概率模型**。典型的生成式概率模型有:朴素贝叶斯模型、高斯混合模型和隐马尔可夫模型。使用生成方法时,直接对联合概率分布 $P(\boldsymbol{x},c_j)$ 建模,并计算后验概率 $P(c_j|\boldsymbol{x})$。

在监督学习中,生成式概率模型和判别式概率模型各有优缺点,适合在不同条件下的学习问题。生成式概率模型不仅给出输入和输出之间的生成关系,而且还给出联合概率分布 $P(\boldsymbol{x},c_j)$。随着样本容量增加,该模型可以更快收敛于真实模型。当存在隐变量时不能使用判别方法,但仍可使用生成方法进行学习。判别方法直接学习的是后验概率 $P(c_j|\boldsymbol{x})$ 或决策函数,直接面向预测,准确率更高。在使用判别式概率模型时,可以对数据进行各种程度上的抽象以简化学习问题。

6.2 贝叶斯决策论

对于分类任务而言,在知道所有概率分布的理想情况下,贝叶斯决策论(Bayesian decision theory)是基于概率分布和误判损失选择最优类别标签的基本方法。

对于可能的标签集 $\boldsymbol{\gamma}=\{c_1,c_2,\cdots,c_K\}$ 和输入 $\boldsymbol{x}$,假设 $\boldsymbol{x}$ 的正确分类标签为 c_j。如果将 $\boldsymbol{x}$ 错误分类到 c_i,则产生损失,记作 λ_{ji}。基于后验概率 $P(c_i|\boldsymbol{x})$ 知,输入 $\boldsymbol{x}$ 分类到 c_i 所产生的期望损失(expected loss)为:

$$\boldsymbol{l}(c_i \mid \boldsymbol{x}) = \sum_{j=1}^{k} \lambda_{ji} P(c_j \mid \boldsymbol{x}) \tag{6-3}$$

我们需要通过学习获得一个判定准则 $H:\boldsymbol{X}\rightarrow\boldsymbol{\gamma}$,以最小化总体损失。根据贝叶斯判定准则,最小化总体损失只需在每一个样本上使用条件损失最小的类别标签,即:

$$H^*(\boldsymbol{x})=\arg\min_{c\in\gamma}\boldsymbol{l}(c|\boldsymbol{x}) \tag{6-4}$$

如果我们的目标是最小化分类错误率,则损失 λ_{ji} 可写为:

$$\lambda_{ji}=\begin{cases}0, & i=j\\ 1, & i\neq j\end{cases} \tag{6-5}$$

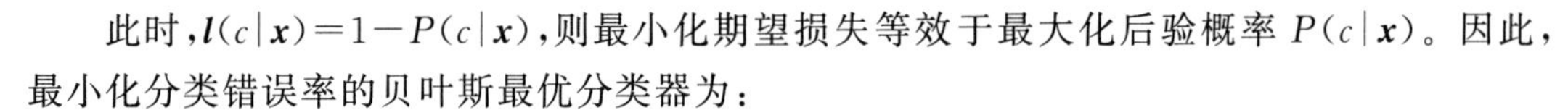

此时，$l(c|\boldsymbol{x})=1-P(c|\boldsymbol{x})$，则最小化期望损失等效于最大化后验概率 $P(c|\boldsymbol{x})$。因此，最小化分类错误率的贝叶斯最优分类器为：

$$H^*(\boldsymbol{x})=\arg\max_{c\in\boldsymbol{\gamma}} P(c|\boldsymbol{x}) \tag{6-6}$$

6.3 朴素贝叶斯模型

6.3.1 朴素贝叶斯分类器

为了简化起见，设 $c\in\boldsymbol{\gamma}$，式(6-2)改写为

$$P(c|\boldsymbol{x})=\frac{P(\boldsymbol{x},c)}{P(\boldsymbol{x})}=\frac{P(c)P(\boldsymbol{x}|c)}{P(\boldsymbol{x})} \tag{6-7}$$

其中：

- $P(c)$表示各类的先验概率(prior probability)，表示样本空间中各类样本所占的比例。当训练集包含充足的独立同分布样本时，可通过各类样本出现的频率对 $P(c)$ 进行估计。
- $P(\boldsymbol{x}|c)$表示某个类别上的条件概率(conditional probability)或“似然”(likelihood)，是样本 $\boldsymbol{x}$ 相对类别 c 的类条件概率(class-conditional probability)。
- $P(\boldsymbol{x})$表示归一化的“证据”(evidence)因子，对给定样本，$P(\boldsymbol{x})$与类别标签无关，对所有类别标签均相同。

根据式(6-6)，需要最大化后验概率 $P(c|\boldsymbol{x})$。由于 $\boldsymbol{x}=(x_1,x_2,\cdots,x_D)^{\mathrm{T}}$ 有 D 个属性，需要在所有的属性上求联合概率 $P(\boldsymbol{x}|c)$，之后再求 $P(c|\boldsymbol{x})$。假设每个属性取值有 n 种，属性的样本空间有n^D 种取值，很容易大于训练集的样本总数。因此，通常情况下，从有限的训练样本难以估计所有属性上的联合概率。朴素贝叶斯(Naive Bayes)法基于贝叶斯定理、基于**属性条件独立假设**来简化联合概率的计算。

基于**属性条件独立假设**得：

$$P(\boldsymbol{x}\mid c)=\prod_{i=1}^{D}P(x_i\mid c) \tag{6-8}$$

其中，x_i 为样本 $\boldsymbol{x}$ 的第 i 个属性的取值。

结合式(6-7)和式(6-8)得：

$$P(c\mid\boldsymbol{x})=\frac{P(c)P(\boldsymbol{x}\mid c)}{P(\boldsymbol{x})}=\frac{P(c)}{P(\boldsymbol{x})}\prod_{i=1}^{D}P(x_i\mid c) \tag{6-9}$$

由于在给定样本中，$P(\boldsymbol{x})$对所有类标记均相同，所以朴素贝叶斯分类器最终表示为：

$$H_{nb}(\boldsymbol{x})=\arg\max_{c\in\boldsymbol{\gamma}}P(c)\prod_{i=1}^{D}P(x_i\mid c) \tag{6-10}$$

为方便后文的描述，令

$$\theta(c)=P(c)\prod_{i=1}^{D}P(x_i\mid c) \tag{6-11}$$

6.3.2 极大似然估计

由式(6-10)可得，对 $P(c)$ 和 $P(\boldsymbol{x}|c)$ 使用极大似然估计可以获得朴素贝叶斯分类器。

(1) $P(c)$ 的极大似然估计

引入指示函数：

$$I(x)=\begin{cases}0, & x=\text{False}\\ 1, & x=\text{True}\end{cases} \tag{6-12}$$

其中，x 为逻辑变量，条件满足时取真值。

则利用频率主义学派根据采样进行概率估计的经典方法可以对 $P(c)$ 进行极大似然估计，即：

$$P(c_j)=\frac{\sum_{i=1}^{M} I(y^{(i)}=c_j)}{M}, \quad j=1,2,\cdots,K \tag{6-13}$$

其中，M 为训练数据的样本数，$y^{(i)}$ 是第 i 个样本对应的分类，$P(c_j)$ 为分类标签对应 c_j 的样本在 M 个样本中出现的频率。

(2) $P(\boldsymbol{x}|c)$ 的极大似然估计

估计 $P(\boldsymbol{x}|c)$ 的常用策略是先假定其具有某种确定的概率形式，再基于训练样本对概率分布的参数进行估计。

先讨论离散属性。设样本数据为 $\boldsymbol{X}=\{\boldsymbol{x}^{(1)},\boldsymbol{x}^{(2)},\cdots,\boldsymbol{x}^{(M)}\}$，$\boldsymbol{x}=(x_1,x_2,\cdots,x_D)^{\mathrm{T}}$，第 i 个样本记作 $\boldsymbol{x}^{(i)}$，$\boldsymbol{x}$ 第 l 个属性记为 x_l，$\boldsymbol{x}^{(i)}$ 的第 l 个属性记为 $x_l^{(i)}$。设 $x_l^{(i)}$ 可能取值的集合为 $\{a_1,a_2,\cdots,a_N\}$，条件概率 $P(x_l=a_k|c_j)$ 的最大似然估计为分类为 c_j 的样本中第 l 个属性为 a_k 的样本出现的频率，即：

$$P(x_l=a_k\mid c_j)=\frac{\sum_{i=1}^{M} I(y^{(i)}=c_j \text{ and } x_l^{(i)}=a_k)}{\sum_{i=1}^{M} I(y^{(i)}=c_j)} \tag{6-14}$$

其中，$k=1,2,\cdots,N$，对应 l 个属性的可能取值的下标；$l=1,2,\cdots,D$，对应样本属性的下标；$j=1,2,\cdots,K$，对应分类标签的下标；$i=1,2,\cdots,M$，对应样本实例的上标。

对于连续属性可考虑概率密度函数，假定 $p(x_l|c_j)\sim N(\mu_{c_j,l},\sigma_{c_j,l}^2)$，其中，$\mu_{c_j,l}$ 和 $\sigma_{c_j,l}^2$ 分别是 c_j 类样本在第 l 个属性上取值的均值和方差，则有

$$p(x_l|c_j)=\frac{1}{\sqrt{2\pi}\sigma_{c_j,l}}\exp\left(\frac{(x_l-\mu_{c_j,l})^2}{2\sigma_{c_j,l}^2}\right) \tag{6-15}$$

之后，根据式(6-8)得到 $p(\infty|c)$。

6.3.3 拉普拉斯修正

结合朴素贝叶斯分类器和最大似然估计，可以发现 $\theta(c)$ 是类分布概率和属性集上所有

属性的条件概率的乘积。由于实际训练样本有限,可能出现某个分类标签对应的样本数为0,或某类样本中某个属性取值出现的次数为0。一旦出现这些情况,式(6-11)中连乘结果会一直为0。出现这种情况,不管其他属性提供的分类信息多么显著,都会被乘积为0“抹去”。

为了避免上述形况的发生,在估算概率值时通常要进行“平滑”(somoothing)。常用方法是“拉普拉斯修正”。“拉普拉斯修正”的思想是给每个分类出现的次数预先赋一个固定值λ,则样本的总数变成$M+K\lambda$,其中M为实际样本个数,K为分类类别个数,则式(6-13)变为:

$$P(c_j)=\frac{\lambda+\sum_{i=1}^{M}I(y^{(i)}=c_j)}{M+K\lambda},\quad j=1,2,\cdots,K \tag{6-16}$$

同样,也预先给分类中每个样本属性值出现的次数赋一个固定值λ,则该分类中所有属性值出现的总次数为分类对应的实际样本数和$N\lambda$之和,其中N为每个属性可能取值个数,则式(6-14)变为

$$P(x_l=a_k\mid c_j)=\frac{\lambda+\sum_{i=1}^{M}I(y^{(i)}=c_j\text{ and }x_l^{(i)}=a_k)}{N\lambda+\sum_{i=1}^{M}I(y^{(i)}=c_j)} \tag{6-17}$$

式(6-16)和式(6-17)中,$\lambda\geqslant0$。等价于在随机变量各个取值的频次数上赋予一个正数。当$\lambda=0$时,即为极大似然估计。常取$\lambda=1$。

6.3.4 学习与分类算法

根据上述朴素贝叶斯分类器和参数估计方法,给出朴素贝叶斯法的学习与分类算法。

算法 6-1(朴素贝叶斯算法)

输入:

- 输入为M个训练样本$\boldsymbol{X}=\{\boldsymbol{x}^{(1)},\boldsymbol{x}^{(2)},\cdots,\boldsymbol{x}^{(M)}\}$和其对应的标签$\boldsymbol{Y}=\{\boldsymbol{y}^{(1)},\boldsymbol{y}^{(2)},\cdots,\boldsymbol{y}^{(M)}\}$,其中$\boldsymbol{x}^{(i)}=(x_1^{(i)},x_2^{(i)},\cdots,x_D^{(i)})^{\mathrm{T}}$。$\boldsymbol{x}^{(i)}$的第$l$个属性记为$x_l^{(i)}$,设$x_l^{(i)}$可能取值的集合为$\{a_1,a_2,\cdots,a_N\}$。
- 输入的实例为$\boldsymbol{x}$。

输出:实例$\boldsymbol{x}$的分类。

计算步骤如下:

(1) 根据式(6-12)计算先验概率$P(c_j)$,$j=1,2,\cdots,K$。

(2) 根据式(6-13)和(6-14)计算条件概率$P(x_l=a_k|c_j)$和/或$p(x_l|c_j)$,$k=1,2,\cdots,N$;$l=1,2,\cdots,D$;$j=1,2,\cdots,K$。

(3) 对于给定的实例$\boldsymbol{x}^{(i)}=(x_1^{(i)},x_2^{(i)},\cdots,x_D^{(i)})^{\mathrm{T}}$,计算$\theta(c_j)$,$j=1,2,\cdots,K$。

(4) 根据式(6-10)确定实例$\boldsymbol{x}$的分类。

下面我们利用周志华编著的《机器学习》中的一个例子对朴素贝叶斯分类器进行说明。

我们的任务是利用表 6-1 所示的西瓜数据集 3.0 训练一个朴素贝叶斯分类器。训练数据为实例“2”到“17”,测试数据为实例“1”。和《机器学习》不同的是,本例没有把实例“1”作为训练数据。

表 6.1 西瓜数据集 3.0

编号	色泽	根蒂	敲声	纹理	脐部	触感	密度	含糖率	好瓜
1	青绿	蜷缩	浊响	清晰	凹陷	硬滑	0.697	0.460	?
2	乌黑	蜷缩	沉闷	清晰	凹陷	硬滑	0.774	0.376	是
3	乌黑	蜷缩	浊响	清晰	凹陷	硬滑	0.634	0.264	是
4	青绿	蜷缩	沉闷	清晰	凹陷	硬滑	0.608	0.318	是
5	浅白	蜷缩	浊响	清晰	凹陷	硬滑	0.556	0.215	是
6	青绿	稍蜷	浊响	清晰	稍凹	软粘	0.403	0.237	是
7	乌黑	稍蜷	浊响	稍糊	稍凹	软粘	0.481	0.149	是
8	乌黑	稍蜷	浊响	清晰	稍凹	硬滑	0.437	0.211	是
9	乌黑	稍蜷	沉闷	稍糊	稍凹	硬滑	0.666	0.091	否
10	青绿	硬挺	清脆	清晰	平坦	软粘	0.243	0.267	否
11	浅白	硬挺	清脆	模糊	平坦	硬滑	0.245	0.057	否
12	浅白	蜷缩	浊响	模糊	平坦	软粘	0.343	0.099	否
13	青绿	稍蜷	浊响	稍糊	凹陷	硬滑	0.639	0.161	否
14	浅白	稍蜷	沉闷	稍糊	凹陷	硬滑	0.657	0.198	否
15	乌黑	稍蜷	浊响	清晰	稍凹	软粘	0.360	0.370	否
16	浅白	蜷缩	浊响	模糊	平坦	硬滑	0.593	0.042	否
17	青绿	蜷缩	沉闷	稍糊	稍凹	硬滑	0.719	0.103	否

算法过程如下:

(1) 先针对 16 个训练样本计算类别的先验概率。由表 6-1 得

$$P(\text{好瓜})=7/16\approx 0.437\,5$$

$$P(\text{非好瓜})=9/16\approx 0.562\,5$$

(2) 计算条件概率,本例中要对“1”进行分类,为了简化书写过程,只计算“1”各属性有关条件概率。

色泽:$P(\text{青绿}|\text{好瓜})=2/7\approx 0.285\,7$,$P(\text{青绿}|\text{非好瓜})=3/9\approx 0.333\,3$。

根蒂:$P(\text{蜷缩}|\text{好瓜})=4/7\approx 0.571\,4$,$P(\text{蜷缩}|\text{非好瓜})=3/9\approx 0.333\,3$。

敲声:$P(\text{浊响}|\text{好瓜})=5/7\approx 0.714\,3$,$P(\text{浊响}|\text{非好瓜})=4/9\approx 0.444\,4$。

纹理:$P(\text{清晰}|\text{好瓜})=6/7\approx 0.857\,1$,$P(\text{清晰}|\text{非好瓜})=2/9\approx 0.222\,2$。

脐部:$P(\text{凹陷}|\text{好瓜})=4/7\approx 0.571\,4$,$P(\text{凹陷}|\text{非好瓜})=2/9\approx 0.222\,2$。

触感属:$P(\text{硬滑}|\text{好瓜})=5/7\approx 0.714\,3$,$P(\text{硬滑}|\text{非好瓜})=6/9\approx 0.666\,7$。

密度：$p(0.697|好瓜)=1.6651$，$p(0.697|非好瓜)=1.1942$。

含糖率：$p(0.46|好瓜)=0.0672$，$p(0.46|非好瓜)=0.0425$。

(3) 将实例"1"分类成好瓜，对应分类标签为 c_1，分类成非好瓜，对应分类标签为 c_2。针对好瓜和非好瓜两类分类标签计算 $\theta(c_j)$，$j=1,2$。

带入数据得：$\theta(c_1)=0.02$，$\theta(c_2)=4.64\times10^{-5}$。

(4) 依据式(6-10)给出的朴素贝叶斯分类器，实例"1"应分类成好瓜，分类标签为 c_1。

例 6-1 的计算过程总结如表 6-2 所示。

表 6-2 西瓜数据集 3.0 对实例"1"分类计算过程

好瓜概率	好瓜中属性为下列值的概率								θ(好瓜)
	青绿	蜷缩	浊声	清晰	凹陷	硬滑	密度=0.679	含糖率=0.46	
0.437 5	0.285 7	0.571 4	0.714 3	0.857 1	0.571 4	0.714 3	1.665 1	0.067 2	0.002 0
非好瓜概率	非好瓜中属性为下列值的概率								θ(非好瓜)
	青绿	蜷缩	浊声	清晰	凹陷	硬滑	密度=0.679	含糖率=0.46	
0.562 5	0.333 3	0.333 3	0.444 4	0.222 2	0.222 2	0.666 7	1.194 2	0.042 5	4.63874E-05

需要注意，倘若使用朴素贝叶斯分类器对某个"敲声"属性取值"清脆"或"脐部"属性取值"平坦"的实例进行分类时，显然在分类为好瓜的条件下，上述两个属性取值出现的次数为 0，相应的条件概率也为 0。此时需要利用式(6-16)和式(6-17)给出的"拉普拉斯修正"方法进行"平滑"处理。

朴素贝叶斯分类算法应用示例

6.4 逻辑斯蒂回归模型

6.4.1 逻辑斯蒂分布

设 X 是连续随机变量，X 服从**逻辑斯蒂分布**(logistic distribution)是指 X 具有下列分布函数和密度函数：

$$F(x)=P(X\leqslant x)=\frac{1}{1+\mathrm{e}^{-(x-\mu)/\gamma}} \tag{6-18}$$

$$f(x)=F'(x)=\frac{\mathrm{e}^{-(x-\mu)/\gamma}}{\gamma\left(1+\mathrm{e}^{-(x-\mu)/\gamma}\right)^2} \tag{6-19}$$

其中，μ 为位置参数，$\gamma>0$ 为形状参数。

逻辑斯蒂分布的分布函数 $F(x)$的图像如图 6-1 所示。分布函数为逻辑斯蒂函数，函数的图像是一条以$\left(\mu,\frac{1}{2}\right)$为中心对称的 S 形曲线，满足

$$F(-x+\mu)-\frac{1}{2}=-F(x+\mu)+\frac{1}{2}$$

曲线在中心附近增长速度较快，在两端增长速度较慢。形状参数 γ 的值越小，曲线在中

心附近增长越快，如图 6-1 所示。

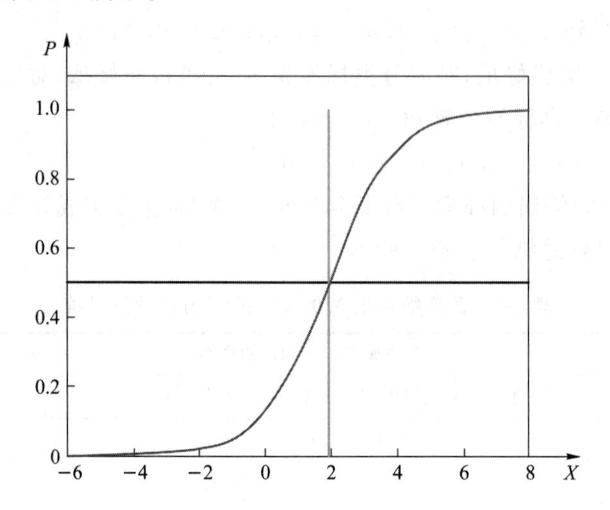

图 6-1　逻辑斯蒂分布的分布函数，$\mu=2,\gamma=1$

6.4.2　二项逻辑斯蒂回归模型

二项逻辑斯蒂回归模型(binomial logistic regression model)，也被称为**对数几率回归模型**，是一种分类模型。它的优点是，直接对分类的可能性进行建模，所以它不仅能预测出类别，还可以得到属于该类别的概率(或者可以看作是判为该类别的置信度)。

二项逻辑斯蒂回归模型如下：

$$P(Y=1|\boldsymbol{x})=\frac{\exp(\boldsymbol{\omega}\cdot\boldsymbol{x}+b)}{1+\exp(\boldsymbol{\omega}\cdot\boldsymbol{x}+b)} \tag{6-20}$$

$$P(Y=0|\boldsymbol{x})=\frac{1}{1+\exp(\boldsymbol{\omega}\cdot\boldsymbol{x}+b)} \tag{6-21}$$

这里：$\boldsymbol{x}\in\mathbf{R}^n$，是输入向量；$Y\in\{0,1\}$，是输出变量；$\boldsymbol{\omega}\in\mathbf{R}^n$、$b\in\mathbf{R}$，是模型的参数，$\boldsymbol{\omega}$ 称为权值向量，b 称为偏置。$\boldsymbol{\omega}\cdot\boldsymbol{x}$ 为 $\boldsymbol{\omega}$ 和 $\boldsymbol{x}$ 的内积。有的教材上使用矩阵写法，如果输入向量和权值向量都用列矩阵表示，则 $\boldsymbol{\omega}\cdot\boldsymbol{x}+b$ 利用矩阵运算表示为 $\boldsymbol{\omega}^{\mathrm{T}}\cdot\boldsymbol{x}+b$。

从式(6-20)和式(6-21)可以看出，在给定权重和偏置的情况下，计算条件概率 $P(Y=1|\boldsymbol{x})$ 和 $P(Y=0|\boldsymbol{x})$，相当于首先用参数为 $\boldsymbol{\omega}$ 和 b 的线性网络计算，再利用 sigmoid 函数激活(如图 6-2 所示)。训练过程中希望找到合适的 $\boldsymbol{\omega}$ 和 b，使标签为“1”的实例对应的 $P(Y=1|\boldsymbol{x})$ 尽可能接近 1，而对应的 $P(Y=0|\boldsymbol{x})$ 尽可能接近 0。逻辑斯蒂回归比较两个条件概率值的大小，将实例 $\boldsymbol{x}$ 分到概率值较大的那一类。

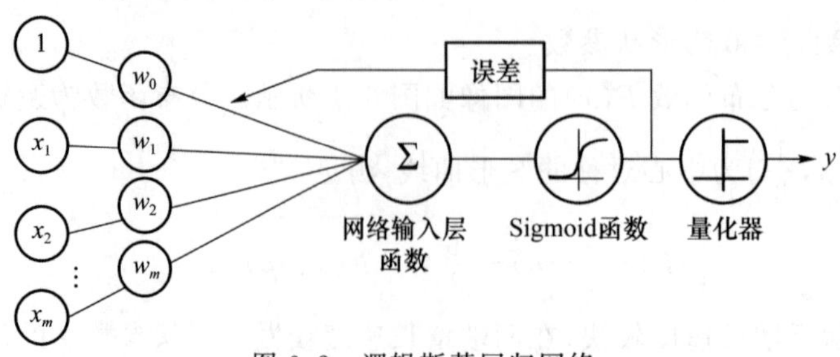

图 6-2　逻辑斯蒂回归网络

有时为了方便，将权值向量和输入向量加以扩充，还记作 $\boldsymbol{\omega}$ 和 $\boldsymbol{x}$，即

$$\boldsymbol{\omega}=(\omega_1,\omega_2,\cdots,\omega_n,b)^{\mathrm{T}}$$

$$\boldsymbol{x}=(x_1,x_2,\cdots,x_n,1)^{\mathrm{T}}$$

则逻辑斯蒂回归模型如下：

$$P(Y=1|\boldsymbol{x})=\frac{\exp(\boldsymbol{\omega}\cdot\boldsymbol{x})}{1+\exp(\boldsymbol{\omega}\cdot\boldsymbol{x})} \tag{6-22}$$

$$P(Y=0|\boldsymbol{x})=\frac{1}{1+\exp(\boldsymbol{\omega}\cdot\boldsymbol{x})} \tag{6-23}$$

定义事件的**几率**为该事件发生的概率与事件不发生的概率的比值。假定某事件发生的概率是 p，则该事件的几率是$\frac{p}{1-p}$。事件的对数几率(log odds)或 logit 函数可以表示为：

$$\mathrm{logit}(p)=\ln\frac{p}{1-p} \tag{6-24}$$

结合式(6-22)和式(6-23)，对逻辑斯蒂回归而言 logit 函数为：

$$\ln\frac{P(Y=1|\boldsymbol{x})}{1-P(Y=1|\boldsymbol{x})}=\boldsymbol{\omega}\cdot\boldsymbol{x} \tag{6-25}$$

在逻辑斯蒂回归模型中，输出 $Y=1$ 的对数几率是输入 $\boldsymbol{x}$ 的线性函数，是输入的线性函数表示的模型。

换一个角度看，对输入进行分类的线性函数 $z=\boldsymbol{\omega}\cdot\boldsymbol{x}$ 的值域为实数域，式(6-22)可以将线性函数 $\boldsymbol{\omega}\cdot\boldsymbol{x}$ 输出值转换为概率：

$$P(Y=1|\boldsymbol{x})=\frac{\exp(\boldsymbol{\omega}\cdot\boldsymbol{x})}{1+\exp(\boldsymbol{\omega}\cdot\boldsymbol{x})} \tag{6-26}$$

由图 6-1 不难看出，z 越接近正无穷，概率值就越接近 1；z 越接近负无穷，概率值就越接近 0；z 为 0 时，概率值为 0.5，是两类样本的分界点对应的条件概率值。

6.4.3 模型参数估计

使用逻辑斯蒂回归模型时，如果依据式(6-26)利用二次代价函数优化 $\boldsymbol{\omega}$，局部极值会造成计算困难，应用极大似然估计法估计模型参数可避免这一问题。从原理上讲，如果分类为“1”的实例和分类为“0”的实例都能分别使模型输出对应的 $P(Y=1|\boldsymbol{x})$和 $P(Y=0|\boldsymbol{x})$尽可能大，则输出结果和期望分类值(1 或 0)的二次代价值也会最小。基于这一思想，极大似然估计和最小二次代价函数估计等效。

对于训练集 $\boldsymbol{T}=\{(\boldsymbol{x}^{(1)},y^{(1)}),(\boldsymbol{x}^{(2)},y^{(2)}),\cdots,(\boldsymbol{x}^{(M)},y^{(M)})\}$，其中 $\boldsymbol{x}^{(i)}\in\mathbf{R}^n$，$y^{(i)}\in\{0,1\}$，设 $P(Y=1|\boldsymbol{x})=\pi(\boldsymbol{x})$，$P(Y=0|\boldsymbol{x})=1-\pi(\boldsymbol{x})$，$P(Y=1|\boldsymbol{x})$和 $P(Y=0|\boldsymbol{x})$可以合并表示为：

$$P(Y|\boldsymbol{x})=\pi(\boldsymbol{x})^y\left[1-\pi(\boldsymbol{x})\right]^{1-y}$$

M 个样本组成的训练集，似然函数为：

$$\prod_{i=1}^{M}\pi(\boldsymbol{x}^{(i)})^{y^{(i)}}\left[1-\pi(\boldsymbol{x}^{(i)})\right]^{1-y^{(i)}} \tag{6-27}$$

相应的，对数似然函数为：

$$L(\boldsymbol{\omega}) = \sum_{i=1}^{M} [y^{(i)} \ln \pi(\boldsymbol{x}^{(i)}) + (1 - y^{(i)}) \ln(1 - \pi(\boldsymbol{x}^{(i)}))]$$
$$= \sum_{i=1}^{M} \left[y^{(i)} \ln \frac{\pi(\boldsymbol{x}^{(i)})}{1 - \pi(\boldsymbol{x}^{(i)})} + \ln(1 - \pi(\boldsymbol{x}^{(i)})) \right]$$
$$= \sum_{i=1}^{M} [y^{(i)} \boldsymbol{\omega} \cdot \boldsymbol{x}^{(i)} - \ln(1 + \exp(\boldsymbol{\omega} \cdot \boldsymbol{x}^{(i)}))] \tag{6-28}$$

对 $L(\boldsymbol{\omega})$ 求极大值，得到 $\boldsymbol{\omega}$ 的估计值。逻辑斯蒂回归模型学习就变成了以对数似然函数为目标函数的最优化问题，可以采用梯度下降法求解。

定义代价函数：$J(\boldsymbol{\omega}) = -L(\boldsymbol{\omega})$，则

$$\frac{\partial J(\boldsymbol{\omega})}{\partial \omega_j} = -\sum_{i=1}^{M} [y^{(i)} - \pi(\boldsymbol{x}^{(i)})] x_j^{(i)}, \quad j = 1, 2, \cdots, n+1$$

权值更新：

$$\omega_j := \omega_j - \lambda \frac{\partial J(\boldsymbol{\omega})}{\partial \omega_j} \tag{6-29}$$

其中，λ 为学习率。

总结上述推导过程，可得基于梯度下降法的逻辑斯蒂回归算法如下。

算法 6-2(逻辑斯蒂回归算法)

输入：

- 输入为 M 个训练样本 T。
- 输入的实例为 $\boldsymbol{x}$。

输出：实例 $\boldsymbol{x}$ 的分类，取值 0 或 1。

计算步骤如下：

(1) 用随机数初始化权重向量 $\boldsymbol{\omega} = (\omega_1, \omega_2, \cdots, \omega_n, \omega_{n+1})^{\mathrm{T}}$；

(2) 针对训练集中的每个样本 $\boldsymbol{x}^{(i)} = (x_1^{(j)}, x_2^{(j)}, \cdots, x_n^{(j)}, 1)^{\mathrm{T}}$，计算 $\pi(\boldsymbol{x}^{(i)})$；

(3) 利用式(6-29)计算 $\frac{\partial J(\boldsymbol{\omega})}{\partial \omega_j}$；

(4) 更新权重向量：$\omega_j := \omega_j - \lambda \frac{\partial J(\boldsymbol{\omega})}{\partial \omega_j}$；

(5) 重复步骤(2)～(4)，直到收敛，$\boldsymbol{\omega}$ 包含模型的权值参数和偏置参数；

(6) 计算 $\pi(\boldsymbol{x})$，如果结果大于 0.5，输出 1；否则，输出 0。

6.4.4 多项逻辑斯蒂回归

多项逻辑斯蒂回归模型(multi-nominal logistic regression model)可用于多类分类。假设离散型随机变量 Y 的取值集合是$\{1, 2, \cdots, K\}$，则多项逻辑斯蒂回归模型对应的条件概率为：

$$P(Y=k\mid \boldsymbol{x})=\frac{\exp(\boldsymbol{\omega}^{(k)}\cdot \boldsymbol{x})}{1+\sum_{k=1}^{K-1}\exp(\boldsymbol{\omega}^{(k)}\cdot \boldsymbol{x})},\quad k=1,2,\cdots,K-1 \tag{6-30}$$

$$P(Y=K\mid \boldsymbol{x})=\frac{1}{1+\sum_{k=1}^{K-1}\exp(\boldsymbol{\omega}^{(k)}\cdot \boldsymbol{x})} \tag{6-31}$$

逻辑斯蒂回归模型补充材料

多项逻辑斯蒂回归可以利用多个二项逻辑斯蒂回归分类器实现，二项逻辑斯蒂回归参数估计法也可以推广到多项逻辑斯蒂回归。

6.4.5 逻辑斯蒂回归举例

这里我们使用先前用过的零件样本数据。零件样本数据是围绕三个点利用正态分布获得的三组样本点，分别表示为A组、B组和C组，零件的样本属性由(x_1,x_2)表示，分别对应零件的密度和硬度。本例使用的零件样本数据集如表6-3所示。

表6-3 零件样本数据

B组		C组		A组	
x_1	x_2	x_1	x_2	x_1	x_2
0.924	0.848	1.962	0.571	0.374	1.981
0.922	1.031	1.985	0.522	0.496	2.067
1.400	0.589	2.028	0.251	0.605	2.049
0.786	0.999	2.023	0.944	0.508	1.936
0.994	0.797	2.274	0.391	0.635	1.835
0.966	0.666	1.895	0.401	0.598	2.144
0.870	0.897	2.175	0.445	0.603	1.904
1.129	1.092	1.977	0.934	0.562	2.087
0.974	0.734	1.980	0.318	0.513	1.975
0.758	1.096	1.979	0.238	0.639	1.998
		2.191	0.832	0.818	1.906
		2.243	0.523	0.542	1.856
				0.545	1.918
				0.759	1.912
				0.525	2.121

为了便于理解，我们把样本数据集表示为平面上的点集，如图6-3 (a)所示。利用算法6-2，如果把B组样本标签设为"1"，其他两组设为"0"，分类结果如图6-3 (b)所示；如果把C组样本标签设为"1"，其他两组设为"0"，分类结果如图6-3(c)所示；如果把A组样本标签设为"1"，其他两组设为"0"，分类结果如图6-3(d)所示。图中，标签为"1"的点在X_1OX_2平面上用红色的点标出，显然它们被分类器分到曲面上PHI(X)值接近1的红色区域。

逻辑斯蒂回归模型程序

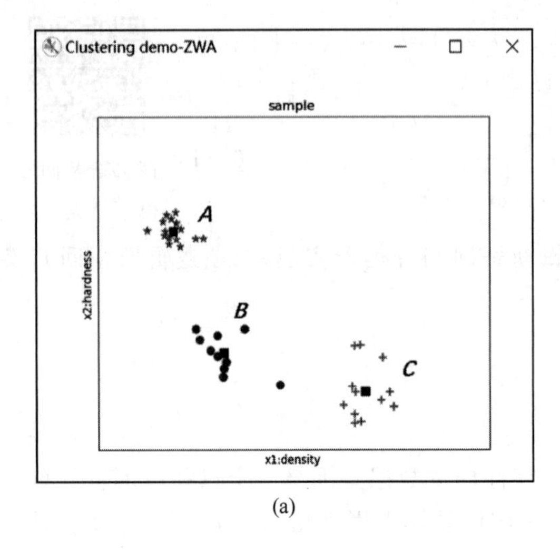

(a)

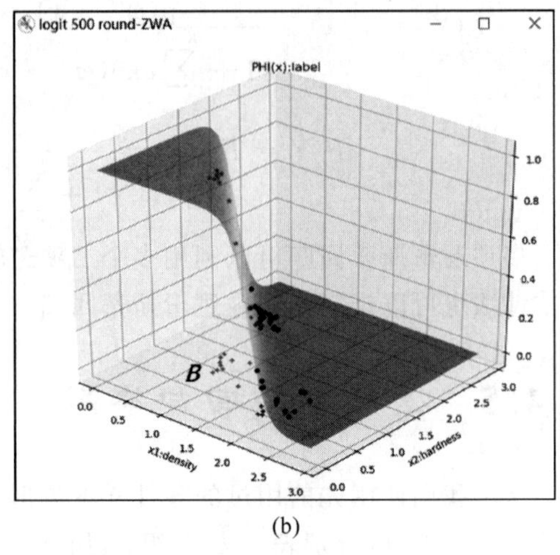

(b)

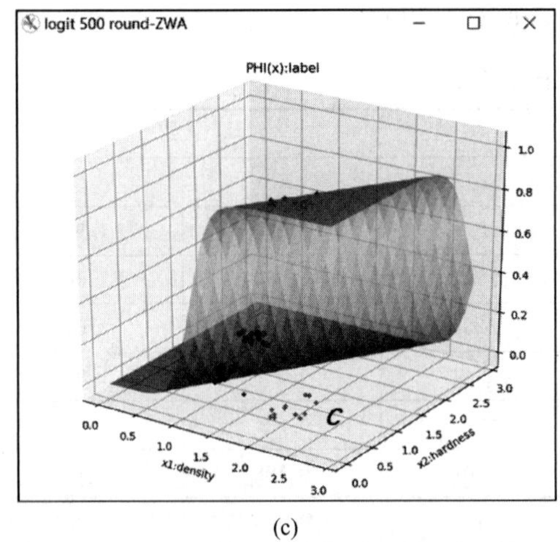

(c)

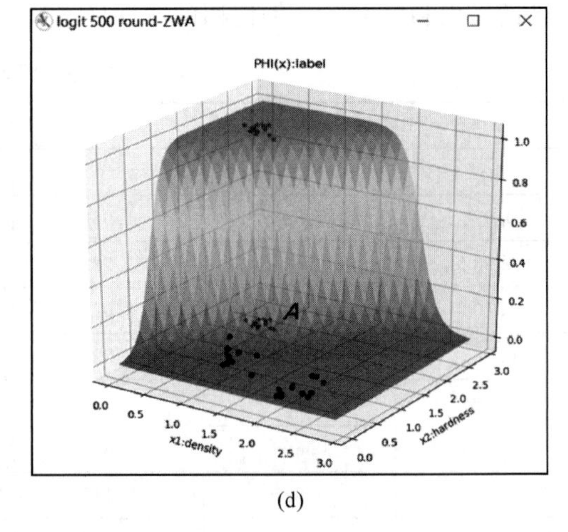

(d)

图 6-3　逻辑斯蒂回归分类

从图 6-3 可以看出，逻辑斯蒂回归分类把样本映射到一个超曲面上，具有 Sigmoid 函数在中间区域快速变化的特征，能够显著地把不同标签(0 或 1)的样本数据分开。

6.4.6 逻辑斯蒂回归进一步讨论

1. 逻辑斯蒂回归的应用

逻辑斯蒂回归分类针对样本标签分布为伯努利(Bernoulli)分布，即样本标签要么为“1”，要么为“0”，是二值的。如果样本标签为“1”的概率为 P_1，那么标签为“0”的概率为 $P_0=1-P_1$。

逻辑斯蒂回归对于现实生活中的二分类问题非常有用。例如，根据消费者的行为数据特征，判断其是否喜欢某类商品；根据股票、期货过去和当前的价格信息、成交量信息、买卖双方博弈对比等信息预测它们的未来涨跌走势；根据人的生活习惯、体检数据，判断发生某种病变的可能性等。在实际分类问题中，通常需要很多属性。如果把曲面和纵坐标为 0.5

的平面的交线投影到水平面，图 6-3(b)所示的二分类器，则相当于用一条直线把两个点集分割开来，如图 6-4 所示。

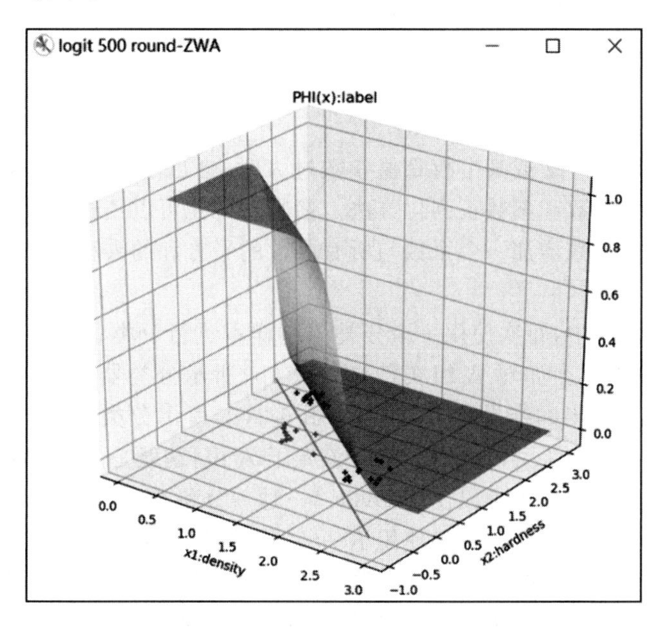

图 6-4　逻辑斯蒂回归分类与线性回归分类

如图 6-4 所示，逻辑斯蒂回归分类本质上还是线性分类，但引入了非线性映射函数，映射函数 sigmoid 把线性网络的输出看成分类标签为正例的对数几率。和单纯的线性分类器相比，逻辑斯蒂回归分类器不但给出了分类是正例还是反例，而且给出了分类的置信度。

2. 向量表示

在算法实现时，使用矩阵运算通常会更加方便，因此可以引入向量表示，把$\frac{\partial J(\boldsymbol{\omega})}{\partial \omega_j}$表示成矩阵运算形式。

$$\frac{\partial J(\boldsymbol{\omega})}{\partial \omega_j}=-\sum_{i=1}^{M}\left[y^{(i)}-\pi(\boldsymbol{x}^{(i)})\right]x_j^{(i)}$$

和

$$\omega_j:=\omega_j-\lambda\frac{\partial J(\boldsymbol{\omega})}{\partial \omega_j}$$

样本总数为 M，样本属性个数为 n，则样本矩阵表示为：

$$\boldsymbol{X}=\begin{bmatrix} x_1^{(1)} & x_2^{(1)} & \cdots & x_n^{(1)} & 1 \\ x_1^{(2)} & x_2^{(2)} & \cdots & x_n^{(2)} & 1 \\ \vdots & \vdots & & \vdots & \vdots \\ x_1^{(M)} & x_2^{(M)} & \cdots & x_n^{(M)} & 1 \end{bmatrix}$$

权重的向量表示：$\boldsymbol{\omega}=(\omega_1,\omega_2,\cdots,\omega_n,b)^{\mathrm{T}}$

线性网络输出向量为：$\boldsymbol{Z}=[z^{(1)},z^{(2)},\cdots,z^{(M)}]^{\mathrm{T}}=\boldsymbol{X\omega}$

矢量化激活函数：$\boldsymbol{\Phi}(\boldsymbol{Z})=[\varphi(z^{(1)}),\varphi(z^{(2)}),\cdots,\varphi(z^{(M)})]^{\mathrm{T}}$

样本标签矢量化：$\boldsymbol{y}=[y^{(1)},y^{(2)},\cdots,y^{(M)}]^{\mathrm{T}}$

误差矢量：$\boldsymbol{e}=[e^{(1)},e^{(2)},\cdots,e^{(M)}]^{\mathrm{T}}=\boldsymbol{y}-\boldsymbol{\Phi}(\boldsymbol{Z})$

代价函数对权重向量的偏导：$\dfrac{\partial J(\boldsymbol{\omega})}{\partial \boldsymbol{\omega}}=\left[\dfrac{\partial J(\boldsymbol{\omega})}{\partial \omega_1},\dfrac{\partial J(\boldsymbol{\omega})}{\partial \omega_2},\cdots,\dfrac{\partial J(\boldsymbol{\omega})}{\partial \omega_n},\dfrac{\partial J(\boldsymbol{\omega})}{\partial b}\right]^{\mathrm{T}}=-\boldsymbol{X}^{\mathrm{T}}\boldsymbol{e}$

则每次迭代权重更新为：$\boldsymbol{\omega}:=\boldsymbol{\omega}-\lambda\dfrac{\partial J(\boldsymbol{\omega})}{\partial \boldsymbol{\omega}}$

3. 过拟合与正则化(Regularization)

逻辑斯蒂回归属性过多或某个权重值参数过大时，会出现过拟合现象。减少过拟合现象可以采用减少属性个数和参数正则化方法。参数正则化可以使权重参数尽可能的小。正则化可以通过给代价函数增加一个系数与所有参数的平方和的乘积实现。

4. 多分类

上一节给出的例子中，每次使用一个分类器对样本进行分类。如果同时使用这三个分类器，则可以实现多分类。如对 A 组实例，图 6-3(b)所示分类器给出的结果为不属于 B，图 6-3(c)所示分类器给出的结果为不属于 C，图 6-3(d)所示分类器给出的结果为属于 A。综合三个分类器给出的结果可以判断实例应该属于 A 组，这就是多分类中的 OvR(“一对其他”)策略。多项分类问题中还可以使用 OvO(“一对一”)和 MvM(“多对多”)策略。

对于可分割为 K 类的样本，OvR 使用 K 个二分类器，每个二分类器只将其中的一类作为正例(标签为“1”)。使用这 K 个二分类器同时对样本分类时，如果出现多个分类器同时给出标签“1”，则选择置信度最大的类别作为最终分类结果。OvO 每次选择两类样本训练一个二分类器，因此需要 $K(K-1)/2$ 个二分类器。如果样本分类类别非常多，因每次只训练两类样本，OvO 训练时间开销会小，但存储开销和测试开销会大于 OvR。MvM 选择若干类作为正例，另外若干类作为反例，使用时需要特殊设计。

除利用多个二分类器解决多分类问题外，还可以使用其他的分类模型，如 Softmax 分类器。多次伯努利试验对应二项分布，标签为 1 出现的次数由二项分布给出。二项分布可以进一步推广到多项分布，即样本的分类是一个特定的标签集合，标签集合包含的元素个数大于 2，样本的分类结果只能是标签集合中的一个(互斥性)。基于多项分布概率模型，利用 Softmax 函数代替逻辑斯蒂回归模型使用的 Sigmoid 函数作为激活函数，并利用 K 分类判决代替二分类判决就可以得到 Softmax 分类器。Softmax 分类常用在卷积神经网络中的全连接层到输出层映射。

6.5 高斯混合模型

6.5.1 高斯混合模型的定义

高斯混合聚类算法利用多个高斯分布过程的线性组合对样本概率进行计算，选择这些高斯分布中对样本响应度大的作为样本对应的分类。我们把多个高斯分布过程的线性组合称为**高斯混合模型**(Gaussian mixture model)，其概率分布形式如下：

$$P(y\mid\theta)=\sum_{k=1}^{K}\alpha_k\phi(y\mid\theta_k) \tag{6-32}$$

其中,α_k 是系数且 $\alpha_k \geqslant 0$, $\sum_{k=1}^{K}\alpha_k = 1$;$\phi(y \mid \theta_k)$ 是第 k 个分模型的高斯分布密度,$\theta_k=(\mu_k,\sigma_k^2)$,且

$$\phi(y|\theta_k)=\frac{1}{\sqrt{2\pi}\sigma_k}\exp\left(-\frac{(y-\mu_k)^2}{2\sigma_k^2}\right) \tag{6-33}$$

6.5.2 EM 算法

1. EM 算法

EM(expectation-maximization)算法是一种迭代算法,常用来对含有隐变量的概率模型参数进行极大似然估计或极大后验概率估计。算法用两个步骤交替计算:第一步(E),利用当前估计的参数值来计算对数似然的期望值;第二步(M),寻找能使 E 步产生的似然期望最大化的参数值。然后利用新得到的参数值重新用于 E 步,直至收敛到最优解。

用 Y 表示观测随机变量的数据,Z 表示隐随机变量的数据。Y 和 Z 共同构成完全数据。观测变量 Y 又被称为不完全数据,其概率分布是 $P(Y|\theta)$,其中 θ 是需要估计的模型参数。Y 的似然函数为 $P(Y|\theta)$,对数似然函数为 $L(\theta)=\ln P(Y|\theta)$。

设 Y 和 Z 的联合概率分布是 $P(Y,Z|\theta)$,则完全数据的对数似然函数为 $\ln P(Y,Z|\theta)$。$\ln P(Y,Z|\theta)$关于在给定观测数据 Y 和当前参数 $\theta^{(i)}$ 下对未观测数据 Z 的条件概率分布 $P(Z|Y,\theta^{(i)})$的期望称为 Q 函数。Q 函数的定义如下:

$$Q(\theta,\theta^{(i)})=E_Z[\ln P(Y,Z|\theta)|Y,\theta^{(i)}] \tag{6-34}$$

Q 函数是 EM 算法的核心,基于上述定义,EM 算法概括为算法 6-3。

算法 6-3(EM 算法)

输入:观测变量数据 Y,隐变量数据 Z,联合分布 $P(Y,Z|\theta)$,条件分布 $P(Z|Y,\theta)$

输出:模型参数 θ

计算步骤如下:

(1) 选择参数的初值 $\theta^{(0)}$。参数的初值可以任意选择,但需注意 EM 算法对初值非常敏感。初始参数选择后开始迭代。

(2) E 步。记 $\theta^{(i)}$ 为第 i 次迭代参数的估计值,在第 $i+1$ 次迭代的 E 步,计算 Q 函数,即:

$$\begin{aligned} Q(\theta,\theta^{(i)}) &= E_Z[\ln P(Y,Z \mid \theta) \mid Y,\theta^{(i)}] \\ &= \sum_Z \ln P(Y,Z \mid \theta)P(Z \mid Y,\theta^{(i)}) \end{aligned} \tag{6-35}$$

此处,$P(Z|Y,\theta^{(i)})$是在给定观测数据 Y 和当前的参数估计 $\theta^{(i)}$ 下隐变量数据 Z 的条件概率分布。$Q(\theta,\theta^{(i)})$中的 θ 是要极大化的参数,$\theta^{(i)}$ 对应的是参数当前的估计值。每次迭代实际是在求 Q 函数。

(3) M 步。求使 $Q(\theta,\theta^{(i)})$极大化的 θ,确定第 $i+1$ 次迭代的参数的估计值 $\theta^{(i+1)}$。

$$\theta^{(i+1)}=\arg\max_\theta Q(\theta,\theta^{(i)}) \tag{6-36}$$

(4) 重复第(2)步和第(3)步,直到收敛。

在本步中,判断迭代终止的条件是对较小的正数 ε_1、ε_2,满足:

$$\|\theta^{(i+1)}-\theta^{(i)}\|<\varepsilon_1$$

或 $$\|Q(\theta^{(i+1)},\theta^{(i)})-Q(\theta^{(i)},\theta^{(i)})\|<\varepsilon_2$$

2. EM 算法举例

为了便于理解，我们接下来用“三硬币模型”对 EM 算法进一步说明。

三硬币模型：假设有三枚硬币，分别记为 A，B，C。这些硬币正面出现的概率分别为 π，p，q。进行如下掷硬币实验：先掷硬币 A，根据 A 的结果选择硬币 B 或硬币 C，正面选 B，反面选 C。掷选出的硬币（B 或者 C），记录掷出硬币的结果，出现正面记为 1，出现反面记为 0。独立地重复 n 次试验（这里 $n=10$），观测结果如下：

$$1,1,0,1,0,0,1,0,1,1$$

假设只观测到掷硬币的结果，而观测不到掷硬币的过程，那么我们如何估计三硬币的参数 π,p,q 呢？

就上述试验我们建立数学模型，随机变量 $\boldsymbol{Y}$ 是观测变量，表示每一次的试验观测结果 1 或 0；随机变量 $\boldsymbol{Z}$ 是隐变量，表示不能观测到的掷硬币 A 的结果。设模型参数 $\theta=(\pi,p,q)$。

将观测数据表示为 $\boldsymbol{Y}=(y_1,y_2,\cdots,y_n)^{\mathrm{T}}$，未观测数据表示为 $\boldsymbol{Z}=(z_1,z,\cdots,z_n)^{\mathrm{T}}$，$n=10$，则 $\boldsymbol{Y}$ 的似然函数为：

$$\begin{aligned}P(\boldsymbol{Y}\mid\theta)&=\sum_{\boldsymbol{Z}}P(\boldsymbol{Z}\mid\theta)P(\boldsymbol{Y}\mid\boldsymbol{Z},\theta)\\&=\prod_{j=1}^{n}\left[\pi p^{y_j}(1-p)^{1-y_j}+(1-\pi)q^{y_j}(1-q)^{1-y_j}\right]\end{aligned}$$

模型参数 $\theta=(\pi,p,q)$ 的极大似然估计，$\hat{\theta}=\arg\max\limits_{\theta}\ln P(\boldsymbol{Y}|\theta)$。此问题无解析解，只有通过迭代的方法求解，故使用 EM 算法进行求解，步骤如下。

假设模型参数的初值取为 $\pi^{(0)}=p^{(0)}=q^{(0)}=0.5$。

E 步：计算在模型参数 $(\pi^{(i)},p^{(i)},q^{(i)})$ 下观测数据 y_j 来自掷硬币 B 的概率为：

$$\mu_j^{(i+1)}=\frac{\pi^{(i)}(p^{(i)})^{y_j}(1-p^{(i)})^{1-y_j}}{\pi^{(i)}(p^{(i)})^{y_j}(1-p^{(i)})^{1-y_j}+(1-\pi^{(i)})(q^{(i)})^{y_j}(1-q^{(i)})^{1-y_j}}$$

由上式可得，对 $y_j=1,y_j=0$ 均有 $\mu_j^{(j)}=0.5$。

M 步：计算模型参数的新估计值

$$\pi^{(i+1)}=\frac{1}{n}\sum_{j=1}^{n}\mu_j^{(i+1)}$$

$$p^{(i+1)}=\frac{\sum\limits_{j=1}^{n}\mu_j^{(i+1)}y_j}{\sum\limits_{j=1}^{n}\mu_j^{(i+1)}}$$

$$q^{(i+1)}=\frac{\sum\limits_{j=1}^{n}(1-\mu_j^{(i+1)})y_j}{\sum\limits_{j=1}^{n}(1-\mu_j^{(i+1)})}$$

基于上述计算步骤，初值取为 $\pi^{(0)}=p^{(0)}=q^{(0)}=0.5$。

第一次迭代，E 步计算得：$\mu_j^{(1)}=0.5$；M 步计算得：$\pi^{(1)}=0.5$，$p^{(1)}=0.6$，$q^{(1)}=0.6$。

第二次迭代，E 步计算得：$\mu_j^{(2)}=0.5$；M 步计算得：$\pi^{(2)}=0.5, p^{(2)}=0.6, q^{(2)}=0.6$。

显然，第二次迭代的结果已经满足迭代终止条件，于是得到模型参数的极大似然估计为 $\hat{\pi}=0.5, \hat{p}=0.6, \hat{q}=0.6$。

需要注意的是，如果换一组初值，可能得到的估计值不同。所以在实际应用的时候，通过比较在不同初值下的估计结果，来选择最好的模型。

本节省略了 EM 算法的推导，感兴趣的读者可参考李航《统计学习方法》中的介绍。

6.5.3 高斯混合模型的参数估计

为了便于理解，本节使用一元高斯分布进行数学推导，多元高斯分布参数估计方法在后面给出，使用多元分布时，变量和参数都用矩阵表示。高斯混合模型是一种经典的含隐变量的概率模型，其参数的估计学习常使用 EM 算法进行解决。

假设观测数据 $y_1, y_2, \cdots, y_n$ 由高斯混合模型生成，对任意观测数据 y 有：

$$P(y \mid \theta) = \sum_{k=1}^{K} \alpha_k \phi(y \mid \theta_k) \tag{6-37}$$

其中，$\theta = (\alpha_1, \alpha_2, \cdots, \alpha_k; \theta_1, \theta_2, \cdots, \theta_K)$，$\alpha_k$ 是系数，$\sum_{k=1}^{K} \alpha_k = 1, \alpha_k \geqslant 0$；$\phi(y \mid \theta_k)$ 是高斯分布密度，$\theta_k = (\mu_k, \sigma_k)$。

下面我们使用 EM 算法估计高斯混合模型参数 θ。

(1) 设定隐变量，求出完全数据的对数似然函数

以概率 α_k 选择第 k 个高斯分布模型 $\phi(y|\theta_k)$，然后由第 k 个分模型的概率分布 $\phi(y|\theta_k)$ 生成观测数据 y_j。观测数据 $y_j, j=1,2,\cdots,N$ 是已知的，反映 y_j 的第 k 个分模型的数据是未知的，以隐变量 γ_{jk} 表示，定义如下：

$$\gamma_{jk} = \begin{cases} 1, & \text{如果第 } j \text{ 个观测来自第 } k \text{ 个分模型} \\ 0, & \text{否则} \end{cases} \tag{6-38}$$

其中：$j=1,2,\cdots,N; k=1,2,\cdots,K$。

y_j 和 γ_{jk} 组成完全数据 $(y_j, \gamma_{j1}, \gamma_{j2}, \cdots, \gamma_{jk})$，$j=1,2,\cdots,N$。于是，完全数据的似然函数为：

$$\begin{aligned} P(\mathbf{y}, \gamma \mid \theta) &= \prod_{j=1}^{N} P(y_j, \gamma_{j1}, \gamma_{j2}, \cdots, \gamma_{jK} \mid \theta) \\ &= \prod_{k=1}^{K} \prod_{j=1}^{N} [\alpha_k \phi(y_j \mid \theta_k)]^{\gamma_{jk}} \\ &= \prod_{k=1}^{K} \alpha_k^{n_k} \prod_{j=1}^{N} [\phi(y_j \mid \theta_k)]^{\gamma_{jk}} \\ &= \prod_{k=1}^{K} \alpha_k^{n_k} \prod_{j=1}^{N} \left[\frac{1}{\sqrt{2\pi}\sigma_k} \exp\left(-\frac{(y_j - \mu_k)^2}{2\sigma_k^2} \right) \right]^{\gamma_{jk}} \end{aligned} \tag{6-39}$$

其中，$n_k = \sum_{j=1}^{N} \gamma_{jk}$，$\sum_{k=1}^{K} n_k = N$。

利用式(6-39)可以把完全数据的对数似然函数表示为：

$$\ln P(\boldsymbol{y},\gamma \mid \theta) = \sum_{k=1}^{k}\left\{n_k \ln \alpha_k + \sum_{j=1}^{N}\gamma_{jk}\left[\ln\left(\frac{1}{\sqrt{2\pi}}\right) - \ln \sigma_k - \frac{(y_j - \mu_k)^2}{2\sigma_k^2}\right]\right\} \tag{6-40}$$

(2) EM 算法的 E 步：确定 Q 函数

Q 函数的计算过程如下：

$$\begin{aligned} Q(\theta,\theta^{(i)}) &= E[\ln P(\boldsymbol{y},\gamma \mid \theta) \mid \boldsymbol{y},\theta^{(i)}] \\ &= E\left[\sum_{k=1}^{k}\left\{n_k \ln \alpha_k + \sum_{j=1}^{N}\gamma_{jk}\left[\ln\left(\frac{1}{\sqrt{2\pi}}\right) - \ln \sigma_k - \frac{(y_j - \mu_k)^2}{2\sigma_k^2}\right]\right\}\right] \\ &= \sum_{k=1}^{K}\left\{\sum_{j=1}^{N}E[\gamma_{jk}]\ln \alpha_k + \sum_{j=1}^{N}E[\gamma_{jk}]\left[\ln\left(\frac{1}{\sqrt{2\pi}}\right) - \ln \sigma_k - \frac{(y_j - \mu_k)^2}{2\sigma_k^2}\right]\right\} \end{aligned} \tag{6-41}$$

令 $\hat{\gamma}_{jk} = E[\gamma_{jk} \mid \boldsymbol{y},\theta]$，$j=1,2,\cdots,N$；$k=1,2,\cdots,K$，计算过程如下：

$$\begin{aligned} \hat{\gamma}_{jk} &= E(\gamma_{jk} \mid \boldsymbol{y},\theta) \\ &= P(\gamma_{jk} = 1 \mid \boldsymbol{y},\theta) \\ &= \frac{P(\gamma_{jk} = 1, y_j \mid \theta)}{\sum_{k=1}^{K}P(\gamma_{jk} = 1, y_j \mid \theta)} \\ &= \frac{P(y_j \mid \gamma_{jk} = 1,\theta)P(\gamma_{jk} = 1 \mid \theta)}{\sum_{k=1}^{K}P(y_j \mid \gamma_{jk} = 1,\theta)P(\gamma_{jk} = 1 \mid \theta)} \\ &= \frac{\alpha_k \phi(y_j \mid \theta_k)}{\sum_{k=1}^{K}\alpha_k \phi(y_j \mid \theta_k)} \end{aligned} \tag{6-42}$$

$\hat{\gamma}_{jk}$ 是在当前模型参数下第 j 个观测数据来自第 k 个分模型的概率，称为分模型 k 对观测数据 y_j 的响应度。

将 $\hat{\gamma}_{jk} = E[\gamma_{jk}]$ 及 $n_k = \sum_{j=1}^{N}E[\gamma_{jk}] = \sum_{j=1}^{N}\hat{\gamma}_{jk}$ 代入式(6-42)得：

$$Q(\theta,\theta^{(i)}) = \sum_{k=1}^{K}\left\{n_k \ln \alpha_k + \sum_{j=1}^{N}\hat{\gamma}_{jk}\left[\ln\left(\frac{1}{\sqrt{2\pi}}\right) - \ln \sigma_k - \frac{(y_j - \mu_k)^2}{2\sigma_k^2}\right]\right\} \tag{6-43}$$

(3) EM 算法的 M 步：求最大化 Q 函数的参数

EM 算法每次迭代的 M 步用于求函数 $Q(\theta,\theta^{(i)})$ 对 θ 的极大值，以计算下一轮迭代是模型的参数，即：

$$\theta^{(i+1)} = \arg\max_{\theta} Q(\theta,\theta^{(i)}) \tag{6-44}$$

用 $\hat{\mu}_k$，$\hat{\sigma}_k^2$ 及 $\hat{\alpha}_k$，$k=1,2,\cdots,K$ 表示 $\theta^{(i+1)}$ 的各个参数，则 $\hat{\mu}_k$，$\hat{\sigma}_k^2$ 对应式(6-43)给出的 Q 函数分别对 μ_k，σ_k 偏导为 0 时 μ_k 和 σ_k^2 的取值。

$$\hat{\mu}_k = \frac{\sum_{j=1}^{N}\hat{\gamma}_{jk}y_j}{\sum_{j=1}^{N}\hat{\gamma}_{jk}} \tag{6-45}$$

$$\hat{\sigma}_k^2 = \frac{\sum_{j=1}^{N} \hat{\gamma}_{jk} (y_j - \mu_k)^2}{\sum_{j=1}^{N} \hat{\gamma}_{jk}} \tag{6-46}$$

$$\hat{\alpha}_k = \frac{n_k}{N} = \frac{\sum_{j=1}^{N} \hat{\gamma}_{jk}}{N} \tag{6-47}$$

基于上述计算,高斯混合模型参数的 EM 算法总结如下。

算法 6-4(高斯混合模型参数估计的 EM 算法)

输入:N 观测数据 $y_1, y_2, \cdots, y_N$,包含 K 个分模型的高斯混合模型。

输出:高斯混合模型参数

(1) 初始化各参数,开始迭代;

(2) E 步。依据当前模型参数,计算分模型 k 对观测数据 y_j 的响应度

$$\hat{\gamma}_{jk} = \frac{\alpha_k \phi(y_j \mid \theta_k)}{\sum_{k=1}^{K} \alpha_k \phi(y_j \mid \theta_k)}, \quad j = 1,2,\cdots,N; k = 1,2,\cdots,K \tag{6-48}$$

(3) M 步。利用式(6-45)~式(6-47)计算下一轮迭代使用的模型参数 $\hat{\mu}_k$、$\hat{\sigma}_k^2$、$\hat{\alpha}_k$。

(4) 重复 E 步和 M 步,直到收敛为止。

6.5.4 高斯混合模型举例与计算过程详解

本节我们依然使用逻辑斯蒂回归中使用的零件数据集,如表 6-3 所示。由于样本的属性有两个,对应二元高斯分布,因此本节开始使用矩阵写法。

根据算法 6-4,我们把三类样本混合成 37 个样本数据,即 $N=37$,希望把样本集合实现 3 分类,即 $K=3$。我们使用的样本数据具有两个属性,即 $D=2$。

每个高斯分模型的参数 $\boldsymbol{\theta}$ 中,均值可以用 $1\times D$ 的矩阵 $\boldsymbol{\mu}$ 表示,协方差用 $D\times D$ 的对称正定方阵 $\boldsymbol{\Sigma}$ 表示。样本数据采用 $N\times D$ 矩阵 $\boldsymbol{X}=[\boldsymbol{x}^{(1)}, \boldsymbol{x}^{(2)}, \cdots, \boldsymbol{x}^{(N)}]^{\mathrm{T}}$ 表示,第 j 行对应样本数据矢量 $\boldsymbol{x}^{(j)}=[x_1^{(j)}, x_2^{(j)}, \cdots, x_D^{(j)}]$,可以用 $1\times D$ 的矩阵表示为行向量。注意这里使用上标表示样本数据的序号。则 $\boldsymbol{\gamma}$ 为一 $N\times K$ 的矩阵,γ_{jk} 分模型 k 对样本数据 $\boldsymbol{x}^{(j)}$ 的响应度,$\boldsymbol{\gamma}$ 为响应度矩阵。

依据 EM 算法,我们按如下方法进行:

(1) 初始化各分模型均值:在样本数据中随机选择 3 个样本数据的属性值作为 3 个分模型的均值,如图 6-5 中"sample"所示。

(2) 初始化每个分模型的协方差矩阵:本例中均使用 dialog(0.1,0.1),初始化各分模型的权重数据 $\boldsymbol{\alpha}=(0.3,0.3,0.4)$。

(3) 计算响应度矩阵。矩阵中的元素 γ_{jk} 由式(6-48)给出,是样本 $\boldsymbol{x}^{(j)}$ 的由第 k 个分模型生成的后验概率。本例使用二元高斯分布,相应的高斯概率表示为:

$$\phi(\boldsymbol{x}^{(j)} \mid \boldsymbol{\theta}_k) = P(\boldsymbol{x}^{(j)} \mid \boldsymbol{\mu}_k, \boldsymbol{\Sigma}_k) = \frac{1}{2\pi \sqrt{|\boldsymbol{\Sigma}_k|}} \mathrm{e}^{-\frac{1}{2}(\boldsymbol{x}^{(j)} - \boldsymbol{\mu}_k)\boldsymbol{\Sigma}_k^{-1}(\boldsymbol{x}^{(j)} - \boldsymbol{\mu}_k)^{\mathrm{T}}} \tag{6-49}$$

请注意本例中 $\boldsymbol{x}^{(j)}$,$\boldsymbol{\mu}_k$ 使用行向量写法,所以式(6-49)的写法与一些书籍略有不同。

(4) 计算响应度矩阵中的各列和,sum_γ_k,$k=1,2,\cdots,K$。

$$\text{sum\_}\gamma_k = \sum_{j=1}^{N} \gamma_{jk} \tag{6-50}$$

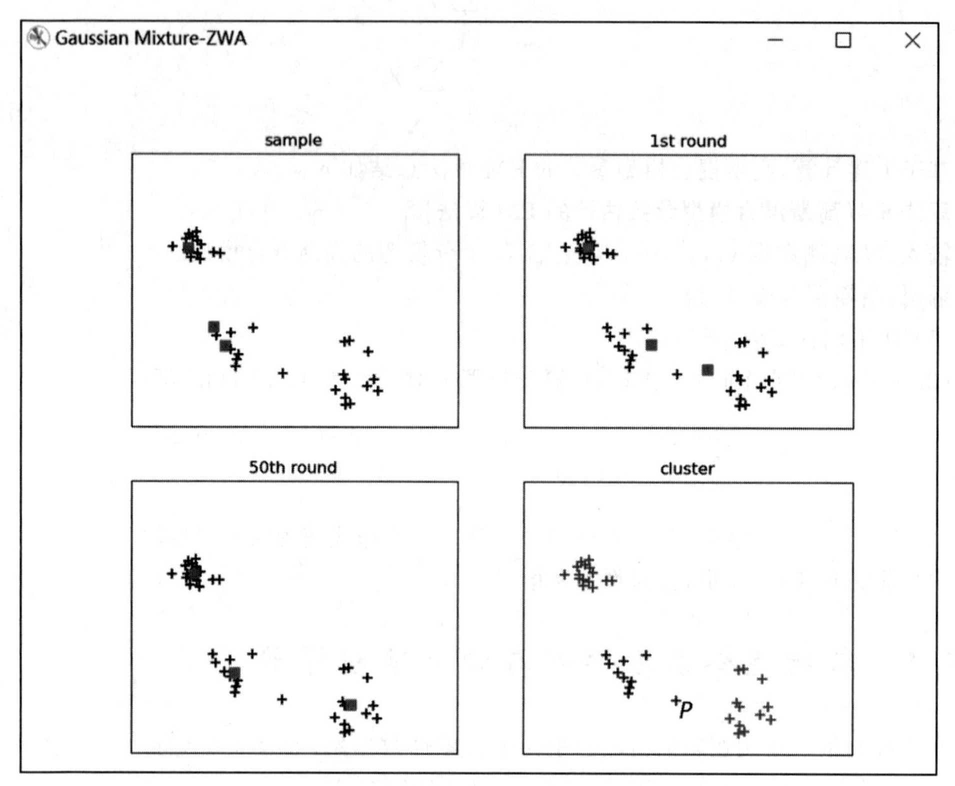

图 6-5　高斯混合模型示意

(样本点用“+”表示,均值点用“■”表示。不同颜色表示不同分类)

(5) 计算新均值。利用响应度矩阵的转置矩阵和样本矩阵的乘积 $\boldsymbol{\gamma}^{\mathrm{T}}\boldsymbol{X}$ 计算新均值,为一个 $K\times D$ 的矩阵,第 k 行对应的 D 个元素除以sum_γ_k 后为第 k 个分模型的均值行向量。

(6) 计算新协方差矩阵。对第 k 个分模型,针对每一个样本 $\boldsymbol{x}^{(j)}$,计算:

高斯混合型程序

$$\boldsymbol{\Sigma}_k^j = \gamma_{jk}(\boldsymbol{x}^{(j)} - \boldsymbol{\mu}_k)^{\mathrm{T}}(\boldsymbol{x}^{(j)} - \boldsymbol{\mu}_k) \tag{6-51}$$

显然 $\boldsymbol{\Sigma}_k^j$ 为一个 $D\times D$ 矩阵,j 表示样本序号,k 表示分模型序号。则第 k 个分模型的协方差矩阵为:

$$\boldsymbol{\Sigma}_k = \frac{1}{\text{sum\_}\gamma_k}\sum_{j=1}^{N}\boldsymbol{\Sigma}_k^j \tag{6-52}$$

(7) 计算新的权重向量。$\boldsymbol{\alpha}=(\alpha_1,\alpha_2,\cdots,\alpha_K)$中的第 k 个权重为:

$$\alpha_k = \text{sum\_}\gamma_k / N \tag{6-53}$$

(8) 计算完成后,更新各分模型的均值向量,协方差矩阵和权重向量。

(9) 重复步骤(3)到步骤(9),直到各模型参数不再有明显变化。

如图 6-5 中“1st round”和“50th round”所示,分别对应完成第 1 轮计算和第 50 轮迭代之后三个分模型均值对应的点,用红色的方点表示。可以看出,均值点向分簇的中心逼近趋势。

分类过程非常简单，将**样本集**输入到模型中，计算**响应度矩阵**，每一行中最大的元素对应的**列标**即为该行对应样本的分类标签。

6.5.5 高斯混合模型进一步讨论

(1) 多元高斯分布

在实际应用中，由于样本通常有多个属性，属性个数为 D。需要使用 D 元高斯分布，其概率密度(连续随机变量)或概率(离散随机变量)由式(6-49)给出。注意，式(6-49)中样本向量采用行向量形式。由于 N 个样本组成的样本矩阵为 $N\times D$ 矩阵。均值向量为 $1\times D$ 的行向量，协方差矩阵为 $D\times D$ 的对称正定方阵。

样本各属性彼此独立时，协方差矩阵为对角矩阵。如果属性彼此不独立，相关系数会出现在协方差矩阵中的非对角元素。通过坐标变换可以把相关的属性变换成彼此独立的属性，由于坐标变换矩阵是酉矩阵，概率分布依然符合式(6-49)。

(2) 参数向量化和矩阵计算

使用矩阵计算会更加方便，矩阵计算方法见上节式(6-49)到式(6-53)。为读者使用方便，特别是在算法编程时参考，我们对计算过程总结如下。

第 k 个分模型给出的样本 $\boldsymbol{x}^{(j)}$ 的高斯分布概率为：

$$P(\boldsymbol{x}^{(j)}\mid\boldsymbol{\mu}_k,\boldsymbol{\Sigma}_k)=\frac{1}{2\pi\sqrt{|\boldsymbol{\Sigma}_k|}}\mathrm{e}^{-\frac{1}{2}(\boldsymbol{x}^{(j)}-\boldsymbol{\mu}_k)\boldsymbol{\Sigma}_k^{-1}(\boldsymbol{x}^{(j)}-\boldsymbol{\mu}_k)^{\mathrm{T}}} \tag{6-54}$$

样本 $\boldsymbol{x}^{(j)}$ 在高斯混合模型中的概率为：

$$P_{\mathrm{GM}}(\boldsymbol{x}^{(j)})=\sum_{k=1}^{K}\alpha_k P(\boldsymbol{x}^{(j)}\mid\boldsymbol{\mu}_k,\boldsymbol{\Sigma}_k) \tag{6-55}$$

样本 $\boldsymbol{x}^{(j)}$ 的由第 k 个分模型生成的后验概率：

$$\gamma_{jk}=P(\text{选择第 } i \text{ 个分模型}\mid\boldsymbol{x}^{(j)})=\frac{\alpha_k P(\boldsymbol{x}^{(j)}\mid\boldsymbol{\mu}_k,\boldsymbol{\Sigma}_k)}{\sum_{l=1}^{\mathrm{K}}\alpha_l P(\boldsymbol{x}^{(j)}\mid\boldsymbol{\mu}_l,\boldsymbol{\Sigma}_l)} \tag{6-56}$$

样本集 $\boldsymbol{X}$ 的对数极大似然函数：

$$L(\boldsymbol{X})=\ln\left(\prod_{j=1}^{N}P_{\mathrm{GM}}(\boldsymbol{x}^{(j)})\right)=\sum_{j=1}^{N}\ln\left[\sum_{k=1}^{K}\alpha_k P(\boldsymbol{x}^{(j)}\mid\boldsymbol{\mu}_k,\boldsymbol{\Sigma}_k)\right] \tag{6-57}$$

$$\begin{aligned}\frac{\partial L(\boldsymbol{X})}{\partial\boldsymbol{\mu}_i}&=-\sum_{j=1}^{N}\frac{\alpha_i P(\boldsymbol{x}^{(j)}\mid\boldsymbol{\mu}_i,\boldsymbol{\Sigma}_i)}{P_{\mathrm{GM}}(\boldsymbol{x}^{(j)})}(\boldsymbol{x}^{(j)}-\boldsymbol{\mu}_i)\boldsymbol{\Sigma}_i^{-1}\\&=-\sum_{j=1}^{N}\gamma_{ji}(\boldsymbol{x}^{(j)}-\boldsymbol{\mu}_i)\boldsymbol{\Sigma}_i^{-1}\end{aligned} \tag{6-58}$$

令 $\frac{\partial L(\boldsymbol{X})}{\partial\boldsymbol{\mu}_i}=0$，得均值向量的估计值为：

$$\boldsymbol{\mu}_i=\frac{\sum_{j=1}^{N}\gamma_{ji}\boldsymbol{x}^{(j)}}{\sum_{j=1}^{N}\gamma_{ji}} \tag{6-59}$$

式(6-59)中，矩阵除以行向量的计算方法为：矩阵的每个元素除以该元素列标号对应的行向量分量。上式计算均值向量即为上一节举例中的步骤(5)的依据。

$$\frac{\partial L(\boldsymbol{X})}{\partial \boldsymbol{\Sigma}_i} = -\frac{1}{2}\sum_{j=1}^{N}\frac{\alpha_i P(\boldsymbol{x}^{(j)} \mid \boldsymbol{\mu}_i, \boldsymbol{\Sigma}_i)}{P_M(\boldsymbol{x}^{(j)})}\left[\boldsymbol{\Sigma}_i^{-1} - \boldsymbol{\Sigma}_i^{-1}(\boldsymbol{x}^{(j)} - \boldsymbol{\mu}_i)^{\mathrm{T}}(\boldsymbol{x}^{(j)} - \boldsymbol{\mu}_i)\boldsymbol{\Sigma}_i^{-1}\right] \tag{6-60}$$

令$\frac{\partial L(\boldsymbol{X})}{\partial \boldsymbol{\Sigma}_i}=0$，得协方差矩阵的估计为：

$$\boldsymbol{\Sigma}_i = -\frac{\sum_{j=1}^{N}\gamma_{ji}(\boldsymbol{x}^{(j)} - \boldsymbol{\mu}_i)^{\mathrm{T}}(\boldsymbol{x}^{(j)} - \boldsymbol{\mu}_i)}{\sum_{j=1}^{N}\gamma_{ji}} \tag{6-61}$$

这里用到的矩阵、向量有关求导公式如下：

高斯混合模型应用

(1) 矩阵的行列式对矩阵求导：$\frac{\partial|\boldsymbol{A}|}{\partial \boldsymbol{A}} = |\boldsymbol{A}|\boldsymbol{A}^{-1}$(分子布局)或$\frac{\partial|\boldsymbol{A}|}{\partial \boldsymbol{A}} =$

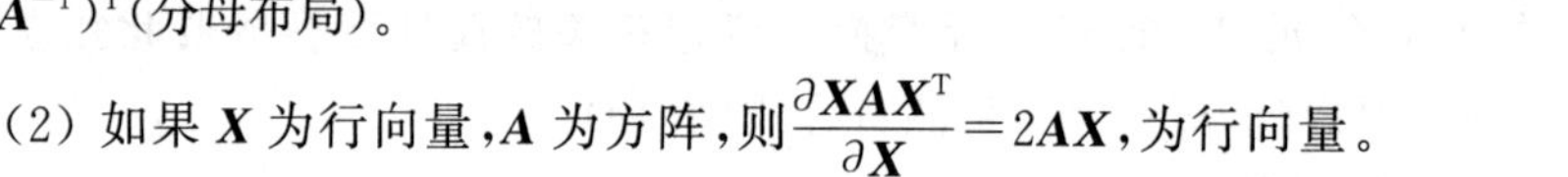

$|\boldsymbol{A}|(\boldsymbol{A}^{-1})^{\mathrm{T}}$(分母布局)。

(2) 如果 $\boldsymbol{X}$ 为行向量，$\boldsymbol{A}$ 为方阵，则$\frac{\partial \boldsymbol{XAX}^{\mathrm{T}}}{\partial \boldsymbol{X}} = 2\boldsymbol{AX}$，为行向量。

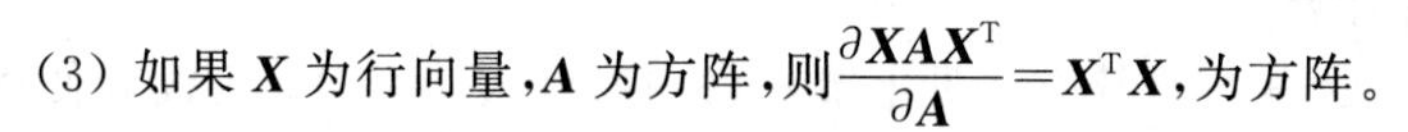

(3) 如果 $\boldsymbol{X}$ 为行向量，$\boldsymbol{A}$ 为方阵，则$\frac{\partial \boldsymbol{XAX}^{\mathrm{T}}}{\partial \boldsymbol{A}} = \boldsymbol{X}^{\mathrm{T}}\boldsymbol{X}$，为方阵。

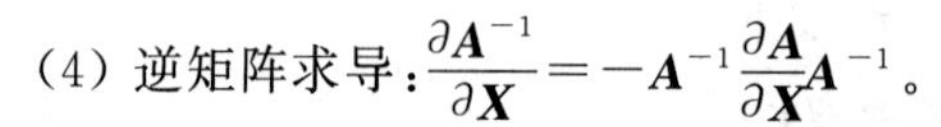

(4) 逆矩阵求导：$\frac{\partial \boldsymbol{A}^{-1}}{\partial \boldsymbol{X}} = -\boldsymbol{A}^{-1}\frac{\partial \boldsymbol{A}}{\partial \boldsymbol{X}}\boldsymbol{A}^{-1}$。

本章小结

基于有限训练样本直接估计联合概率，在计算上将会遭遇组合爆炸问题，在数据上将会遭遇样本稀疏问题。属性越多，问题越严重。为避免贝叶斯定理求解时出现这些问题，朴素贝叶斯分类器引入了属性条件独立性假设，通过最大后验概率进行单点估计，该概率模型的学习与预测高效，易于实现。其缺点是分类的性能不算高。朴素贝叶斯分类器在信息检索领域尤为常用。

逻辑斯蒂回归模型源自逻辑斯蒂分布，其分布函数 $F(x)$是 S 型函数。逻辑斯蒂回归模型是判别式概率模型，由输入的线性函数表示的输出的对数几率模型，其学习一般采用极大似然估计，或正则化的极大似然估计。

EM 算法主要用于含隐变量的概率模型学习，通过迭代求解观测数据的对数似然函数 $L(\theta)=\log P(Y|\theta)$的极大化，实现极大似然估计。高斯混合模型参数估计是其一个较为经典的应用。事实上，隐变量的参数估计问题，也可通过梯度下降等算法求解。

延伸阅读

朴素贝叶斯分类器引入了属性条件独立性假设，这个假设在很多实际的应用中很难成立，但是却在很多实际应用中获得了相当好的性能。主要的原因是，朴素贝叶斯方法进行分类的时候，依赖于条件概率的正确排序，而并不在乎概率值本身的精确与否，所以如果属性之间的依赖关系不足以影响条件概率的排序时，这种分类方法依然有效。

如果需要考虑并表示属性间的依赖性，可以进一步学习半朴素贝叶斯分类器和贝叶斯网(可以参考第7章的相关内容)。

k 均值聚类可以看作是高斯混合模型的特例。不同于 k 均值聚类，高斯混合模型不需要假设样本围绕均值均匀分布，应用范围更广。如图6-5右下角所示，对于点 P，高斯混合模型分类正确，而 k 均值聚类给出的结果不正确。原因在于：我们生成数据时采用了高斯分布，样本不是围绕所属类各属性均值均匀分布的；点 P 偏离其所属类各属性均值较大，采用 k 均值聚类时给出错误结果。读者可以比较几何模型一章给出的试验结果加以研究，能够更好地理解概率模型的作用。

习　题

本章课件

(1) 用极大似然估计法推导朴素贝叶斯法中的先验概率估计公式和条件概率估计公式(以下两个公式)：

$$P(Y=c_k)=\frac{\sum_{i=1}^{N} I(y= c_k)}{N}$$

$$P(x^{(j)}=a_{jl} \mid Y=c_k)=\frac{\sum_{i=1}^{N} I(x_i^{(j)}=a_{jl}, y_i=c_k)}{\sum_{i=1}^{N} I(Y=c_k)}$$

(2) 使用极大似然法估算下列气象数据集(类别为是否适合出游)三个属性的类条件概率。

编号	天气	气温	湿度	是否适合出游
1	晴天	温暖	高	是
2	阴天	温暖	中	是
3	阴天	温暖	高	是
4	晴天	温暖	中	是
5	雨天	温暖	高	是
6	晴天	闷热	高	是
7	阴天	闷热	高	是
8	阴天	闷热	高	是
9	阴天	闷热	中	否
10	晴天	凉爽	低	否
11	雨天	凉爽	低	否
12	雨天	温暖	高	否
13	晴天	闷热	高	否
14	雨天	闷热	中	否

续表

编号	天气	气温	湿度	是否适合出游
15	阴天	闷热	高	否
16	雨天	温暖	高	否
17	晴天	温暖	中	否

(3) 编程实现拉普拉斯修正的朴素贝叶斯分类器,并以西瓜数据集(下表)为训练集,并对以下样本进行判别。

编号	色泽	根蒂	敲声	纹理	脐部	触感	密度	含糖率	好瓜
1	乌黑	蜷缩	沉闷	清晰	稍凹	硬滑	0.573	0.375	?

西瓜数据集

编号	色泽	根蒂	敲声	纹理	脐部	触感	密度	含糖率	好瓜
1	青绿	蜷缩	浊响	清晰	凹陷	硬滑	0.697	0.46	是
2	乌黑	蜷缩	沉闷	清晰	凹陷	硬滑	0.774	0.376	是
3	乌黑	蜷缩	浊响	清晰	凹陷	硬滑	0.634	0.264	是
4	青绿	蜷缩	沉闷	清晰	凹陷	硬滑	0.608	0.318	是
5	浅白	蜷缩	浊响	清晰	凹陷	硬滑	0.556	0.215	是
6	青绿	稍蜷	浊响	清晰	稍凹	软粘	0.403	0.237	是
7	乌黑	稍蜷	浊响	稍糊	稍凹	软粘	0.481	0.149	是
8	乌黑	稍蜷	浊响	清晰	稍凹	硬滑	0.437	0.211	是
9	乌黑	稍蜷	沉闷	稍糊	稍凹	硬滑	0.666	0.091	否
10	青绿	硬挺	清脆	清晰	平坦	软粘	0.243	0.267	否
11	浅白	硬挺	清脆	模糊	平坦	硬滑	0.245	0.057	否
12	浅白	蜷缩	浊响	模糊	平坦	软粘	0.343	0.099	否
13	青绿	稍蜷	浊响	稍糊	凹陷	硬滑	0.639	0.161	否
14	浅白	稍蜷	沉闷	稍糊	凹陷	硬滑	0.657	0.198	否
15	乌黑	稍蜷	浊响	清晰	稍凹	软粘	0.36	0.37	否
16	浅白	蜷缩	浊响	模糊	平坦	硬滑	0.593	0.042	否
17	青绿	蜷缩	沉闷	稍糊	稍凹	硬滑	0.719	0.103	否

(4) 尝试推导出逻辑斯蒂回归模型学习的梯度下降算法的公式。

(5) 用编程实现出逻辑斯蒂回归模型的随机梯度上升算法,并实现可视化;然后用其来预测患疝气病的马的存活问题,训练/测试数据集可以采用 python 中的 horseColicTest.txt 和 horseColicTraining.txt。

本章其他参考程序

(6) 考虑本章提及的三硬币模型,若观测数据不变,尝试选择不同的初始值,例如$\pi(0)=0.48$,$p(0)=0.59$,$q(0)=0.65$,使用 EM 算法求模型参数 $\theta=(\pi,p,q)$的极大似然估计。

第7章

集成学习

导　读

模型是机器学习中最核心的概念。前面的几章介绍的都是单个的机器学习模型,而本章将要介绍模型的组合/集成,即集成学习。因此从本质上看,本章介绍的并不是一种独立的模型,而是一种构建模型的策略和技术。这种技术既有其理论依据——计算学习理论和统计学,又有其实践背景——“人多力量大”。本章的介绍将侧重于策略和技术层面,详细介绍 Bagging 和 Boosting 两类不同的模型组合方法,试图通过策略介绍、经典算法举例让读者学会运用集成学习方法。

7.1　集成学习概述

相信大家都熟悉“三个臭皮匠顶个诸葛亮”这句谚语。关于这句话的解读,有很多说法,但大抵都有“人多力量大”的意思。其中有一种说法认为“皮匠”其实指“裨将”,意思是几个副将的智慧合起来可以和诸葛亮的智慧媲美。

和统帅相比,副将通常只负责某一个方面或某一局部区域,相当于一个只能识别部分特征的个体学习器。集成学习(ensemble learning)采用类似的思想,依据特定规则策略把多个个体学习器集成在一起,形成一个性能得到显著提高的总体学习器。个体学习器相当于“裨将”。如果这些个体学习器是同一个类型的,则称为是同质的。相反,则称为是异质的。当把个体学习器称为弱学习器时,总体学习器称为强学习器,则集成学习是将多个弱学习器集成起来形成一个强学习器机器学习方法。

不难看出,集成学习任务需要解决两个问题:一个是如何得到若干个个体学习器;另一个是如何选择集成策略。

总体学习器的性能和个体学习器的性能相关,因此我们对个体学习器也要有明确的要求。首先我们需要能力强的“裨将”,即学习器要有较高的准确度;其次,我们需要“裨将们”

能擅长多个领域,能够互相取长补短,即学习器要有足够的多样性。这两点是保障总体学习器具有较好泛化能力和稳定性的必要条件。正如鱼和熊掌不可兼得,学习器的准确性和多样性在很多情况下是相互矛盾的。因此集成学习首先要研究如何生成兼具多样性和准确性的个体学习器。集成学习模型如图 7-1 所示。就个体学习器而言,我们可以通过抽取原始数据不同子集的方法来训练多个个体学习器,也可以通过随机组合原始数据属性特征的方法来训练多个个体学习器。常用的集成策略有平均法、投票法、学习法等。

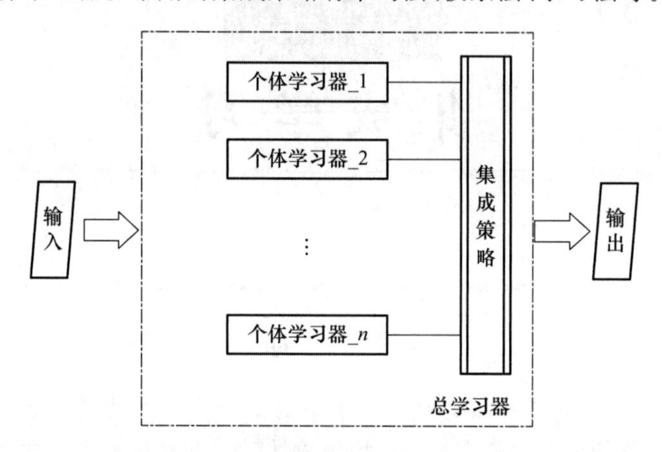

图 7-1 集成学习模型示意图

本章我们主要介绍两类集成学习类型。一类是“分装”(Bagging)算法,它使用不存在相互依赖关系的个体学习器并行生成总体学习器;另一类是“自助”(Boosting)类算法,它使用相互依赖的个体学习器串行生成总体学习器。

7.2 Bagging 算法

Bagging 算法可以直译为“装袋”算法,本书称之为分装算法。Bagging 算法的主要思想为:①将数据集分成多个不同的子集,子集可以是样本数据集的一部分,也可以是样本特征的一部分;②独立使用每个子集分别训练一个弱学习器;③集成多个弱学习器的各自决策结果生成最终输出结果。Bagging 算法联合采用多个决策器,比单个决策器稳定,可以用于解决机器学习中的回归和分类问题。

从原始数据集中抽取子集需要进行数据集采样,采样算法使用 Bootstrap 算法时,Bagging 算法称作自助采样 Bagging 算法。特征空间分割可以采用随机森林算法,对应的 Bagging 算法称作随机森林 Bagging 算法。

7.2.1 自助采样 Bagging 算法

Bootstrap 算法由美国斯坦福大学统计学教授 Efron 在 1977 年提出,是一种在样本集中抽取样本子集的有效方法。Bootstrap 方法在发明之初因“过于简单”而不被重视。后来,人们发现 Bootstrap 是一种用来增广样本的简单方法,为解决小规模样例试验评估中遇到的样本不足问题提供了一种行之有效的方法。

在利用统计方法研究实际问题时，我们总是无法获取全部样本空间。因此，人们难免会怀疑：通过有限的样本空间获得统计规律在整体样本空间上能稳定吗？既然无法获得总体样本空间，那么解决上述疑问只能利用已有样本来验证，类似我们在讨论模型评估时讲到的训练集、测试集和自助采样法。关于自助采样法，我们这里再简单回顾一下。

对于小样本集应用来讲，自助采样法可以起到对样本数据集进行增广的作用。自助采样法使用“有放回的”随机采样，主要思路为：①每次采样时随机抽取一个样本，记录或复制该样本后将其放回样本集；②重复上述操作直至获得一个包含样本数目和原始样本集中样本数目相同的采样样本集。由于各次采样相互独立，生成的采样样本集之间也彼此独立，每个采样样本集都独立地携带整体样本的统计特性。自助采用相当于利用有限的样本数据集对自身进行数据集扩展，是一种“自助”重采样方法。

下面我们通过一个例子对自助采样使用方法做进一步说明。假设鱼塘中有大约几千条鱼，想要知道鱼的大概数量，我们可以采用自助采样方法。步骤如下：①第一天我们从鱼塘中打捞 200 条鱼，做好标记之后，放回到鱼塘中；②为了确保下一次取样是随机的，等到第二天放回去的鱼均匀混合到鱼塘中后，我们再打捞 100 条鱼，记录有标记的鱼的条数，再把鱼放回鱼塘；③接下来，第三天、第四天……重复第二天的操作。根据统计学的原理，当测量次数足够多时，多次测量有标记的鱼的数目服从高斯分布。设池塘中鱼的总数为 M，则该高斯分布的均值为 $100\times200/M$。如果 $M=2\,000$，则每次打捞的 100 条鱼中有标记的鱼的条数均值为 10，且在区间$(10-1.96\sigma,10+1.96\sigma)$内的置信度为 95%，其中 σ 为标准差。

因为是有放回的，Bootstrap 采样样本集会有一些重复的样本。设原始样本集 $\boldsymbol{X}$ 中包含的样本数量为 n，采样样本集中包含的样本数目也是 n，$\forall x,x\in\boldsymbol{X}$，$x$ 不被该采样样本集选中的概率为$(1-1/n)^n$。当 n 足够大时，该概率值约为 0.368。原始数据集中总会有将近三分之一的数据没有被选中，采样集携带原始数据属性特征的同时兼顾了采样集之间的多样性。

自助采样 Bagging 算法利用自助采样法获得多个采样集，并利用这些采样集分别独立地训练多个弱学习器，最后使用平均法或投票法等集成策略将这些弱学习器集成为一个强学习器。算法比较简单，不再进一步讨论，其主要过程如下：

算法 7-1 Bagging 训练算法

输入：原始数据集 $\boldsymbol{D}$，数据集大小 N，分类器个数 T，基学习器 G(初始模型)
输出：多个弱学习器 $f_t(x)$，$t=1,2,\cdots,T$

步骤：
1. for $t=1$ to T
2. 基于原始数据集 $\boldsymbol{D}$ 中的 N 个样本，使用 Bootstrap 采样生成样本集 $\boldsymbol{D}_t$
3. 使用基学习器 G 对样本集 $\boldsymbol{D}_t$ 进行学习，得到学习器 $f_t(x)$
4. End for

图 7-2 给出了自助采样 Bagging 算法的示意图。样本数据通过采样分成多个数据子集，每个子集用来训练一个个体学习器。在对新样本进行分类或回归时，先由这些个体学习器独立地对该样本进行分类或回归，之后通过加权汇总所有个体学习器的分类或回归结果，给出最终的分类或回归结果 $H(x)$。即：

Bagging 算法应用

$$H(x)=\sum_t w_t f_t(x)$$

对于分类问题一般采用投票法进行集成，对于回归问题一般采用均值法进行集成。

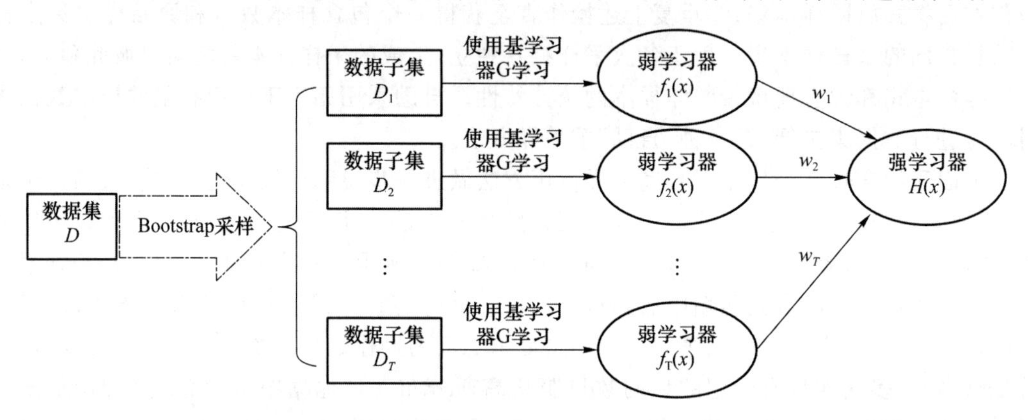

图 7-2　自助采样 Bagging 算法示意图

7.2.2　随机森林 Bagging 算法

在样本采样的同时还可以引入特征属性采样，进一步增加个体学习器之间的多样性。随机森林 Bagging 算法在自助采样 Bagging 算法基础上，用树学习器对特征空间再进行分割。构造树结构的基本学习器，增强多样性的同时能够降低树结构学习器构建代价。随机森林 Bagging 算法就是利用以上思路生成多个弱学习器，并最终再将它们终集成为强学习器的算法。随机森林 Bagging 算法流程图如下。

随机森林

算法 7-2　随机森林 Bagging 训练算法

输入：原始数据集 $\boldsymbol{D}$，数据集大小 N，分类器个数 T，基于树的学习器 G，每次选择的特征数 d

输出：多个弱学习器 $f_t(x)$，$t=1,2,\cdots,T$

步骤：

1. for $t=1$ to T
2. 　　基于原始数据集 $\boldsymbol{D}$ 中的 N 个样本，使用 Bootstrap 采样生成样本集 $\boldsymbol{D}_t$
3. 　　对 $\boldsymbol{D}_t$ 数据集中随机选择 d 个特征构成新数据集 $\boldsymbol{D}_t'$
4. 　　使用基于树的学习器 G 对样本集 $\boldsymbol{D}_t'$ 进行学习，得到学习器 f_t
5. End for

图7-3给出随机森林Bagging算法效果示意。对于样本数据空间，随机森林Bagging算法中的不同决策树给出不同的结果。算法最终综合考虑各棵决策树的输出结果来确定最终的输出结果。对于分类问题一般采用投票方法，即选择大多数“树”的意见。对于回归问题一般采用均值法，以各棵数输出值的均值作为最终输出。

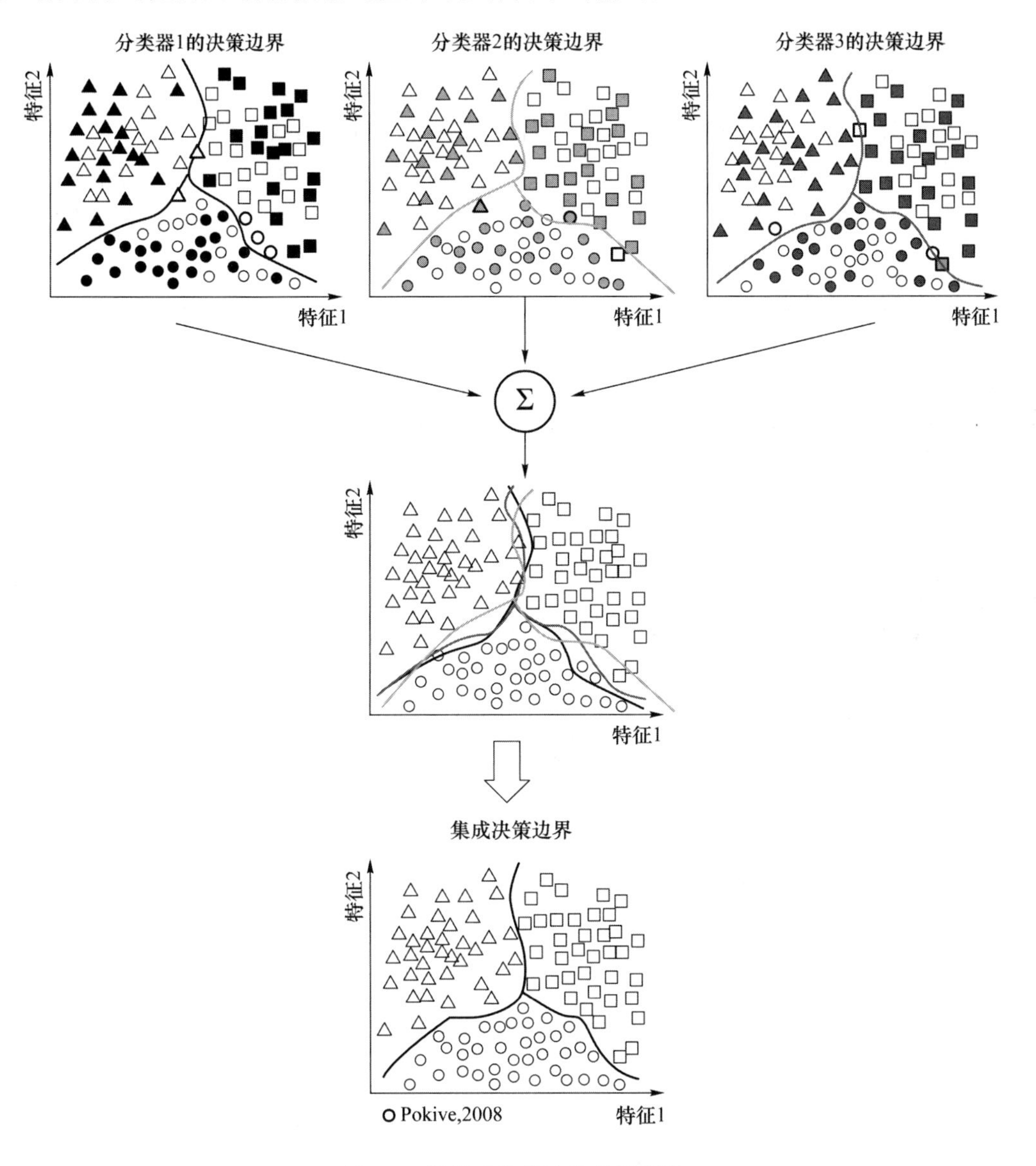

图7-3 随机森林算法效果示意图

7.3 Boosting算法

Boosting算法也称提升法，是一种重要的集成学习技术，能够将预测精度略高于随机猜想的弱学习器增强为预测精度高的强学习器。在直接构造强学习器比较困难的情况下，Boosting 算法为机器学习算法设计提供了一种有效的方法。

7.3.1 算法基本介绍

在机器学习中，训练学习器要基于一定数量的训练数据，消耗可承受的计算量，可靠地学习到知识。然而在实际应用中，只要不能对所有可能的数据都进行训练，那么总会存在多个错误率不为 0 的预测函数（假设），即学习器无法保证和目标函数完全一致。另外，训练样本是随机选取的，因此总有一定的误导性。因此，我们需要弱化对学习器的要求。首先，我们不要求学习器给出错误率为零的预测函数，只要求错误率小于某个取值可以任意小的常数 ε。其次，我们不要求学习器对所有任意抽取的数据都能正确预测，只要求其失败的概率小于某个取值可以任意小的常数 μ。

换言之，我们只要求学习器学习到一个近似正确的假设，称为"大概正确学习"（probably approximately correct，PAC），简称 PAC 学习。PAC 理论证明了弱可学习性和强可学习性的等价关系。利用迭代算法，每一步都通过修改上一步获得的学习器生成一个经过提升的新学习器，把迭代过程中产生的这些学习器集成起来，就能够得到一个强学习器。

Boosting 算法的主要思想来自 PAC 计算学习理论，其主要思路如图 7-4 所示。

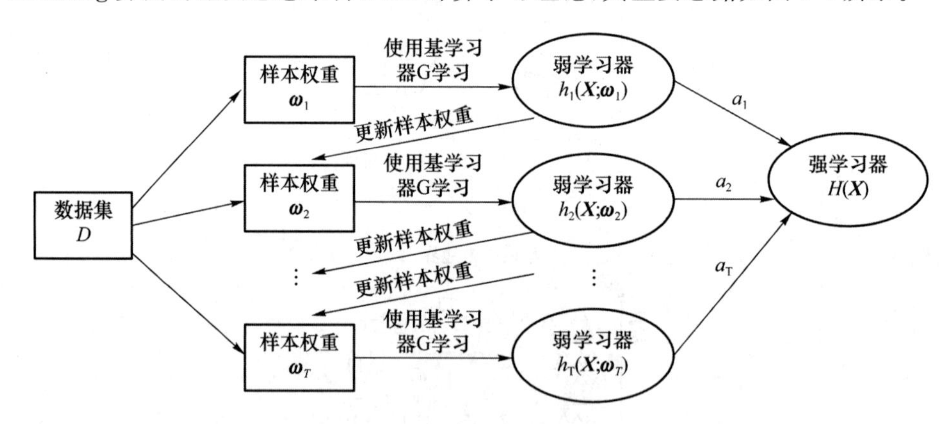

图 7-4 Boosting 算法示意图

设样本的数量为 N，样本数据集为 $\boldsymbol{D}=\{(x_1,y_1),(x_2,y_2),\cdots,(x_N,y_N)\}$，样本变量集合为 $\boldsymbol{X}=\{x_1,x_2,\cdots,x_N\}$，标签集合为 $\boldsymbol{Y}=\{y_1,y_2,\cdots,y_N\}$。

初始时，第 1 步使用的弱学习器为 $h_1(\boldsymbol{X};\boldsymbol{\omega}_1)$，各个样本的权重一致，均为 $1/N$，即 $\boldsymbol{\omega}_1=\{w_{1,1},w_{1,2},\cdots,w_{1,N}\}=\{1/N,1/N,\cdots,1/N\}$。

第 t 步迭代使用的弱学习器为 $h_t(\boldsymbol{X};\boldsymbol{\omega}_t)$，各个样本的权重为：

$$\boldsymbol{\omega}_t=\{w_{t,1},w_{t,2},\cdots,w_{t,N}\}$$

此时对应的强学习器为 $H_t(\boldsymbol{X})$，$H_t(\boldsymbol{X})$ 为之前各个弱学习器的加权和，即：

$$H_t(\boldsymbol{X})=\sum_{k=1}^{t}a_k h_k(\boldsymbol{X};\boldsymbol{\omega}_k) \tag{7-1}$$

其中，a_k 代表第 k 个基学习器的权重。如图 7-4 所示，Boosting 算法第 k 次迭代基于第 k 个基学习器的样本权重值 $\boldsymbol{\omega}_k$，训练得出参数 a_k 和下一步调整后的样本权重值 $\boldsymbol{\omega}_{k+1}$。依次类推，直到迭代出所需要的 T 个弱分类器为止。最终的强分类器为：

$$H(\boldsymbol{X}) = \sum_{t=1}^{T} a_t h_t(\boldsymbol{X};\boldsymbol{\omega}_t) \tag{7-2}$$

在 Boosting 算法中，式(7-2)称为加法模型，指出强分类器由一系列弱分类器线性相加而成。显然，学习的任务就是最小化损失函数 $L_{a,\omega}(\boldsymbol{D})$，即：

$$\min_{a_t,\boldsymbol{\omega}_t} \sum_{i=1}^{N} L(y_i, \sum_{t=1}^{T} a_t h_t(x_i;\boldsymbol{\omega}_t)) \tag{7-3}$$

Boosting 介绍

由式(7-3)可知，损失函数 $L_{a,\omega}(\boldsymbol{D})$的参数非常多，计算复杂，因此通常我们使用前向分布算法迭代求解。前向分布算法的主要思想为：因为最终的强学习器是加法模型，每一步只学习一个基学习器及其系数，就可以逐渐得到最优的强学习器。对于第 t 步而言，我们需要基于$H_{t-1}(\boldsymbol{X})$求 h_t 对应的系数 a_t 和其使用的样本权重参数 $\boldsymbol{\omega}_t$，计算如下：

$$(a_t,\boldsymbol{\omega}_t) = \arg\min_{a,\omega} \sum_{i=1}^{N} L(y_i, H_{t-1}(x_i) + a_t h(x_i;\boldsymbol{\omega}_t)) \tag{7-4}$$

$$H_t(\boldsymbol{X}) = H_{t-1}(\boldsymbol{X}) + a_t h_t(\boldsymbol{X};\boldsymbol{\omega}_t) \tag{7-5}$$

每次迭代求得一对最优的 a_t 和$\boldsymbol{\omega}_t$。反复迭代，得到最后加法模型中的各个参数，组合后就能形成最终所需的强学习器。

从式(7-4)和式(7-5)可以看出，Boosting 算法的关键在于求每一步迭代所需的参数 a_t 和 $\boldsymbol{\omega}_t$，$t=1,2,\cdots,T$。

7.3.2 AdaBoost 算法推导

Yoav Freund 和 Robert Schapire 在 1995 年提出了一种非常成功的 Boosting 算法，称为 AdaBoost 算法。AdaBoost 是英文“Adaptive Boosting”(自适应提升)的缩写，其中“自适应”主要来自算法用到的以下思想：对于当前基本分类器 h_k 来讲，在 h_{k-1} 中被错误分类的样本的权值会增大，而正确分类的样本的权值会减小。这样，分类器 h_k 会“自动”重视那些在前一个分类器分类出错的样本。

依据采用的损失函数，Boosting 算法可分为不同的种类。AdaBoost 算法采用指数损失作为损失函数，损失函数的形式为：

$$L(\boldsymbol{Y},h(\boldsymbol{X})) = \sum_{i=1}^{N} \exp(-y_i H(x_i)) \tag{7-6}$$

设经过了 $t-1$ 轮迭代，我们得到的总学习器为$H_{t-1}(\boldsymbol{X})$，根据式(7-5)有：

$$H_t(\boldsymbol{X}) = H_{t-1}(\boldsymbol{X}) + a_t h_t(\boldsymbol{X})$$

将上式代入式(7-6)可得：

$$\text{Loss} = \sum_{i=1}^{N} \exp(-y_i H_t(x_i))$$

$$= \sum_{i=1}^{N} \exp(-y_i[H_{t-1}(x_i) + a_t h_t(x_i)]) \tag{7-7}$$

因为 $H_{t-1}(\boldsymbol{X})$是已知的，令$w'_{t,i} = \exp(-y_i H_{t-1}(x_i))$，则式(7-7)可以写成：

$$\text{Loss} = \sum_{i=1}^{N} w'_{t,i} \exp(-y_i a_t h_t(x_i)) \tag{7-8}$$

由式(7-8)知，$w'_{t,i}$可以看作第 t 个学习器使用的样本 x_i 的权重，且与参数 a_t 和 $\boldsymbol{w}_t$ 无关。注意到：

$$w'_{t,i} = \exp(-y_i(H_{t-2}(x_i) + a_{t-1}h_{t-1}(x_i))) = w'_{t-1,i}\exp(-y_i a_{t-1} h_{t-1}(x_i))$$

可以看出权重是可以根据前一个权重进行更新的，即：

$$w'_{t,i} = w'_{t-1,i}\exp(-y_i a_{t-1} h_{t-1}(x_i)) \tag{7-9}$$

对于二元分类，$y_i \in \{-1,1\}$，$h_t(x_i) \in \{-1,1\}$，$i=1,2,\cdots,N$，对于样本 x_i 有：

$$y_i h_t(x_i) = \begin{cases} -1, & y_i \neq h_t(x_i) \\ 1, & y_i = h_t(x_i) \end{cases} \tag{7-10}$$

结合式(7-8)得：

$$\begin{aligned} \text{Loss} &= \sum_{y_i = h_t(x_i)} w'_{t,i}\exp(-a_t) + \sum_{y_i \neq h_t(x_i)} w'_{t,i}\exp(a_t) \\ &= \left[\frac{\sum_{y_i = h_t(x_i)} w'_{t,i}}{\sum_{i=1}^{N} w'_{t,i}} \exp(-a_t) + \frac{\sum_{y_i \neq h_t(x_i)} w'_{t,i}}{\sum_{i=1}^{N} w'_{t,i}} \exp(a_t) \right] \left[\sum_{i=1}^{N} w'_{t,i} \right] \end{aligned}$$

我们令 $\dfrac{\sum_{y_i \neq h_t(x_i)} w'_{t,i}}{\sum_{i=1}^{N} w'_{t,i}}$ 为分类误差率 e_t，则$\dfrac{\sum_{y_i = h_t(x_i)} w'_{t,i}}{\sum_{i=1}^{N} w'_{t,i}}$ 等于 $1 - e_t$。于是有：

$$\text{Loss} = [(1-e_t)\exp(-a_t) + e_t\exp(a_t)]\left[\sum_{i=1}^{N} w'_{t,i}\right] \tag{7-11}$$

令$\dfrac{\partial \text{Loss}}{\partial a_t} = 0$，可得：

$$a_t = \frac{1}{2}\ln\frac{1-e_t}{e_t} \tag{7-12}$$

令

$$Z_t = \sum_{i=1}^{N} w'_{t,i}\exp(-y_i a_t h_t(x_i)) = 2\sqrt{e_t(1-e_t)}$$

Z_t 是规范化因子，用于对分类器 h_t 中样本权重进行归一化，因此最终的权重更新公式为：

$$w'_{t+1,i} = \frac{w'_{t,i}}{Z_t}\exp(-y_i a_t h_t(x_i)) = \begin{cases} \dfrac{w'_{t,i}}{Z_t}\exp(a_t), & y_i \neq h_t(x_i) \\ \dfrac{w'_{t,i}}{Z_t}\exp(-a_t), & y_i = h_t(x_i) \end{cases} \tag{7-13}$$

把式(7-12)代入式(7-13)，可得：

对于错误分类的样本，新的权重$w'_{t+1,i}=\frac{w'_{t,i}}{2e_t}$，只要 $e_t<50\%$，$w'_{t+1,i}>w'_{t,i}$；

对于正确分类的样本，新的权重$w'_{t+1,i}=\frac{w'_{t,i}}{2(1-e_t)}$，只要$e_t<50\%$，$w'_{t+1,i}<w'_{t,i}$。

对于二元分类器，随机分类错误率为 50%。对于任意比随机分类性能高的弱学习器，总有$e_t<50\%$。因此可以看出，后续迭代更关心前面分类错误的样本，使后续的弱学习器优化的方向更明确。从式(7-12)还可以看出，a_t 随e_t 的增大而减小，这就意味着错误率较低的基学习器自身的输出结果在最终强学习器 $H(\boldsymbol{X})$输出中贡献较多，这正是 AdaBoost 算法的本质所在。

7.3.3 AdaBoost 算法步骤

AdaBoost
参考程序

基于上一节的数学计算，本节我们给出 AdaBoost 算法。$w_{i,j}$代表第 i 轮的第 j 个样本的权重向量，而 a_t 就代表第 t 轮基学习器的置信因子，就相当于最后集成时，加法模型中每一个分类器的权重。

算法 7-3 AdaBoost 算法

输入：原始数据集 $\boldsymbol{D}$，数据集大小 N，分类器个数 T，基学习器 G

输出：$H(\boldsymbol{X}) = \text{sgn}\left(\sum_{t=1}^{T} a_t h_t(\boldsymbol{X}, \boldsymbol{w}_t)\right)$

步骤：

1. $w_{1,j}=1/N$
2. for $t = 1$ to T
3. 　　对原始数据集 $\boldsymbol{D}$，使用基学习器 G 和权重 $\boldsymbol{w}_t$，生成学习器 h_t
4. 　　利用 h_t 计算加权错误率e_t
5. 　　如果e_t 大于 0.5，则退出程序，否则 $a_t=0.5 * \ln\left(\frac{1-e_t}{e_t}\right)$
6. 　　for $j=1$ to N
7. 　　$$w_{(t+1)j}=\frac{w_{tj}}{Z_t}\times\begin{cases}\exp(-a_t), & \text{当 } x_j \text{ 分类正确时}\\ \exp(a_t), & \text{当 } x_j \text{ 分类错误时}\end{cases}$$
8. 　　End for
9. End for

7.3.4 AdaBoost 算法应用举例

本节我们举一个例子对 AdaBoost 算法进行说明。如图 7-5 所示，我们一共有 10 个样本点，各点的坐标和标签由图 7-5 中的表格给出。图 7-5 左边给出这些样本点的图像，蓝色的“•”代表负样本，红色的“+”代表正样本。

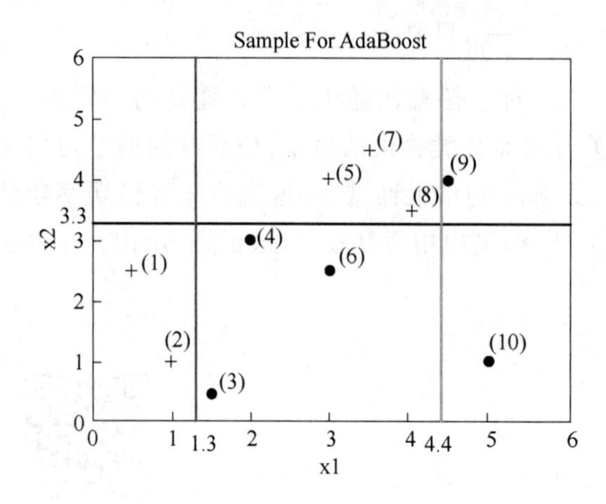

No.	X1	X2	Label
1	0.5	2.5	1
2	1	1	1
3	1.5	0.5	−1
4	2	3	−1
5	3	4	1
6	3	2.5	−1
7	3.5	4.5	1
8	4	3.5	1
9	4.5	4	−1
10	5	1	−1

图 7-5 AdaBoost 算法举例

很显然，本例给出的样本点集不是线性可分的，因此我们只能找到一些“近似正确”的线性分类器(基分器)。虽然错误率越低越好，但是由于 AdaBoost 算法不要求基分器性能特别高，因此我们不用求解最优的线性分类器。在求解线性分类器时不用迭代太多次数，对于二元分类只要错误率小于 0.5 即可。本例我们直接给出 3 个弱分类器作为候选构成基分器 G，分别为：

$$f_1(\boldsymbol{X})=\begin{cases}1, & x_1<1.3\\ -1, & x_1\geqslant 1.3\end{cases}$$

$$f_2(\boldsymbol{X})=\begin{cases}1, & x_1<4.4\\ -1, & x_1\geqslant 4.4\end{cases}$$

$$f_3(\boldsymbol{X})=\begin{cases}1, & x_2\geqslant 3.3\\ -1, & x_2<3.3\end{cases}$$

如果用 $f_1(\boldsymbol{X})$对 10 个样本点进行分类，则“5,7,8”三个点会被分错，错误率为 3/10=0.3。

用 $f_2(\boldsymbol{X})$对 10 个样本点进行分类，则“3,4,6”三个点会被分错，错误率为 3/10=0.3。

用 $f_3(\boldsymbol{X})$对 10 个样本点进行分类，则“1,2,9”三个点会被分错，错误率为 3/10=0.3。

可见这三个基分器性能都一般，错误率都是 0.3。在 AdaBoost 算法初始化时，我们选择一个最优的基分器作为 $h_1(\boldsymbol{X})$，本例中三个候选的基分器错误率都一样，因此选择 $f_1(\boldsymbol{X})$ 作为 $h_1(\boldsymbol{X})$。

根据 AdaBoost 算法，初始样本的权重为 1/10=0.1，即：

$$\boldsymbol{w}_1=[0.1,0.1,0.1,0.1,0.1,0.1,0.1,0.1,0.1,0.1]$$

对于 $t=1$：

- $h_1(\boldsymbol{X})=f_1(\boldsymbol{X})$。
- $e_1=0.3$，样本“5,7,8”分错。
- $a_1=\frac{1}{2}\ln\frac{1-0.3}{0.3}=0.4236$。

- $w_{2,i}=\begin{cases}\dfrac{w_{1,i}}{2(1-e_t)}=\dfrac{1}{14}, & \text{当 } x_j \text{ 分类正确；}\\ \dfrac{w_{1,i}}{2e_t}=\dfrac{1}{6}, & \text{当 } x_j \text{ 分类错误。}\end{cases}$
- $\boldsymbol{w}_2=\left[\frac{1}{14},\frac{1}{14},\frac{1}{14},\frac{1}{14},\frac{1}{6},\frac{1}{14},\frac{1}{6},\frac{1}{6},\frac{1}{14},\frac{1}{14}\right]$。
- 此时的强学习器分类函数为：

$H_1(\boldsymbol{X})=a_1h_1(\boldsymbol{X})=0.4236f_1(\boldsymbol{X})$，对应的分类错误率为0.3。

对于 $t=2$：

- 基于权值 $\boldsymbol{w}_2=\left[\frac{1}{14},\frac{1}{14},\frac{1}{14},\frac{1}{14},\frac{1}{6},\frac{1}{14},\frac{1}{6},\frac{1}{6},\frac{1}{14},\frac{1}{14}\right]$计算三个基分器的错误率。其中 $f_1(\boldsymbol{X})$分错“5，7，8”，对应错误率为$\frac{1}{6}+\frac{1}{6}+\frac{1}{6}=\frac{1}{2}$；$f_2(\boldsymbol{X})$分错“3，4，6”，对应错误率为$\frac{1}{14}+\frac{1}{14}+\frac{1}{14}=\frac{3}{14}$；$f_3(\boldsymbol{X})$分错“1，2，9”，对应错误率为$\frac{1}{14}+\frac{1}{14}+\frac{1}{14}=\frac{3}{14}$；考虑错误率最低的候选基分器，所以选择 $f_2(\boldsymbol{X})$。
- $h_2(\boldsymbol{X})=f_2(\boldsymbol{X})$。
- $e_2=\frac{3}{14}$，样本“3，4，6”分错。
- $a_2=\dfrac{1}{2}\ln\dfrac{1-\frac{3}{14}}{\frac{3}{14}}=0.6496$。
- $w_{3,i}=\begin{cases}\dfrac{w_{2,i}}{2(1-e_t)}=\dfrac{7w_{2,i}}{11}, & \text{当 } x_j \text{ 分类正确；}\\ \dfrac{w_{2,i}}{2e_t}=\dfrac{7w_{2,i}}{3}, & \text{当 } x_j \text{ 分类错误。}\end{cases}$
- $\boldsymbol{w}_3=\left[\frac{1}{22},\frac{1}{22},\frac{1}{6},\frac{1}{6},\frac{7}{66},\frac{1}{6},\frac{7}{66},\frac{7}{66},\frac{1}{22},\frac{1}{22}\right]$。
- 此时的强学习器分类函数为：

$$H_2(\boldsymbol{X})=a_1h_1(\boldsymbol{X})+a_2h_2(\boldsymbol{X})=0.4236f_1(\boldsymbol{X})+0.6496f_2(\boldsymbol{X})$$

$H_2(\boldsymbol{X})$对应的分类错误率为0.3，计算结果如表7-1所示，样本“3，4，6”被错误分类。

表7-1 $H_2(X)$对应的分类错误率计算表

No.	1	2	3	4	5	6	7	8	9	10
x_1	0.5	1	1.5	2	3	3	3.5	4	4.5	5
x_2	2.5	1	0.5	3	4	2.5	4.5	3.5	4	1
label	1	1	−1	−1	1	−1	1	1	−1	−1
$f_1(\boldsymbol{X})$	1	1	−1	−1	−1	−1	−1	−1	−1	−1
$f_2(\boldsymbol{x})$	1	1	1	1	1	1	1	1	−1	−1
$H_2(\boldsymbol{x})$	1.07	1.07	0.23	0.23	0.23	0.23	0.23	0.23	−1.07	−1.07

对于 $t=3$：

- 基于权值 $\boldsymbol{w}_2=\left[\frac{1}{22},\frac{1}{22},\frac{1}{6},\frac{1}{6},\frac{7}{66},\frac{1}{6},\frac{7}{66},\frac{7}{66},\frac{1}{22},\frac{1}{22}\right]$计算三个基分器的错误率。其中 $f_1(\boldsymbol{X})$分错“5,7,8”，对应错误率为$\frac{7}{66}+\frac{7}{66}+\frac{7}{66}=\frac{7}{22}$；$f_2(\boldsymbol{X})$分错“3,4,6”，对应错误率为$\frac{1}{6}+\frac{1}{6}+\frac{1}{6}=\frac{1}{2}$；$f_3(\boldsymbol{X})$分错“1,2,9”，对应错误率为$\frac{1}{22}+\frac{1}{22}+\frac{1}{22}=\frac{3}{22}$；考虑错误率最低的候选基分器，所以选择 $f_3(\boldsymbol{X})$。
- $h_3(\boldsymbol{X})=f_3(\boldsymbol{X})$。
- $e_3=\frac{3}{22}$，样本“1,2,9”分错。
- $a_3=\frac{1}{2}\ln\frac{1-\frac{3}{22}}{\frac{3}{22}}=0.922\,9$。
- $w_{4,i}=\begin{cases}\dfrac{w_{3,i}}{2(1-e_t)}=\dfrac{11\,w_{3,i}}{19}, & \text{当 } x_j \text{ 分类正确；}\\[2ex] \dfrac{w_{3,i}}{2\,e_t}=\dfrac{11\,w_{3,i}}{3}, & \text{当 } x_j \text{ 分类错误。}\end{cases}$
- $\boldsymbol{w}_4=\left[\frac{1}{6},\frac{1}{6},\frac{11}{114},\frac{11}{114},\frac{7}{114},\frac{11}{114},\frac{7}{114},\frac{7}{114},\frac{1}{6},\frac{1}{38}\right]$。
- 此时的强学习器分类函数为：

$$\begin{aligned}H_3(\boldsymbol{X})&=a_1h_1(\boldsymbol{X})+a_2h_2(\boldsymbol{X})+a_3h_3(\boldsymbol{X})\\&=0.423\,6f_1(\boldsymbol{X})+0.649\,6f_2(\boldsymbol{X})+0.922\,9f_3(\boldsymbol{X})\end{aligned}$$

$H_3(\boldsymbol{X})$对应的分类错误率为 0，计算结果如表 7-2 所示。

表 7-2 $H_3(X)$对应的分类错误率计算表

No.	1	2	3	4	5	6	7	8	9	10
x_1	0.5	1	1.5	2	3	3	3.5	4	4.5	5
x_2	2.5	1	0.5	3	4	2.5	4.5	3.5	4	1
label	1	1	−1	−1	1	−1	1	1	−1	−1
$f_1(\boldsymbol{X})$	1	1	−1	−1	−1	−1	−1	−1	−1	−1
$f_2(\boldsymbol{X})$	1	1	1	1	1	1	1	1	−1	−1
$f_3(\boldsymbol{X})$	−1	−1	−1	−1	1	−1	1	1	1	−1
$H_3(\boldsymbol{X})$	0.15	0.15	−0.7	−0.7	1.15	−0.7	1.15	1.15	−0.15	−2
sgn($H_3(\boldsymbol{X})$)	1	1	−1	−1	1	−1	1	1	−1	−1

由于$H_3(\boldsymbol{X})$已经满足分类性能要求，因此本例最终分类器为：

$$H_3(\boldsymbol{X})=\mathrm{sign}(0.423\,6f_1(\boldsymbol{X})+0.649\,6f_2(\boldsymbol{X})+0.92\,29f_3(\boldsymbol{X}))$$

7.4 集成策略

前面的介绍中，我们对集成多个弱学习器的策略做了初步讨论，本节将进一步说明。对

于回归问题的预测,我们可以使用平均法。平均法可以是简单平均,也可以是加权平均。使用简单平均法时,集成策略为:

$$H(\boldsymbol{X}) = \frac{1}{T}\sum_{i=1}^{T} h_i(\boldsymbol{X}) \tag{7-14}$$

使用加权平均法时,集成策略为:

$$H(\boldsymbol{X}) = \sum_{i=1}^{T} w_i h_i(\boldsymbol{X}) \tag{7-15}$$

其中,w_i 表示每个个体学习器 $h_i(\boldsymbol{X})$ 的权重。一般来说,$w_i \geqslant 0$ 且 $\sum_{i}^{T} w_i = 1$。实际使用中,在个体学习器的差异不大时,选择简单平均法;在个体学习器的差异比较大时,使用加权平均法。

对于分类问题的方法,我们主要使用投票法。根据投票策略的不同,投票法又可以分为有三种,分别是绝对多数投票法、相对多数投票法和加权投票法。

定义标签集合 $c=\{c_1, c_2, \cdots, c_N\}$,基学习器 $h_i(x)$ 会输出一个 N 维向量的概率分布 $\{h_i^1, h_i^2, \cdots, h_i^N\}$,其中 h_i^j 表示 $h_i(x)$ 预测 x 的标签为第 j 个标签的判别概率。

对于绝对多数投票法,集成策略为:

$$H(\boldsymbol{x}) = \begin{cases} c_j, & \sum_{i=1}^{T} h_i^j(x) > \frac{1}{2}\sum_{k=1}^{N}\sum_{i=1}^{T} h_i^k(x) \\ \text{分类失败}, & \text{其他} \end{cases} \tag{7-16}$$

对于相对多数投票法,集成策略为:

$$H(\boldsymbol{X}) = c_{\underset{j}{\operatorname{argmax}}} \sum_{i=1}^{T} h_i^j(x) \tag{7-17}$$

对于加权投票法,集成策略为:

$$H(\boldsymbol{X}) = c_{\underset{j}{\operatorname{argmax}}} \sum_{i=1}^{T} a_i h_i^j(x) \tag{7-18}$$

学习法是一种更为强大的集成策略。使用学习法时,集成策略利用另一个学习器获得。我们把个体学习器称为初级学习器,把学习集成策略的学习器称为次级学习器。学习法中最典型的是 Stacking 学习法。Stacking 法先从初始训练集训练出初级学习器。把每一个样本都输入到所有这些初级学习器,将会获得 T 个输出结果。Stacking 学习法把这些输出结果结合成新的输入特征,并保持样例标记不变,这样我们就获得一个新的数据集。使用次级学习器对这个新数据集进行学习,就可以得到每个初级学习器的权重。

7.5 Bagging 算法与 Boosting 算法对比

根据"方差-偏差分解",一个学习器的期望误差可以分解为偏差、方差和噪声三个部分。其中,偏差可以反映出该学习器的准确性,方差反映学习器的稳定性,而噪声反映任务本身的复杂性。从本章分析我们可以看出,Bagging 每次取样之间相互独立,因而有助于降低方差;而 Boosting 追求损失最小,有助于减小偏差。基于这个原因,Bagging 和高方差学习器使用时，性能提高会更显著，比如说决策树；而 Boosting 和高偏差学习器使用效果更好，如弱线性分类器。Bagging 算法和 Boosting 算法的比较如表 7-3 所示。

表 7-3 Bagging 算法和 Boosting 算法对比表

对比项目	Bagging	Boosting
结构	并行	串行
训练集	相互独立	相互依赖
作用	减小方差	减小偏差
适合的基学习器举例	决策树	线性分类器

下面我们以加权平均策略为例，对上述关于 Bagging 算法和 Boosting 算法的比较做进一步说明。为了简化模型，我们假设所有基模型的权重、方差都相等，分别为 a 和 σ^2，任意两个基模型之间的相关系数都相等，为 ρ。设基学习器的个数为 m，那么总体学习器的期望和方差可以使用以下方法进行计算：

$$E(H)=E\Big(\sum_{i=1}^{m}a_ih_i\Big)=\sum_{i=1}^{m}a_iE(h_i)=a\sum_{i=1}^{m}E(h_i)$$

$$\begin{aligned}\mathrm{Var}(H)&=\mathrm{Var}\Big(\sum_{i=1}^{m}a_i*h_i\Big)=\mathrm{Cov}\Big(\sum_{i=1}^{m}a_i*h_i,\sum_{i=1}^{m}a_i*h_i\Big)\\&=\sum_{i=1}^{m}a_i{}^2*\mathrm{Var}(h_i)+\sum_{i=1}^{m}\sum_{j\neq i}^{m}2*\rho*a_i*a_j*\sqrt{\mathrm{Var}(h_i)}*\sqrt{\mathrm{Var}(h_j)}\\&=m^2*a^2*\sigma^2*\rho+m*a^2*\sigma^2*(1-\rho)\end{aligned}$$

对于 Bagging 来说，$a=1/m$，且期望近似相等(子训练集都是从原训练集中进行子抽样)，记作 μ，故我们可以进一步化简总体模型的期望，即：

$$E(H)=a*\sum_{i=1}^{m}E(h_i)=\frac{1}{m}*m*\mu=\mu$$

$$\begin{aligned}\mathrm{Var}(H)&=m^2*a^2*\sigma^2*\rho+m*a^2*\sigma^2*(1-\rho)\\&=m^2*\frac{1}{m^2}*\sigma^2*\rho+m*\frac{1}{m^2}*\sigma^2*(1-\rho)\\&=\sigma^2*\rho+\frac{\sigma^2*(1-\rho)}{m}\end{aligned}$$

根据上式我们可以看到，整体模型的期望近似于基模型的期望，这也就意味着整体模型的偏差和基模型的偏差近似。同时，整体模型的方差小于或等于基模型的方差(当相关性为 1 时取等号)，随着基模型数的增多，m 变大，整体模型的方差减少。所以，基于 Bagging 算法得到的强学习器防止过拟合能力得到增强，模型的准确度得到提高。

对于 Boosting 来说，基模型的训练集抽样是强相关的，那么模型的相关系数近似等于 1，故我们也可以针对 Boosting 化简公式为：

$$E(H)=a*\sum_{i=1}^{m}E(h_i)$$

$$\begin{aligned}\mathrm{Var}(H)&=m^2*a^2*\sigma^2*\rho+m*a^2*\sigma^2*(1-\rho)\\&=m^2*\alpha^2*\sigma^2\end{aligned}$$

通过观察整体方差的表达式，我们容易发现，若基模型不是弱模型，其方差就会相对较大，这将导致整体模型的方差很大，无法获得防止过拟合的效果。因此，Boosting 框架中的基模型必须为弱模型。当然，弱模型的准确度不高，偏差必然大。

本章小结

集成学习的思想直观体现为“人多力量大”，集成学习使用多个弱学习器联合实现一个强学习器。本章讨论了两类最常用的集成学习方法，即分装法和提升法。就分装法而言，我们讨论了借助自助采样方法实现的行样本采样方法和借助树结构实现的特征采样方法。就提升法而言，我们主要介绍了 AdaBoost 算法。本章还对弱学习器集成策略以及这两种集成学习方法的应用场景进行了讨论。

延伸阅读

本章仅仅以经典的 Bagging 和 Boosting 为例，阐述了集成学习的结合方法，但是常见的结合方法还很多，比如基于 D-S 证据理论的方法、动态分类器选择、混合专家等。另外，在集成学习中非常重要的对于个体学习器的多样性的讨论，本章也没有展开。对于这些内容的进一步学习，可以参考周志华老师的专著 *Ensemble methods: foundations and algorithms*。

本章的例子仅限于监督学习的机器学习算法。但事实上，几乎在所有的学习任务中，都可以使用集成学习。在一些著名的数据挖掘、大数据分析的大赛上，集成学习的算法往往最后取得很好的效果。因此读者可以通过关注这些竞赛的案例来获得更多的集成学习成功的例子。

本章课件

习　题

(1) 编程实现 Bootstap 抽样，并验证当 n 很大时，约 36.8%的数据没有被抽样到。

(2) 试编程实现 Bagging，以平行于坐标轴的直线为弱分类器。给定如下所示的二维训练样本。

序号	1	2	3	4	5	6	7	8	9	10
X	1	2	3	4	6	6	7	8	9	10
Y	5	2	1	6	8	5	9	7	8	2
Label	1	1	−1	−1	1	−1	1	1	−1	−1

(3) 根据如下所示数据，弱分类器为决策树桩，试用 AdaBoost 算法学习一个强分类器。

序号	1	2	3	4	5	6	7	8	9	10
X	0	1	2	3	4	5	6	7	8	9
y	−1	1	1	−1	−1	1	1	1	1	−1

(4) 在 iris 数据集上试实现随机森林算法。

(5) 描述随机森林与决策树 Bagging 集成的区别。哪个速度快?

(6) 有人说 Bagging 算法和神经网络中的 Dropout 相似,这种说法对吗,它们之间有什么异同?

(7) 由于 Bagging 算法采用自助采样,所以会产生数据样本扰动,而有些基学习器对这种数据样本扰动不敏感,但是有些则非常敏感。请分析一下自己所学过的学习器中哪些对数据样本扰动敏感?

第8章 强化学习

导读

前面所介绍的学习模型：线性分类模型、SVM、K-近邻、K-means聚类、FIND-S概念学习、神经网络、朴素贝叶斯、逻辑斯蒂回归、混合高斯模型、集成学习等，都属于统计机器学习范畴。其共同特点是假设同类数据具有一定的统计规律性(独立同分布)，因此我们可以从数据出发，提取数据的特征，抽象数据的模型，发现数据中的知识，最后应用到对数据的分析和预测中去。但是本章要介绍的强化学习有别于它们，它是结合了控制理论、优化以及感知科学的一种机器学习方法。它的学习样本不服从固定的分布，样本分布由代理采用的策略决定；它最终学习到的是一种最优的行动策略。本章首先介绍强化学习基本概念，然后介绍几种最基本的强化学习算法。通过这些介绍读者可以了解到，在强化学习中智能体如何通过探索环境改善自己对环境的认知，并从中积累经验增强自身的决策能力。

8.1 强化学习简介

8.1.1 什么是强化学习

我们在前面的章节中介绍了有监督学习和无监督学习，本章我们将介绍机器学习中的另一大类，即强化学习(reinforcement learning)。在行动策略选择有关的机器学习任务中，强化学习是一种常用的方法，比如战胜人类围棋高手的 AlphaGo Zero。在围棋人机对弈中，落子相当于行动，而对对弈形势的判断相当于评估，围棋机器人要通过不断的落子试探和形势评估锻炼自己，使自己在对弈过程中的行动决策越来越优。围棋机器人的学习过程可以看作一个自身能力不断加强的过程，可以借助强化学习实现。

有监督学习利用(样本,标签)数据形成的训练集训练特定模型,从而获得特征空间到标签空间的映射函数。无监督学习通过研究训练样本特征分布规律进行聚类分析,不需要训练样本带有特定的标签。不管是有监督学习还是无监督学习,我们都是从样本入手研究样本特征分布规律或研究样本特征和标签(或数值)之间的映射关系。在这两种机器学习中我们需要告诉模型如何产生正确动作,如何计算误差,如何优化模型减小误差等。

有别于有监督学习和无监督学习,在强化学习中我们不需要告诉模型如何产生正确的动作,而是由强化学习中的智能体以“试错”的方式进行学习。智能体在试错过程中,根据与环境进行交互获得的奖赏来积累知识,并最终知道如何获得最大奖赏。智能体在试错过程中会发生状态迁移。强化学习只关心状态迁移获得的奖赏,因此我们通常可以用一个标量表示奖赏值。状态在强化学习中只是用来区分智能体所处的各种环境,可以简单地用序号区分,不需要像有监督学习或无监督学习那样,用特征向量表示样本。显然,强化学习中的状态可以是任何形式的状态,比如迷宫中有出口的格子、有金币的格子、有强盗的格子等。在有监督学习和无监督学习中,样本对应的特征向量必须属于任务特定的特征空间。奖赏是智能体在试错过程中从环境中获得的反馈信息,反馈信息可以用来评价动作的好坏,可以看作强化信号。因此,强化学习是强化学习系统依靠自身的经历从环境中获得强化信号,逐渐增强对环境认知的过程。

从以上介绍不难看出,强化学习由智能体(agent)和环境(environment)组成,主要过程如下:(1)**智能体**在特定**状态**(state)下,基于**策略**选取要执行的**行动**(action);(2)智能体在执行该行动后,与环境发生交互,获得特定的**奖赏**(reward),并发生特定的**状态迁移**;(3)智能体根据奖赏和状态迁移结果对行动进行**价值评估**,并优化自身的策略选择依据。状态、动作、奖赏构成强化学习的关键要素。我们用s_t 表示当前状态,a_t 表示在s_t 下采取的行动,s_{t+1} 表示采取 a_t 行动后智能体的新状态,r_{t+1} 表示采取行动 a_t 使状态从s_t 迁移到s_{t+1}对应的奖赏,强化学习过程可以用图 8-1 表示。

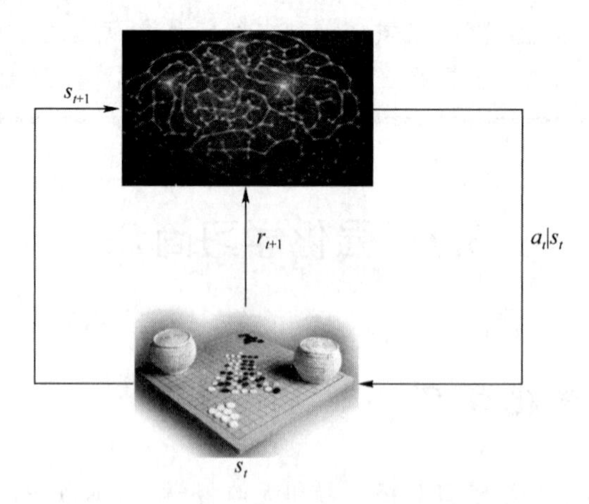

图 8-1　强化学习过程

8.1.2　强化学习算法分类

强化学习算法有很多种分类方法,概括如下:

1. 无模型的强化学习算法和基于模型的强化学习算法

无模型的强化学习算法(Model-Free)直接利用与环境交互获得的数据改善自身的行为选择策略,如 Q-Learning、Sarsa 和 Policy-Gradients。基于模型的强化学习算法(Model-Based)利用与环境交互得到的数据先学习环境模型,之后再基于模型进行决策。对于大多数学习任务来讲,建立模型是非常困难的,因此 Model-Free 更具有通用性。相反,在基于模型的算法中,智能体在探索环境时可以利用模型信息,因此 Model-Based 比 Model-Free 效率更高。

2. 基于概率和基于价值

基于概率的强化学习算法能通过分析所处的环境直接给出各种候选行动的概率,然后根据概率进行行动决策。基于价值的方法则输出所有候选行动的价值,之后根据价值来选择动作。相比基于概率的方法,基于价值的决策更具确定性。Policy-Gradients 属于基于概率的增强学习算法,而 Q-Learning 和 Sarsa 属于基于价值的增强学习算法。

3. 回合更新和单步更新

回合更新指的是从起始状态开始直到找到目标状态后,通过总结这一回合中的所有使用策略和经过状态更新行为准则。单步更新则是在回合过程进行中按步更新。回合更新增强学习算法包括 Sarsa(λ)、Monte-Carlo-Learning 和基础版的 Policy-gradients 等;单步更新增强学习算法包括 Q-Learning、Sarsa 等。

4. 在线学习和离线学习

在线学习是指智能体自身边探索边学习,基于相同的策略进行行动选择和价值评估。离线学习是指智能体可以自己边探索边学习,也可以通过观察别人的探索结果来学习别人的行为准则,行动选择策略和价值评估策略不是同一策略。在线增强学习算法包括 Sarsa 和 Sarsa(λ)等。离线增强学习包括 Q-Learning 和 Deep-Q-Network 等。

8.2 Q-Learning 算法

8.2.1 Q-Learning 的原理

Q-Learning 是强化学习中基于价值的学习算法。下面我们用图 8-2 所示的迷宫例子,逐步介绍 Q-Learning 算法的原理。

迷宫中每个方格的左上角数字代表状态编号,取值分别为 0 到 8 九个数字中的一个。在特定状态下,采取某一行动,状态会发生迁移。如从状态 0 迁移到状态 3,需要在 0 状态时采取的行动为向下移动一格。方格的右下角数字代表迁移到该状态获得的回报值。如从状态 0 迁移到状态 3 得到的回报为−10,代表在状态 0 选择向下移动一个这一行动的价值。

我们用 u、d、l、r 分别代表向上、下、左、右移动一格,则各种状态下采取不同行动获得回报如图 8-2 中表格所示。

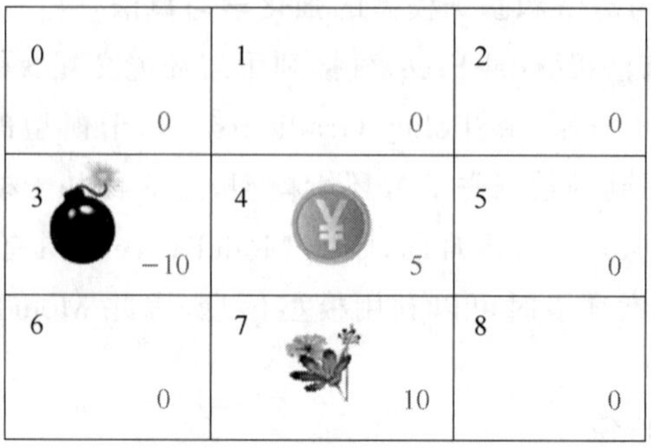

0 0	1 0	2 0
3 −10	4 5	5 0
6 0	7 10	8 0

图 8-2　迷宫

如图 8-3 所示，在状态 0 如果采取行动 d，会遇到地雷，回报为－10；在状态 1 采取行动 d 会遇到金币，回报为 5；在状态 4 采取行动 d 会遇到鲜花，回报为 10；依此类推。基于上述的回报表，我们如果从某一状态(如：状态 0)出发找到鲜花，并使回报最大呢？Q-Learning 算法可以用来解决上述问题。

	u	d	l	r
0	/	−10	/	0
1	/	5	0	0
2	/	0	0	/
3	0	0	/	5
4	0	10	−10	0
5	0	0	5	/
6	−10	/	/	10
7	5	/	0	0
8	0	/	10	/

图 8-3　回报表

一开始，智能体没有任何知识只能逐步探索。在状态 0 下，能采取的行动只有 d 和 r；而在状态 4 下，可以选取任意行动。对于特定状态，我们能选取的行动称为有效行动。

现在假设从状态 0 出发，有效行动为 d 和 r，对应的回报分别为－10 和 0。显然我们需要选择行动 r，并迁移到状态 1。状态 1 对应的有效行动为 d、l 和 r，对应的回报分别为 5、0 和 0，我们需要采取行动 d，并迁移到状态 4。但是如果从状态 2 出发，有效行动为 d 和 l，对应的回报都是 0，我们无法选取下一步行动。显然，在回报表中我们只知道下一步迁移后获得的回报，无法体现在最终达到目标状态时该次行动的价值。另外，采取行动时我们无法通过回报表直接比较各种候选行动的价值。为此 Q-Learning 算法引入 Q 表，直接记录每个状态下各种候选行动对应的回报，这样我们就可以基于当前状态根据 Q 表直接选取价值最高的行动。基于这样的目的，Q 表的结构如图 8-4 所示。

Q 表的行对应状态，全体状态用集合用 $\boldsymbol{S}$ 表示。Q 表的列对应行动，全体行动用集合用 $\boldsymbol{A}$ 表示。Q 表中各元素表示对应状态 s 下采取行动 a 得到的回报，称为 Q 值，用 $Q(s,a)$ 表示，其中 $s\in\boldsymbol{S}$，$a\in\boldsymbol{A}$。依据图 8-4 所示 Q 表，我们每一步直接选择回报最大的行动就能够找到鲜花。还以从状态 0 出发为例，依次采取 r、d、d 行动，顺序从状态 0 迁移到状态 1，再迁移到状态 4,最后到达状态 7,找到鲜花。通过上述分析不难看出,Q 表可以用来直接选取下一步行动,可以作为选择行动的策略。

显然找到能够真实反映环境的 Q 表就可以确定任意状态下的最有价值行动,从而得到每个状态下的最佳行动决策。因此,Q-Learning 算法主要任务是根据回报表计算 Q 表。

state	u	d	l	r
0	0.000000	−2.027716	0.000000	10.400000
1	0.000000	13.000000	6.283585	4.800075
2	0.000000	0.033472	8.832490	0.000000
3	0.000000	0.000000	0.000000	11.957991
4	6.389778	10.000000	−2.595262	0.023680
5	0.000000	0.651680	0.000000	0.000000
6	−0.844361	0.000000	0.000000	10.000000
7	0.000000	0.000000	0.000000	0.000000
8	0.000000	0.000000	4.095100	0.000000

图 8-4 Q 表示例

8.2.2 Q-Learning 算法的步骤

就具体问题而言,一开始我们只有回报表,Q 表初始化为全 0。因为无法直接计算 Q 表,Q-Learning 算法采用迭代求解。主要步骤如下:

第 1 步:初始化 Q 表

构建一个 n 列、m 行的 Q 表格,n 为行动数,m 为状态数。Q 表各元素数据初始化为 0。图 8-3 所示的回报表对应的 Q 表初始后如图 8-5 所示,其中 m 为 9,n 为 4。

行动

状态	u	d	l	r
0	0	0	0	0
1	0	0	0	0
2	0	0	0	0
3	0	0	0	0
4	0	0	0	0
5	0	0	0	0
6	0	0	0	0
7	0	0	0	0
8	0	0	0	0

图 8-5 初始化 Q 表格

第 2 步:选择并执行行动作

选择 Q 表任意状态 $s_t \in \boldsymbol{S}$,通常我们可以从状态 0 开始。在状态 s_t 下,选择动作时,采用 ε-贪心策略(epsilon greedy strategy)。ε 为一概率,取值在 0 到 1 范围内。采用 ε-贪心策略选择行动时,从[0,1]均匀分布中随机选取一数值 p,当 $p>\varepsilon$ 或此状态下 $Q(s_t,\tilde{a})$($\tilde{a}$ 为任意有效行动)都为 0 时,采取探索模式,即从有效行动中随机选取一个行动。否则采用贪婪策略,选取最有价值的行动进行试探。也就是说,选择贪婪策略的概率为 ε,随机选择的概率为 $1-\varepsilon$。如果完全使用贪心策略,会使有些策略得不到学习,而 ε-贪心策略中会以 $1-\varepsilon$ 的概率使用随机选择,可以兼顾遍历所有的策略。

一开始由于 Q 表各格的 Q 值对环境一无所知,主要依靠探索模式选择行动,ε 可以小一些。当 Q 表积累了足够的环境知识后,ε 可以大一些,采用贪婪策略的机会多一些。

通过上述方法选择下一步行动 a_t 后,算法开始执行该动作,状态将会向 s_{t+1} 迁移,同时智能体会得到回报 r_{t+1}。根据这些信息我们需要评价状态 s_t 下采取行动 a_t 的价值。

第 3 步:评估

基于第 2 步的操作,我们知道在状态 s_t 下采取行动 a_t 的价值为 r_{t+1}。评估过程为利用上述信息修改策略 $(a_t|s_t)$(表示 s_t 状态下采取行动 a_t)对应的新的 Q 值,即 $Q(s_t,a_t)$ 对应的新值,我们用 $Q^\pi(S_t,a_t)$ 表示。$Q^\pi(S_t,a_t)$ 的计算方法采用 Bellman 方程,由式(8-1)给出。

$$Q^\pi(S_t,a_t) \leftarrow Q(s_t,a_t)+\alpha * [r_{t+1}+\gamma\max\{Q(s_{t+1},\tilde{a})\}-Q(s_t,a_t)] \quad (8\text{-}1)$$

其中:

- $Q(s_t,a_t)$ 表示当前 Q 表中记录的在状态 s_t 下采取行动 a_t 的 Q 值;
- $Q^\pi(S_t,a_t)$ 表示在状态 s_t 下采取行动 a_t 进行探索后,$Q(s_t,a_t)$ 对应的新值;
- s_{t+1} 本次探索后的新状态;
- r_{t+1} 表示在状态 s_t 下本次采取行动 a_t 获得的回报;
- $\max\{Q(s_{t+1},\tilde{a})\}$ 为本次探索前,Q 表中记录的在状态 s_{t+1} 下采取所有有效行动中能够获得的最大预期奖励。
- α 和 γ 分别代表学习率和衰减因子。

从式(8-1)可以看出,Q 值更新时除考虑当前状态下采取某一有效行动的回报外,还会考虑要迁移到的下一状态对最终结果的影响。如果探索到更有价值的行动,$Q(s_t,a_t)$ 会增加,否则会减少。如果把状态迁移看作时序动作,Q 值更新是一种时序差分更新方法。在式(8-1)中,$\max\{Q(s_{t+1},\tilde{a})\}$ 为智能体执行动作 a_t 之前,Q 表中 s_{t+1} 状态下各有效行动回报值中的最大值。智能体在更新 $Q(s_t,a_t)$ 时直接使用 $\max\{Q(s_{t+1},\tilde{a})\}$,并不关心集合 $\{Q(s_{t+1},\tilde{a})\}$ 是如何形成的,因此集合 $\{Q(s_{t+1},\tilde{a})\}$ 可以为观察他人学习经验获得的知识。另外,智能体在更新 $Q(s_t,a_t)$ 时,虽然使用 $\max\{Q(s_{t+1},\tilde{a})\}$,但是下一步学习不一定从 s_{t+1} 状态下采取 $\max\{Q(s_{t+1},\tilde{a})\}$ 对应的行动继续进行。因此 Q 值更新策略和行动选择策略是分离的,所以说 Q-learning 算法是离线的(off-policy)。

第 4 步:迭代

不断重复第 2 步和第 3 步,直到 Q 表不再发生明显变化。

8.2.3 Q-Learning 算法中的衰减因子

在式(8-1)中,如果取学习率为 1,则

$$\begin{aligned} Q(s_t,a_t) &= r_{t+1}+\gamma Q(s_{t+1},\tilde{a}) = r_{t+1}+\gamma r_{t+2}+\gamma^2 Q(s_{t+2},\tilde{a}) \\ &= r_{t+1}+\gamma r_{t+2}+\gamma^2 r_{t+3}+\gamma^3 Q(s_{t+3},\tilde{a}) \\ &= r_{t+1}+\gamma r_{t+2}+\gamma^2 r_{t+3}+\cdots \end{aligned}$$

上式也称为动作值函数。动作值函数表明，通过衰减因子 γ，Q 值和未来行动发生关联。当 $\gamma=0$ 时，智能体只在乎眼下获得的奖励；当 $0<\gamma<1$，智能体同时关注当前奖励和未来预期奖励。

8.2.4 Q-Learning 算法试验

为考虑步数的影响，我们把图 8-2 所示迷宫中的回报为 0 的状态改为－1，即每走一步，如果不会碰到任何东西，会消耗步数，回报为－1。按图 8-3 给出的 Q-Learning 算法，试验结果如图 8-6 所示。

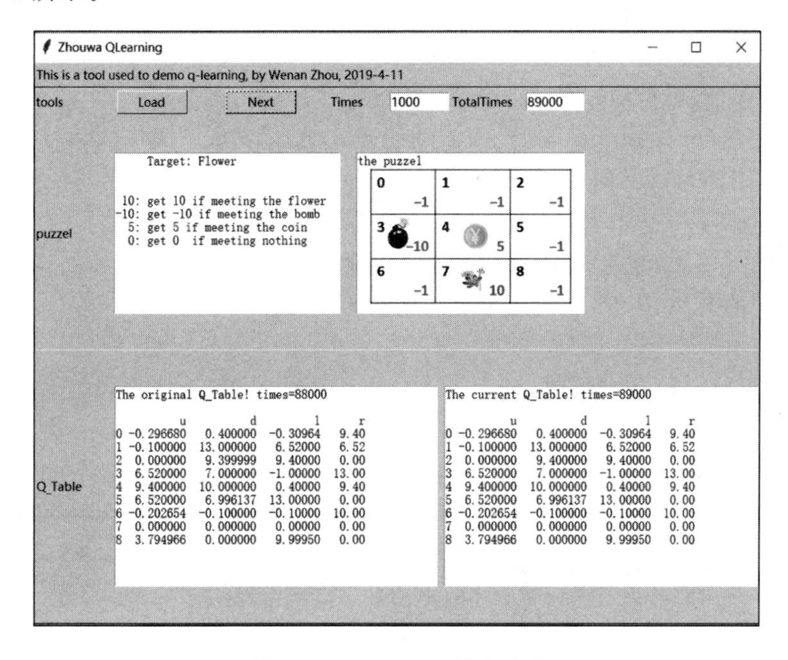

图 8-6　Q-Learning 算法试验

如图 8-6 所示，每次运行迭代 1 000 次，运行 89 000 次迭代后，Q 表不再明显变化。从最终的 Q 表可以看出：

Q-Learning 算法程序

对于状态 2，动作 l 和 d 都能到达状态 7，取到鲜花，步数一样，获得的奖励也一样，因此对应 Q 值相同。

对于状态 5，采取行动 l 到达状态 7，步数最少，回报最多。采取 d 和 u 也能到达状态 7，但步数有区别，因此 Q 值不同。

8.3 SARSA 算法

8.3.1 SARSA 算法的步骤

在 Q-Learning 算法中，智能体在更新 $Q(s_t, a_t)$ 时，虽然使用 $\max\{Q(s_{t+1}, \tilde{a})\}$，但是下

一步学习不一定从s_{t+1}状态下采取 $\max\{Q(s_{t+1},\tilde{a})\}$对应的行动继续进行。SARSA 算法则不然,设 $a_{t+1}=\arg\max_{\tilde{a}}\{Q(s_{t+1},\tilde{a})\}$,$\tilde{a}\in \mathbf{A}$,则 SARSA 算法更新完 $Q(s_t,a_t)$,从s_{t+1}状态下采取 a_{t+1}开始继续训练,即紧接着更新 $Q(s_{t+1},a_{t+1})$。由此可见,SARSA 算法 Q 值更新策略和行动选取策略是一贯的,中间无法借用他人的学习知识,要智能体本身连续学习,所以说 SARSA 算法是在线学习(on-policy),行动选择策略和评估策略都使用 ε-贪心策略。其他方面,SARSA 算法和 Q-Learning 算法类似,都是通过学习 Q 表获取环境知识。

基于上述介绍,SARSA 算法的核心步骤可以概括如下,其他步骤同 Q-Learning 算法。

(1) 在s_t 状态下,采用 ε-贪心策略选取行动 a_t;

(2) 根据$(a_t|s_t)$计算状态迁移后的新状态s_{t+1},计算回报r_{t+1};

(3) 在s_{t+1}状态下,采用 ε-贪心策略选取行动 a_{t+1},获取 $Q(s_{t+1},a_{t+1})$;

(4) 按如下公式更新 $Q(s_t,a_t)$:

$$Q^{\pi}(S_t,a_t)\leftarrow Q(s_t,a_t)+\alpha * [r_{t+1}+\gamma Q(s_{t+1},a_{t+1})-Q(s_t,a_t)] \tag{8-2}$$

式(8-2)中各符号含义同式(8-1);

(5) 令$s_t\leftarrow s_{t+1}$,$a_t\leftarrow a_{t+1}$,返回步骤(2),直到 Q 表收敛。

从上述算法介绍中,我们看到 Q 值更新需要的参数包括s_t,a_t,r_{t+1},s_{t+1},a_{t+1},依次对应 SARSA 算法中的 S、A、R、S、A,这正是算法名称的由来。

8.3.2 SARSA 算法试验

采取图 8-6 所示 Q-Learning 算法试验使用的迷宫,SARSA 算法试验结果如图 8-7 所示。

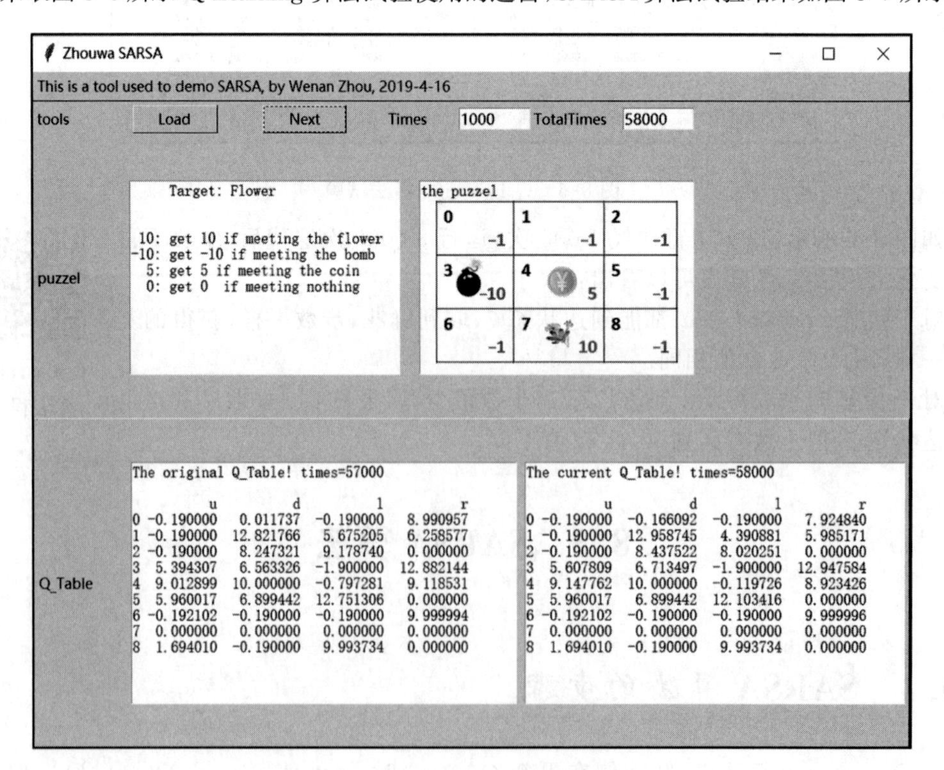

图 8-7 SARSA 算法试验

比较 Q-Learning 算法和 SARSA 算法，我们还会发现：由于 SARSA 算法连续选择$(a_t \mid s_t)$和$(a_{t+1} \mid s_{t+1})$，只要有机会使用贪心策略，就会绕开"危险"；而 Q-Learning 连续两步采取的行动没有必然联系，更注重探索所有可能的步骤。

SARSA
算法程序

8.3.3 SARSA (Lambda)算法

从前面的介绍我们知道，SARSA 算法是一种单步更新算法，智能体在环境中每走一步，从s_t 迁移到s_{t+1}，更新一次自己的行为准则，即 $Q(s_t, a_t)$。SARSA 算法更新完 $Q(s_t, a_t)$后，不考虑之前走过的路径，即不处理 $Q(s_{t-1}, a_{t-1})$，之后从$(a_{t+1} \mid s_{t+1})$开始迭代进行，直至到达目标状态。实际上，从某一状态到达目标状态过程中，往往需要多步状态迁移，越靠近目标的状态越重要。为了整体探究从初始状态到目标状态的整个路径，并反映其中各状态的不同价值，人们发明了 SARSA(Lambda)算法，之后简写为 SARSA(λ)。下面我们通过比较 SARSA(λ)和 SARSA 的不同，对 SARSA(λ)算法进行介绍。

为便于理解，我们把前面给出的迷宫例子和对应的回合 1 路径用图 8-8 表示。

0 −1	1 −1	2 −1
3 −10	4 5	5 −1
6 −1	7 10	8 −1

α=0.1, γ=0.8

	步骤	S_t	a_t	R_{t+1}	S_{t+1}	a_{t+1}
回合1	(1)	0	r	−1	1	d
	(2)	1	d	5	4	d
	(3)	4	d	10	7	end

图 8-8　迷宫(左)和回合 1 路径(右)

设初始时 Q 表中的所有 Q 值为 0，回合 1 的路径为 0，1，4，7。为了便于描述，我们令 $\delta=[r_{t+1}+\gamma Q(s_{t+1}, a_{t+1})-Q(s_t, a_t)]$，设参数 $\alpha=0.1, \gamma=0.8$。根据 SARSA 算法，在步骤(1)，状态 0 采取行动 r，状态迁移至 1，$\delta=-1$，$Q(0, \mathrm{r})=-0.1$，下一步选取的行动为 d。同理在步骤(2)中，从$(\mathrm{d} \mid 1)$开始，得 $Q(1, \mathrm{d})=0.5$，并得出下一步采取行动为$(\mathrm{d} \mid 4)$；在步骤(3)中，从$(\mathrm{d} \mid 4)$开始，得 $Q(4, \mathrm{d})=1$，状态迁移至目标状态 7，本次循环终止。从起始状态 0 找到目标状态 7，类似游戏中的一回合对战，因此我们把它称为一个回合。从上述分析不难看出，回合 1 包含 3 步。3 步连续完成，体现 SARSA 算法的 on-policy 特征，每一步只更新本步(行动|状态)对应的 Q 值，体现 SARSA 算法单步更新特征。具体计算结果如图 8-9 所示。

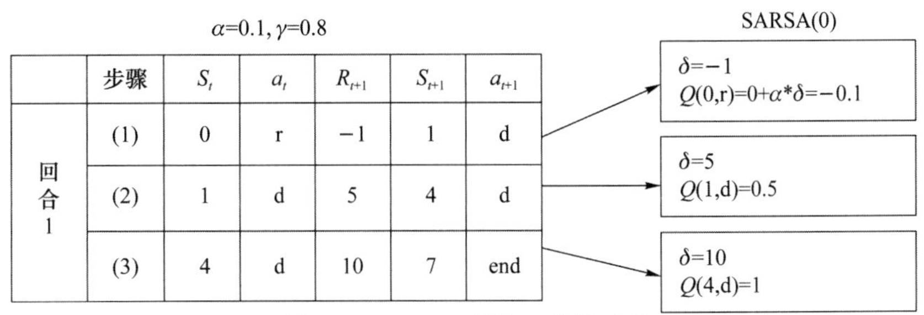

α=0.1, γ=0.8

	步骤	S_t	a_t	R_{t+1}	S_{t+1}	a_{t+1}
回合1	(1)	0	r	−1	1	d
	(2)	1	d	5	4	d
	(3)	4	d	10	7	end

图 8-9　SARSA 回合 1 计算过程

从回合1整个路径来看，步骤(3)在通达目标状态的过程中贡献最大，步骤(2)采取的行动除本身价值外，还有利于智能体找到价值大的步骤(3)，因此步骤(3)得到的回报应该传递给 $Q(1,\mathrm{d})$。同理也应该传递给 $Q(0,\mathrm{r})$。从整个回合全局的角度修改本回合所有状态有关行动对应的 Q 值这种思想称为**回合更新**。SARSA(λ)算法就是基于回合更新提出来的。

在回合更新中，为了体现 $Q(0,\mathrm{r})$、$Q(1,\mathrm{d})$ 对找到策略(d|4)价值的不同，SARSA(λ)引入衰减因子 λ，$0<\lambda<1$。$Q(0,\mathrm{r})$ 离策略(d|4)远，因此 $Q(0,\mathrm{r})$ 因为可以找到策略(d|4)而获得的额外奖励为 $\lambda^2\delta$，其中 δ 为策略(d|4)的价值。同理 $Q(1,\mathrm{d})$ 额外增加的价值要高一些，可以为 $\lambda\delta$。为了便于算法实现，我们引入 E 表(eligibility trace)，可以认为是对经过路径中(行动|状态)的记录表。显然 E 表和 Q 结构相同。如在上述回合中，经过了 $Q(0,\mathrm{r})$、$Q(1,\mathrm{d})$、$Q(4,\mathrm{d})$，对应 E 表中 $E(0,\mathrm{r})$、$E(1,\mathrm{d})$、$E(4,\mathrm{d})$ 设置一定的数值，而其他为0。这样，观察 E 表就知道本回合路径中的(行动|状态)序列。

基于上述讨论，我们讨论如果利用 SARSA(λ)算法进行回合1。我们依然假设回合1开始前，Q 表中 Q 值均为0，且 $\delta=[r_{t+1}+\gamma Q(s_{t+1},a_{t+1})-Q(s_t,a_t)]$。设参数 $\lambda=0.5$，$\alpha=0.1$，$\gamma=0.8$，下面我们开始分步计算。

步骤(1)

把 E 表复位为0。

使用策略(r|0)，使得 $E(0,\mathrm{r})=1=(\gamma\lambda)^0$，$\delta_{\mathrm{r}|0}=-1$，于是

$$Q(0,\mathrm{r})=Q(0,\mathrm{r})+\alpha*\delta_{\mathrm{r}|0}*E(0,\mathrm{r})=\alpha*\delta_{\mathrm{r}|0}*(\gamma\lambda)^0=-0.1$$

因为本次策略之前没有步骤，因此只更新 $Q(0,\mathrm{r})$。为后续计算方便，我们把 $E(0,\mathrm{r})$ 进行衰减，即 $E(0,\mathrm{r})=\gamma\lambda*E(0,\mathrm{r})=(\gamma\lambda)^1$。

步骤(2)

使用策略(d|1)，使得 $E(1,\mathrm{d})=1=(\gamma\lambda)^0$，$\delta_{\mathrm{d}|1}=5$，于是

$$Q(1,\mathrm{d})=Q(1,\mathrm{d})+\alpha*\delta_{\mathrm{d}|1}*E(1,\mathrm{d})=\alpha*\delta_{\mathrm{d}|1}*(\gamma\lambda)^0=0.5$$

我们希望把回报 $\delta_{\mathrm{d}|1}$ 传递给协助找到策略(d|1)的策略(r|0)，因此继续更新 $Q(0,\mathrm{r})$，即：

$$Q(0,\mathrm{r})=Q(0,\mathrm{r})+\alpha*\delta_{\mathrm{d}|1}*E(0,\mathrm{r})=-0.1+\alpha*\delta_{\mathrm{d}|1}*(\gamma\lambda)^1=0.1$$

从上式可以看出，$\delta_{\mathrm{d}|1}$ 对 $Q(1,\mathrm{d})$ 的贡献为 $\alpha*\delta_{\mathrm{d}|1}=0.5$，对 $Q(0,\mathrm{r})$ 的贡献为 $\alpha*\delta_{\mathrm{d}|1}*(\gamma\lambda)^1=0.2$。$\gamma\lambda<1$，用于衰减 $\delta_{\mathrm{d}|1}$。同理为了计算步骤(3)，需要对 $E(0,\mathrm{r})$ 和 $E(\mathrm{d},1)$ 衰减，即：

$$E(0,\mathrm{r})=\gamma\lambda*E(0,\mathrm{r})=(\gamma\lambda)^2$$
$$E(1,\mathrm{d})=\gamma\lambda*E(1,\mathrm{d})=(\gamma\lambda)^1$$

步骤(3)

使用策略(d|4)，使得 $E(4,\mathrm{d})=1=(\gamma\lambda)^0$，$\delta_{\mathrm{d}|4}=10$，于是，

$$Q(4,\mathrm{d})=Q(4,\mathrm{d})+\alpha*\delta_{\mathrm{d}|4}*E(4,\mathrm{d})=\alpha*\delta_{\mathrm{d}|4}*(\gamma\lambda)^0=1$$

我们希望把回报 $\delta_{\mathrm{d}|4}$ 传递给协助找到策略(d|4)的策略(d|1)和(r|0)，因此继续更新 $Q(1,\mathrm{d})$ 和(r|0)，即：

$$Q(1,\mathrm{d})=Q(1,\mathrm{d})+\alpha*\delta_{\mathrm{d}|4}*E(1,\mathrm{d})=0.5+\alpha*\delta_{\mathrm{d}|1}*(\gamma\lambda)^1=0.8$$
$$Q(0,\mathrm{r})=Q(0,\mathrm{r})+\alpha*\delta_{\mathrm{d}|4}*E(0,\mathrm{r})=0.1+\alpha*\delta_{\mathrm{d}|4}*(\gamma\lambda)^2=0.26$$

从上式可以看出，$\delta_{\mathrm{d}|4}$ 对 $Q(4,\mathrm{d})$ 的贡献为 $\alpha*\delta_{\mathrm{d}|4}=1$，对 $Q(1,\mathrm{d})$ 的贡献为 $\alpha*\delta_{\mathrm{d}|4}*(\gamma\lambda)^1=0.4$；对 $Q(0,\mathrm{r})$ 的贡献为 $\alpha*\delta_{\mathrm{d}|4}*(\gamma\lambda)^2=0.16$。$\gamma\lambda<1$ 使 $\delta_{\mathrm{d}|4}$ 衰减后，传递给之前使

用的策略，越远的策略衰减越大。

因为采取策略(d|4)会使本回合终止，不需要后续步骤。下一回合开始，E 表会复位为 0，因此不用再更新 E 表。上述各步的计算过程如图 8-10 所示。

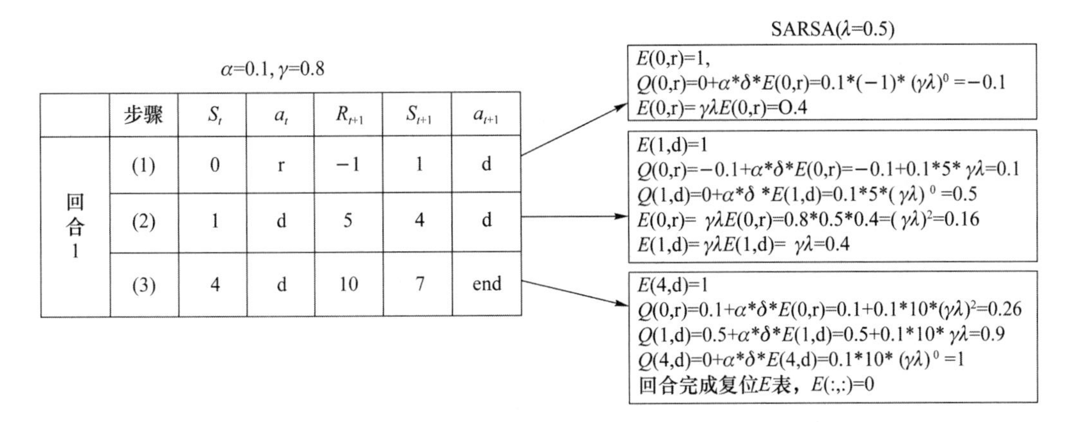

图 8-10 SARSA(λ)回合 1 计算过程

上面通过讨论了一个回合 SARSA(λ)算法的计算过程。可以看出 SARSA(λ)算法每一步除更新当前策略价值外，还会更新之前使用策略的价值，因此效率比 SARSA 更高。当 $\lambda=0$ 时，SARSA(λ)算法退化成 SARSA 算法。SARSA(λ)算法中 E 表引入可以看作是一个算法实现技巧。基于上述讨论，我们对 SARSA(λ)算法总结如下：

(1) 对所有 $s\in \boldsymbol{S}, a\in \boldsymbol{A}$，初始化 $Q(s,a)=0$；

(2) 循环 N 次，N 为要训练的次数，在每次循环中：

(2.1) 所有 $s\in \boldsymbol{S}, a\in \boldsymbol{A}$，初始化 $E(s,a)=0$；

(2.2) 选择状态 s 和行动 a，可以是随机选择 s 或指定 s，再利用 ε-贪心策略选择行动 a；

(2.3) 循环：

(2.3.1) 根据$(a|s)$，计算下一步状态 s_，读取$r_{a|s}$，$r_{a|s}$为使用策略$(a|s)$获得的回报；

(2.3.1) 在状态 $s\_$ 下利用 ε-贪心策略选择下一步行动 $a\_$；

(2.3.3) 计算 $\delta_{a|s}$，$\delta_{a|s}\leftarrow[r_{a|s}+\gamma Q(s\_,a\_)-Q(s,a)]$；

(2.3.4) $E(s,a)\leftarrow 1$；

(2.3.5) $Q[:,:]\leftarrow Q[:,:]+\alpha*\delta_{a|s}*E(:,:)$，$[:,:]$表示表中所有元素按元素逐一操作；

(2.3.6) $E(:,:)\leftarrow\gamma*\lambda*E(:,:)$；

(2.3.7) $s\leftarrow s\_, a\leftarrow a\_$；

(2.4) 直到 s 为目标状态。

8.3.4 SARSA (Lambda)试验

图 8-11 给出 SARSA(λ)算法的试验结果，其中 $\lambda=0$ 对应 SARSA 算法。由于使用的迷宫结构比较简单，两种算法表现出的效率相差不大。当环境比较复杂时，SARSA(λ)算法效率会更高。

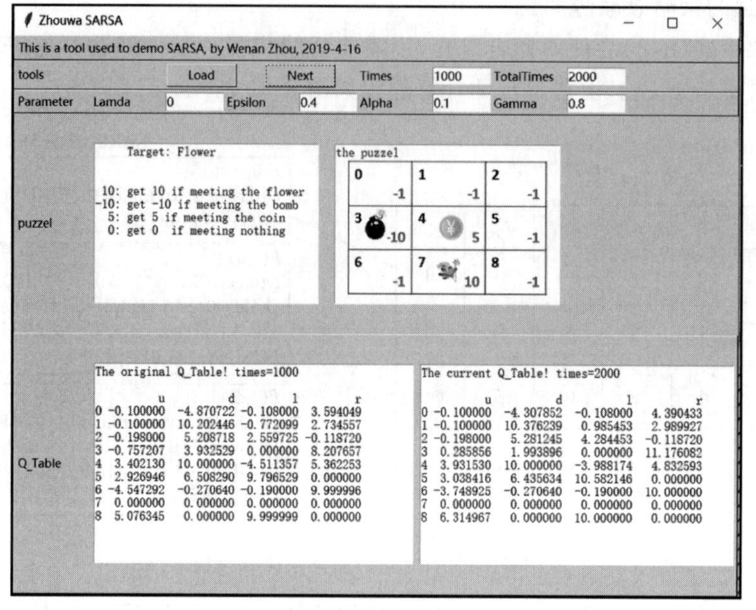

(a) λ=0

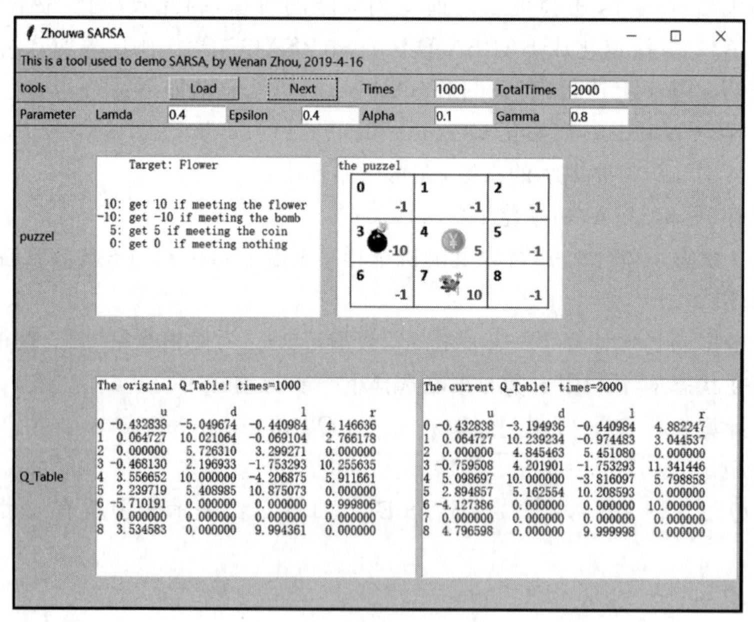

(b) λ=0.4

图 8-11　SARSA(λ)试验结果

SARSA(Lambda)
算法程序

本章小结

本章介绍了强化学习的相关概念和几种最基本的强化学习算法。通过这些介绍读者可以了解到,在强化学习中智能体如何通过探索环境改善自己对环境的认知,并从中积累经验,增强自身决策能力。在介绍过程中,我们通过迷宫例子详细介绍了各种算法的实现细节,读者可以对比阅读加深对增强学习基本方法的理解。基于这些基本概念,读者更容易理解更加复杂的强化学习方法。

延伸阅读

强化学习的一般情境通常可以采用马尔可夫决策过程(MDP)来描述,这部分理论基础可以参考纽约大学梅尔亚的著作 *Foundations of Machine learning*。另外,基于 MDP 框架下的 Q-learning 算法的收敛性是可以保证的,感兴趣的读者同样可以可参考梅尔亚的上述著作。

本章介绍的增强学习方法是最为基本的,都可以归结为 Q 表求解。但有时候求解 Q 表是不可行的。例如,围棋有 $19\times19=361$ 个落子点,每个点有黑、白两种棋子可选,因此有 $2^{361}>10^{108}$ 种状态,最多有 361 个动作,显然如此大的 Q 表是没有办法存储下来的。在处理视觉或听觉等多维感知信号时,也会遇到同样的问题。另外,智能体在执行当前策略后,有时不能马上进行价值评估,可能需要再经过很多步骤之后才能得到最终的评分数据。比如,围棋对弈中,当前落子策略与后续策略结合起来才能决定胜负关系。

针对上述问题,2013 年 Volodymyr Mnih 等人提出 DQN(Deep-Q-Network)算法,利用神经网络预测 Q 值,而不是用 Q 表的方式存储学习到的 Q 值。回忆我们之前讲过的神经网络可知,神经网络是有监督学习,基于样本特征向量、标签数值等进行训练,样本必须服从独立同分布,每个样本对应的标签数值必须是固定的。而在 Q-Learning 和 SARSA 中,策略选择有很强的序列关系,因此 DQN 引入如下机制:

(1) 引入经验库 $\boldsymbol{D}$,记录学习过的策略和环境反馈,即$(s_t,a_t,r_{t+1},s_{t+1})$。在神经网络训练过程中,从 $\boldsymbol{D}$ 中随机选择部分经验进行训练,这种机制称之为 Experience Replay。DQN 使用经验库采样机制使训练神经网络的所需样本分布独立。

(2) 引入 Q 网络,用来预测 $Q(s,a)$,表示为 $Q(s,a;\omega)$。每步训练都要利用误差函数的梯度下降法更新 $Q(s,a;\omega)$的参数 ω。DQN 利用 Q 网络预测 Q 值,代替 Q 表存储机制。

(3) 引入 Target-Q 网络 $Q(s,a;\omega\_)$,为 Q 网络训练提供标签。Target-Q 网络的参数 $\omega_$相对固定,每个特定步数再更新。DQN 使用 Target-Q 网络提供标签,使标签相对稳定。

基于上述讨论,这里给出 DQN 算法的主要步骤,读者可以据此进一步阅读 DQN 算法及其改进算法的相关文献。DQN 算法的主要步骤如下:

(1) 初始化容量为 N 的经验库 $\boldsymbol{D}$;

(2) 初始化 Q 网络,随机选择参数 ω;

(3) 初始化 Target-Q 网络，令 $\omega\_=\omega$；

(4) 循环 M 次，M 为要训练的次数：

(4.1) 初始化选择状态 s；

(4.2) 循环 T 次，$t=1,2,\cdots,T$，对于第 t 次：

(4.2.1) 使用 ε-贪心策略选取行动 a；

(4.2.2) 模拟执行行动 a，观察回报 r 及新状态 $s\_$；

(4.2.3) 将经验$(s,a,r,s_)$存储到经验库 $\boldsymbol{D}$ 中；

(4.2.4) 从 $\boldsymbol{D}$ 中随机选取小批量经验$\{(s_j,a_j,r_j,s_{j+1})\}$，为每一个经验生成标签 y_j，y_j 计算方法如下：

$$y_j=\begin{cases} r_j, & \text{如果}s_{j+1}\text{是最终状态} \\ r_j+\max\limits_{\tilde{a}}\{Q(s_{j+1},\tilde{a};\omega\_)\}, & \text{其他} \end{cases}$$

(4.2.5) 利用损失函数$[y_j-Q(s_j,a_j;\omega)]^2$，按其关于 ω 的梯度下降法更新 Q 网络的参数 ω；

(4.2.6) 每特定步数，更新 Target-Q 网络参数 $\omega\_$，即 $\omega\_=\omega$；

(4.2.7) $s\leftarrow s\_$

(4.3) 循环 T 次终止；

(5) 循环 M 次终止。

本章课件

习　　题

(1) Q-Learning 中，除使用 e-greedy 算法选取动作外，是否还可以使用其他技巧？如果 Q-Learning 总是选择最大化的 Q 值的动作，会有什么潜在问题？

(2) 给定一组状态 S，一组动作 A，以及参数⟨s,a,r,s'⟩，使用 Q 学习更新 $Q(s,a)$ 值的时间复杂度是多少？考虑以下 $Q[S,A]$ 表：(Q-learning)

	State 1	State 2
Action 1	1.5	2.5
Action 2	4	3

假设 $\alpha=0.1$，并且 $\gamma=0.5$。经过参数⟨1,1,5,2⟩后，表的哪个值得到更新，它的新值是多少？

(3) 给定一组状态 S，一组动作 A，以及参数⟨s,a,r,s',a'⟩，使用 SARSA 更新 $Q(s,a)$ 值的时间复杂度是多少？考虑以下 $Q[S,A]$ 表：(SARSA)

	State 1	State 2
Action 1	1.5	2.5
Action 2	4	3

假设 $\alpha=0.1$，并且 $\gamma=0.5$。经过参数〈1,1,5,2,1〉后，表的哪个值得到更新，它的新值是多少？

(4) 在线学习和离线学习的主要区别是什么？

(5) 描述一种可能的情况，其中 SARSA 将使用与 Q 学习不同的策略。

(6) 试比较 SARSA 算法和 SARSA(Lambda)算法。

本章其他参考程序

第9章
迁 移 学 习

导 读

本章介绍一种新的机器学习理念——引入外部知识协助学习。之前章节介绍的机器学习方法，都是强烈依赖于数据的机器学习方法，也就是说可获得数据的质和量将直接决定是否能够进行有效的学习。但是，现实问题中，往往缺少足够的数据，比如常会遇到大量无标注数据，或者拥有大量共性数据却需要训练个性化模型等。迁移学习提供了一种借助外部知识协助“机器学习”的思路，它通过从相关领域中迁移标注数据或者特征、模型等知识结构，完成或改进目标领域任务的学习效果。本章主要介绍这种思路的基本概念，以及四种经典的迁移学习算法。

9.1 迁移学习的基本概念

9.1.1 迁移学习概述

在前面的章节中讨论机器学习时，我们以获得足够的训练数据和与训练数据独立同分布的测试数据为前提。但在实际应用中，我们经常无法保证训练数据和测试数据的分布相同，甚至无法获得充足的训练数据。例如，一个刚刚初始启动的推荐系统，如果仅基于少量的用户消费数据就无法进行精准预测。这样的问题被称为人工智能系统的冷启动问题。

为了说明迁移学习的应用，我们再举一个例子。假设北京地区积累了丰富的气象数据，我们可以利用北京的气象数据训练好一个气象预报模型。北京北部的某个县城(F县)希望建立本地气象模型，可是F县既没有足够的气象数据又没有足够的资金投入。考虑到F县和北京的气象特征类似性，F县可以采用如下两种办法：

(1) F县把北京积累的气象数据处理“改造”为本县的样本数据，之后训练自己的模型；

(2) F县发掘本地和北京气象数据的公共特征,用于本地模型训练。

F县借助北京气象数据和模型的思想,源于两者之间气象特征虽然不同,但有很强的相似性。这种思想本身很简单,正如日常生活中我们常用的"举一反三"思想。同理,我们可以把骑自行车的某些技巧迁移到摩托车驾驶,可以把蔬菜种植的某些技术迁移到花卉养殖等。

机器学习让机器自主地从数据中获取知识,并把知识用于解决新问题。迁移学习是机器学习的一个重要分支,侧重于将已经学习过的知识用于解决新问题。在迁移学习中,我们把学习过的领域称为源域,把新问题领域称为目标域。在源域中有丰富的有标签数据,而在目标域中数据没有标签,或有标签的数据比较少不足以支撑模型训练。源域和目标域相似,但在样本分布概率、标签在样本上的条件概率、甚至任务类型方面存在明显差异。迁移学习的任务就是借助源域中的样本、特征、模型等进行学习,以解决目标域中的应用问题。

一般来说,"旧知识"和要学习的"新知识"越接近,效果越好。相反,当旧有知识与学习的目标相关性不高时,就会出现负迁移的现象。比如,北京的雾霾水平和风速密切相关,而我国有些地方一年四季风力都很小。很明显,在此类地方如果用风力这个特征指标预测雾霾水平会产生很大的偏差。

9.1.2 迁移学习的定义

在给出迁移学习的定义之前,我们先定义如下几个基本概念。为了便于理解,本章利用加黑花体大写字符表示空间或领域,利用加黑大写字符表示集合或矩阵,利用加黑小写字符表示向量,用小写字符表示标量。

源域中的样本数据用 $\boldsymbol{X}_S=\{\boldsymbol{x}_{Si},i=1,2,\cdots,n_1\}$ 表示,样本数据对应的标签用 $\boldsymbol{Y}_S=\{y_{Si},i=1,2,\cdots,n_1\}$ 表示;目标域中的样本数据用 $\boldsymbol{X}_T=\{\boldsymbol{x}_{Ti},i=1,2,\cdots,n_2\}$ 表示,对应的输出用 $\boldsymbol{Y}_T=\{y_{Ti},i=1,2,\cdots,n_2\}$ 表示。$\boldsymbol{Y}_T$ 未知,是我们需要求解的问题。

为方便内积等数学计算,我们把集合拓展到空间。用$\boldsymbol{\mathcal{X}}$表示数据集合定义在实数域上的空间,$\boldsymbol{X}_S$对应$\boldsymbol{\mathcal{X}}_S$,$\boldsymbol{X}_T$对应$\boldsymbol{\mathcal{X}}_T$,称为特征空间。在计算过程中,数据集合可以用矩阵表示,$\boldsymbol{X}_S$和$\boldsymbol{X}_T$ 依然用$\boldsymbol{X}_S$和$\boldsymbol{X}_T$ 表示,称作样本矩阵。样本矩阵 $\boldsymbol{X}$ 每一列代表一个向量,表示一个样本输入数据。设样本属性数量为 d,则 $\boldsymbol{X}_S\in\mathbb{R}^{d\times n_1}$,$\boldsymbol{X}_T\in\mathbb{R}^{d\times n_2}$。令 $\boldsymbol{x}_i$ 表示 $\boldsymbol{X}$ 中的第 i 列,对应第 i 个样本的输入向量,$\boldsymbol{x}_i\in\mathbb{R}^{d\times 1}$。集合 $\boldsymbol{X}_S$和 $\boldsymbol{X}_T$ 包含的特征属性的边缘概率分布分别表示为 $P(\boldsymbol{X}_S)$和 $P(\boldsymbol{X}_T)$。

用$\boldsymbol{\mathcal{Y}}$表示标签空间(或类别空间),$\boldsymbol{Y}_S$对应$\boldsymbol{\mathcal{Y}}_S$,$\boldsymbol{Y}_T$ 对应$\boldsymbol{\mathcal{Y}}_T$。标签的条件概率分布分别表示为 $P(\boldsymbol{Y}_S|\boldsymbol{X}_S)$和 $P(\boldsymbol{Y}_T|\boldsymbol{X}_T)$。

基于上述概念,我们可以定义与迁移学习有关的几个概念。

域(domain):域$\boldsymbol{\mathcal{D}}$由 d 维特征空间$\boldsymbol{\mathcal{X}}$和边缘概率分布 $P(\boldsymbol{x})$组成,即$\boldsymbol{\mathcal{D}}=\{\boldsymbol{\mathcal{X}},P(\boldsymbol{x})\}$,其中 $\boldsymbol{x}\in\boldsymbol{\mathcal{X}}$。

任务(task):域$\boldsymbol{\mathcal{D}}$上,任务$\boldsymbol{\mathcal{T}}$由标签空间$\boldsymbol{\mathcal{Y}}$和预测函数 $f(\boldsymbol{x})$组成,即$\boldsymbol{\mathcal{T}}=\{\boldsymbol{\mathcal{Y}},f(\boldsymbol{x})\}$,其中 $y\in\boldsymbol{\mathcal{Y}}$,按统计学的观点,$f(\boldsymbol{x})=P(y|\boldsymbol{x})$解释为条件概率。

迁移学习(transfer learning):给定有标记的源域$\boldsymbol{\mathcal{D}}_S$和无标记的目标域$\boldsymbol{\mathcal{D}}_T$,源域和目标域的边缘分布概率和条件概率不完全相同,迁移学习是借助源域的知识学习目标域的知识的机器学习,即求解$\boldsymbol{\mathcal{T}}_T=\{\boldsymbol{\mathcal{Y}}_T,f_T(\boldsymbol{x})\}$,其中 $\boldsymbol{x}\in\boldsymbol{X}_T$。

9.1.3 迁移学习的分类

目前还没有迁移学习分类方式的统一定义，依据学习任务中源域和目标域的特征空间、分类空间、边缘分布和条件分布四种因素，可以把迁移学习分成不同的类型，如图 9-1 所示。

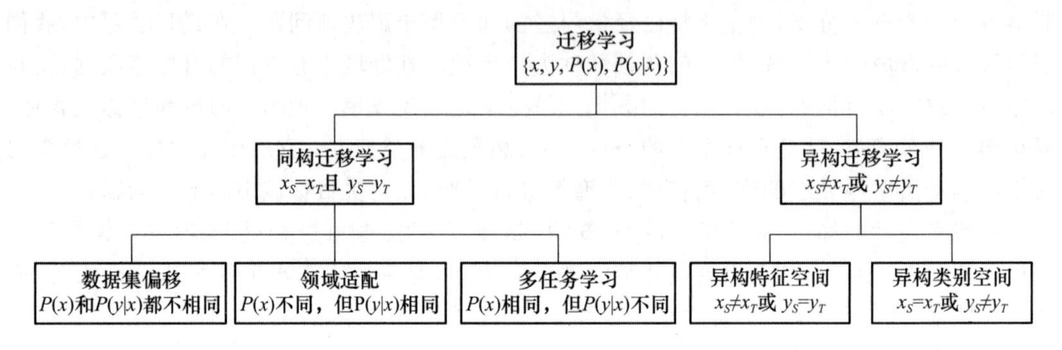

图 9-1 迁移学习分类示意

2009 年 pan 在 *A Survey on Transfer Learning* 中按迁移学习方法，把迁移学习分为如下四类，见表 9-1。

表 9-1 迁移学习的 4 种不同方法的比较表

迁移学习方法	简要描述
基于实例的迁移学习方法	依据和目标域之间的相似性，调整源域中带标签数据的权重，把源域样本迁移到目标域中使用。
基于特征的迁移学习方法	源域和目标域的特征不同，但有相似之处，通过对特征进行变换，使源域和目标域中的共性知识可以被利用到目标域。
基于模型的迁移学习方法	在源域和目标域使用共享参数模型，根据目标域对参数进行调整，使其能迁移到目标域使用。
基于关系的迁移学习方法	在源域和目标域之间构造一个相关知识的映射，通过挖掘和利用关系进行类比迁移。

对于同构迁移学习来讲，一般可以使用这四种全部方法。对于异构迁移学习来讲，由于特征空间的不一致，不能够使用基于实例和基于模型的迁移学习，常用基于参数的迁移学习。

9.2 迁移学习的算法

9.2.1 TrAdaBoost 算法

TrAdaBoost 算法是一种典型的基于实例的迁移学习方法，它借鉴了集成学习 AdaBoost 算法的思想。TrAdaBoost 算法假设我们依据源域数据集训练得到一个基学习器 G，而目标域数据较少不足以进行模型训练。TrAdaBoost 算法将源域数据作为辅助数据辅助在目标域中的学习，以解决样本数据不足的问题。

显然，如果目标数据 $\boldsymbol{X}_T$ 和源域数据 $\boldsymbol{X}_S$ 分布是相同的，则可以直接利用在 $\boldsymbol{X}_S$ 上学习到的分类对数据集 $\boldsymbol{X}_T$ 进行分类。而实际应用中会遇到 $\boldsymbol{X}_T$ 和 $\boldsymbol{X}_S$ 分布发生了变化，但它们依然相关的情况。此时我们可以利用源域中的训练数据“辅助”目标数据进行学习，得到一个新的分类器。这样一来，目标域只需少量有标签的数据即可。TrAdaBoost 算法的着眼点就是从 $\boldsymbol{X}_S$ 中挑选合适的(“没有过时的”)辅助数据实例。

TrAdaBoost 算法把 $\boldsymbol{X}_T$ 和 $\boldsymbol{X}_S$ 结合形成一个训练集 $\boldsymbol{X}$。初始时给每一个数据都赋予一个权重，之后利用 Boosting 技术降低源域中和目标域中最不相关的数据对应的权重，增加相关的数据对应的权重。这样就可以训练出一系列的分类器。这些分类器根据错误率加权投票，得出最终输出分类器。TrAdaBoost 算法的详细推导过程可以参照集成学习有关章节，本节直接给出具体算法。

算法 9-1 TrAdaBoost 算法

输入：源域数据集 $\boldsymbol{X}_S$，数据个数为 n_1；目标数据集 $\boldsymbol{X}_T$，数据个数为 n_2。合并后的整体训练数据集为 $\boldsymbol{X}$，基学习器为 G，迭代次数为 N。

输出：最终分类器 $H(\boldsymbol{x})$。

步骤：

(1) 为数据集 $\boldsymbol{X}$ 设置初始权重 $\boldsymbol{w}^1=(w_1^1,\cdots,w_{n_1+n_2}^1)$，其中，

$$w_i^1=\begin{cases}\dfrac{1}{n_1}, & 1\leqslant i\leqslant n_1\\[2ex] \dfrac{1}{n_2}, & n_1<i\leqslant n_1+n_2\end{cases}$$

(2) 设置源域数据集的固定衰减权重 $\beta=1\Big/\left(1+\sqrt{2\ln\dfrac{n_1}{N}}\right)$；

(3) for $t=1$ to N

(4) 将权重标准化为 $p^t=\dfrac{\boldsymbol{w}^t}{\sum\limits_{i=1}^{n_1+n_2}w_i^t}$；

(5) 利用数据集 $\boldsymbol{X}$ 以及 $\boldsymbol{X}$ 上的权重分布 p^t，训练基学习器 G 得到一个分类器 $h_t(\boldsymbol{x})$；

(5) $\boldsymbol{X}_T$ 上的某个样本数据 $\boldsymbol{x}_i$ 的标签为 y_i，计算 $h_t(\boldsymbol{x})$ 在 $\boldsymbol{X}_T$ 上的错误率 e_t，

$$e_t=\sum_{i=n_1+1}^{n_1+n_2}\frac{w_i^t\,|h_t(\boldsymbol{x}_i)-y_i|}{\sum\limits_{i=n_1+1}^{n_1+n_2}w_i^t}$$

(7) 令 $\beta_t=\dfrac{e_t}{(1-e_t)}$，重新更新权重：

$$w_i^{t+1}=\begin{cases}w_i^t\beta^{|h_t(x_i)-y_i|}, & 1\leqslant i\leqslant n_1\\ w_i^t\beta_t^{-|h_t(x_i)-y_i|}, & n_1<i\leqslant n_1+n_2\end{cases}$$

(8) end for

TrAdaBoost 算法最终的强分类器 $H(\boldsymbol{x})$选用后一半的弱分类器做加权投票。算法 9-1 输出的最终分类器为：

$$H(\boldsymbol{x})=\begin{cases}1, & \sum_{t=\left\lfloor \frac{N}{2}\right\rfloor}^{N}\ln\left(\frac{1}{\beta_t}\right)h_t(\boldsymbol{x})\geqslant\frac{1}{2}\sum_{t=\lfloor N/2\rfloor}^{N}\ln\left(\frac{1}{\beta_t}\right)\\ 0, & 其他\end{cases}$$

从算法中更新权重的方法可以看出，当 $h_t(\boldsymbol{x}_i)=y_i$ 时，样本权重不受影响。相反，由于 $e_t<0.5$ 时 β 和β_t 都小于 1，则 $\boldsymbol{X}_S$ 中引起分类错误的样本的权重衰减，而 $\boldsymbol{X}_T$ 中引起分类错误的样本的权重增加，这样可以逐步降低源域数据中“失效”样本的影响。极端情况下最终起作用的训练数据只有 $\boldsymbol{X}_T$ 中的样本，当然此时辅助数据失效。随着迭代次数的增加，权重更新机制使分类器 $h_t(\boldsymbol{x})$随 t 的增加而越来越倾向于反映 $\boldsymbol{X}_T$ 中样本的特征。

图 9-2 是 TrAdaBoost 的一个直观说明，其中新数据用带圈的正负号表示，辅助数据用不带圈的正负号表示。图 9-2(a)表示当 $\boldsymbol{X}_T$ 中数据样本很少时，由于样本数据不充分无法进行有效学习；图 9-2(b)表示加入大量辅助数据 $\boldsymbol{X}_S$后，可以估计正负样本的分类界面；图 9-2(c)表示由于 $\boldsymbol{X}_T$ 和 $\boldsymbol{X}_S$分布特性不同，原分类器在 $\boldsymbol{X}_T$ 中分类的错误率会高于在 $\boldsymbol{X}_S$中的错误率；图 9-2(d)表示 TrAdaBoost 算法通过不断降低辅助数据中“过时样本”的影响，提高 $\boldsymbol{X}_T$ 中“新颖”样本的影响，使得最终的强学习器更能反映 $\boldsymbol{X}_T$ 中样本的特性。

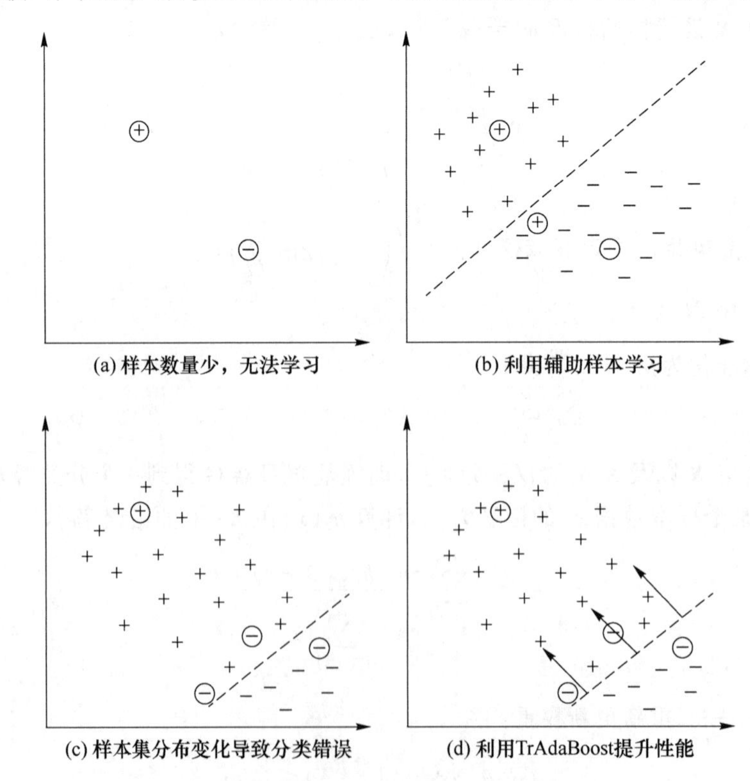

图 9-2　TrAdaBoost 直观展示图

从以上分析可以看出，TrAdaBoost 算法适用于如下场景：

(1) 现有数据量很少,不足以训练出一个性能优良的分类器;

(2) 之前积累了很多数据,新数据(目标数据)和之前积累的数据(源域数据)相比,分布特征发生了变化,但依然相关。

TrAdaBoost 算法则通过"挑选"积累数据 $\boldsymbol{X}_S$ 中的"可用"数据来扩充数据量不充分的新数据 $\boldsymbol{X}_T$,以获得足够的数据实例来训练一个适合新场景应用的分类器。

9.2.2 TCA 算法

实际应用中样本会有很多属性,但通常我们可只关心样本的主要特征。这种思想是机器学习中常用的降维方法的主要依据,主成分分析(principal component analysis,PCA)是这方面的一个典型例子。

使用降维方法时,对原始空间的维数进行压缩,但保留数据的主要特征。如图 9-3 所示,我们把二维空间中的点 $\boldsymbol{X}^{(n)}$ 投影到直线上可以把二维数据压缩成一维数据,压缩后的数据反映了二维空间中的点的投影 $\widetilde{\boldsymbol{X}}^{(n)}$ 在直线上分布规律,如和 A 点之间的距离。

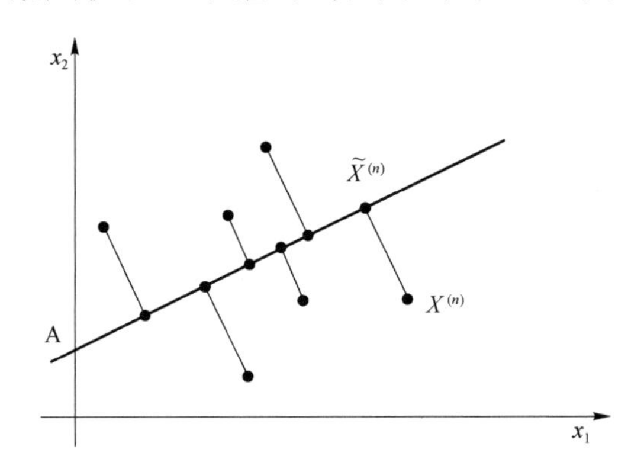

图 9-3 降维方法示意

在迁移学习中,迁移成分分析(transfer component analysis,TCA)借鉴了类似的思想。TCA 先通过映射把需要处理的数据映射到高维空间,使得源域数据和目标数据在高维空间中分布相近。之后,在高维空间中通过降维减少样本数据的特征维数简化计算。TCA 算法是典型的迁移学习中的领域适配迁移学习。

假设 $\boldsymbol{X}_S$ 和 $\boldsymbol{X}_T$ 属于同一特征空间 $\mathscr{X}$,$\boldsymbol{Y}_S$ 和 $\boldsymbol{Y}_T$ 属于同一标签空间 $\mathscr{Y}$,$\boldsymbol{X}_S$ 和 $\boldsymbol{X}_T$ 的分布 $P(\boldsymbol{X}_S)$ 和 $P(\boldsymbol{X}_T)$ 不同,即 $P(\boldsymbol{X}_S)\neq P(\boldsymbol{X}_T)$。TCA 算法基于上述假设,寻找一个映射函数 ϕ,使 $P(\phi(\boldsymbol{X}_S))\approx P(\phi(\boldsymbol{X}_T))$,$P(\boldsymbol{Y}_S|\phi(\boldsymbol{X}_S))\approx P(\boldsymbol{Y}_T|\phi(\boldsymbol{X}_T))$。显然,映射函数 ϕ 定义为 $\phi:\mathscr{X}\rightarrow\mathscr{H}$,其中 $\mathscr{H}$ 为再生核希尔伯特空间。

令 $\boldsymbol{X}=\boldsymbol{X}_S\cup\boldsymbol{X}_T$,总样本矩阵用 $\boldsymbol{X}$ 表示。$\boldsymbol{X}$ 的每一列代表一个向量,表示一个样本输入数据。设样本属性数为 d,则 $\boldsymbol{X}\in\mathbb{R}^{d\times(n_1+n_2)}$。令 $\boldsymbol{x}_i$ 表示 $\boldsymbol{X}$ 中的第 i 列,对应第 i 个样本的输入向量,$\boldsymbol{x}_i\in\mathbb{R}^{d\times 1}$,其中 $i=1,2,\cdots,n_1$ 对应 $\boldsymbol{X}_S$ 中的数据;$i=n_1+1,n_1+2,\cdots,n_1+n_2$ 对应 $\boldsymbol{X}_T$ 中的数据。

令 $\boldsymbol{X}'_S=\{\boldsymbol{x}'_{S_i}\}=\{\phi(\boldsymbol{x}_{S_i})\}$,$\boldsymbol{X}'_T=\{\boldsymbol{x}'_{T_i}\}=\{\phi(\boldsymbol{x}_{T_i})\}$,$\boldsymbol{X}'=\boldsymbol{X}'_S\cup\boldsymbol{X}'_T$,则我们要寻找的映射

函数,ϕ满足$P(\boldsymbol{Y}_S|\phi(\boldsymbol{X}_S))\approx P(\boldsymbol{Y}_T|\phi(\boldsymbol{X}_T))$,即$P(\boldsymbol{Y}_S|\boldsymbol{X}'_S)\approx P(\boldsymbol{Y}_T|\boldsymbol{X}'_T)$。

满足上述要求的映射有很多,我们不能使用穷举法求函数ϕ。TCA算法假设这个映射是已知的,然后通过最小化$P(\boldsymbol{X}'_S)$和$P(\boldsymbol{X}'_T)$之间的差异,求解映射函数。

TCA算法使用最大均值差异(maximum mean discrepancy,MMD)衡量两个分布之间的差异。MMD定义如下:

$$\text{Dist}(\boldsymbol{X}'_S,\boldsymbol{X}'_T)=\left\|\frac{1}{n_1}\sum_{i=1}^{n_1}\phi(\boldsymbol{x}_{Si})-\frac{1}{n_2}\sum_{i=1}^{n_2}\phi(\boldsymbol{x}_{Ti})\right\|_{\mathscr{H}} \tag{9-1}$$

式(9-1)通过计算源域和目标域在空间$\mathscr{H}$的映射的均值之差,来判断概率分布的相关性。在$\mathscr{X}$空间,$P(\boldsymbol{X}_S)\neq P(\boldsymbol{X}_T)$,所以$\text{Dist}(\boldsymbol{X}_S,\boldsymbol{X}_T)\neq 0$。

本章中,为计算方便我们使用MMD的平方。式(9-1)右边平方展开后,有二次项乘积部分,可以利用核函数工具简化问题求解。核函数需要使用内积等运算,这正是引入空间概念的原因。

对于$\mathscr{X}$中任意两个向量$\boldsymbol{x}_i$和$\boldsymbol{x}_j$,定义核函数$k(\boldsymbol{x}_i,\boldsymbol{x}_j)=\phi(\boldsymbol{x}_i)^{\mathrm{T}}\phi(\boldsymbol{x}_j)$,则核矩阵$\boldsymbol{K}$可以表示为:

$$\boldsymbol{K}=\begin{pmatrix}\boldsymbol{K}_{S,S} & \boldsymbol{K}_{S,T}\\ \boldsymbol{K}_{T,S} & \boldsymbol{K}_{T,T}\end{pmatrix} \tag{9-2}$$

其中:

$$\boldsymbol{K}_{S,S}=\begin{pmatrix}k(\boldsymbol{x}_{s_1},\boldsymbol{x}_{s_1}) & \cdots & k(\boldsymbol{x}_{s_1},\boldsymbol{x}_{s_{n_1}})\\ \vdots & & \vdots\\ k(\boldsymbol{x}_{s_{n_1}},\boldsymbol{x}_{s_1}) & \cdots & k(\boldsymbol{x}_{s_{n_1}},\boldsymbol{x}_{s_{n_1}})\end{pmatrix}$$

$$\boldsymbol{K}_{S,T}=\begin{pmatrix}k(\boldsymbol{x}_{s_1},\boldsymbol{x}_{T_1}) & \cdots & k(\boldsymbol{x}_{s_1},\boldsymbol{x}_{T_{n_2}})\\ \vdots & & \vdots\\ k(\boldsymbol{x}_{s_{n_1}},\boldsymbol{x}_{T_1}) & \cdots & k(\boldsymbol{x}_{s_{n_1}},\boldsymbol{x}_{T_{n_2}})\end{pmatrix}$$

$$\boldsymbol{K}_{T,S}=\begin{pmatrix}k(\boldsymbol{x}_{T_1},\boldsymbol{x}_{S_1}) & \cdots & k(\boldsymbol{x}_{T_1},\boldsymbol{x}_{S_{n_1}})\\ \vdots & & \vdots\\ k(\boldsymbol{x}_{T_{n_2}},\boldsymbol{x}_{S_1}) & \cdots & k(\boldsymbol{x}_{T_{n_2}},x_{s_{n_1}})\end{pmatrix}$$

$$\boldsymbol{K}_{T,T}=\begin{pmatrix}k(\boldsymbol{x}_{T_1},\boldsymbol{x}_{T_1}) & \cdots & k(\boldsymbol{x}_{T_1},\boldsymbol{x}_{T_{n_2}})\\ \vdots & & \vdots\\ k(\boldsymbol{x}_{T_{n_2}},\boldsymbol{x}_{T_1}) & \cdots & k(\boldsymbol{x}_{T_{n_2}},\boldsymbol{x}_{T_{n_2}})\end{pmatrix}$$

定义和矩阵$\boldsymbol{K}$同形的矩阵$\boldsymbol{L}$,$\boldsymbol{L}$中的元素$L_{i,j}$为:

$$L_{i,j}=\begin{cases}\dfrac{1}{n_1^2}, & i,j\text{ 确定的位置对应 }\boldsymbol{K}_{S,S}\\[2ex] \dfrac{1}{n_2^2}, & i,j\text{ 确定的位置对应 }\boldsymbol{K}_{T,T}\\[2ex] -\dfrac{1}{n_1}\dfrac{1}{n_2}, & i,j\text{ 确定的位置对应 }\boldsymbol{K}_{S,T}\text{ 或 }\boldsymbol{K}_{T,S}\end{cases} \tag{9-3}$$

基于矩阵 $\boldsymbol{K}$ 和 $\boldsymbol{L}$，MMD 的平方可以表示为：

$$\text{Dist}^2(\boldsymbol{X}'_S,\boldsymbol{X}'_T)=\text{tr}(\boldsymbol{KL}) \tag{9-4}$$

其中，tr(·)是矩阵的迹，为一个矩阵对角线元素的和。

通过学习核矩阵 $\boldsymbol{K}$ 来求解映射函数，是数学中的一个半定规划（semi-definite programming，SDP）问题，解决起来非常耗费时间。TCA 采用降维的方法求解映射矩阵。

由式(9-2)可知，核矩阵 $\boldsymbol{K}$ 是一个实对称方阵，$\boldsymbol{K}\in\mathbb{R}^{(n_1+n_2)\times(n_1+n_2)}$，因此矩阵 $\boldsymbol{K}$ 可以正交相似一个对角矩阵 $\boldsymbol{\Lambda}$，即 $\boldsymbol{K}=\boldsymbol{P}^{-1}\boldsymbol{\Lambda P}=\boldsymbol{P}^{\text{T}}\boldsymbol{\Lambda P}$，则有：

$$\boldsymbol{K}=\boldsymbol{K}\boldsymbol{K}^{-1/2}\boldsymbol{K}^{-1/2}\boldsymbol{K}$$

$$\widetilde{\boldsymbol{K}}=\boldsymbol{K}\boldsymbol{K}^{-1/2}\widetilde{\boldsymbol{W}}\widetilde{\boldsymbol{W}}^{\text{T}}\boldsymbol{K}^{-1/2}\boldsymbol{K}$$

其中，$\widetilde{\boldsymbol{W}}$ 为变换矩阵，用于把(n_1+n_2)维向量投影成 m 维，$\widetilde{\boldsymbol{W}}\in\mathbb{R}^{(n_1+n_2)\times m}$。

令 $\boldsymbol{W}=\boldsymbol{K}^{-1/2}\widetilde{\boldsymbol{W}}$，则 $\boldsymbol{W}^{\text{T}}=\widetilde{\boldsymbol{W}}^{\text{T}}\boldsymbol{K}^{-1/2}$，则 $\widetilde{\boldsymbol{K}}=\boldsymbol{KWW}^{\text{T}}\boldsymbol{K}$。

$\widetilde{\boldsymbol{K}}$ 中元素 $\widetilde{k(\boldsymbol{x}_i,\boldsymbol{x}_j)}=[\boldsymbol{W}^{\text{T}}\boldsymbol{k}(\boldsymbol{x}_i)]^{\text{T}}\boldsymbol{W}^{\text{T}}\boldsymbol{k}(\boldsymbol{x}_j)=\boldsymbol{k}(\boldsymbol{x}_i)^{\text{T}}\boldsymbol{WW}^{\text{T}}\boldsymbol{k}(\boldsymbol{x}_j)$，其中，

$$\boldsymbol{k}(\boldsymbol{x})=[k(\boldsymbol{x}_1,\boldsymbol{x}),k(\boldsymbol{x}_2,\boldsymbol{x}),\cdots,k(\boldsymbol{x}_{n_1+n_2},\boldsymbol{x})]^{\text{T}}$$

由再生核希尔伯特空间（reproducing kernel Hilbert space，RKHS）的再生性（reproducing property），利用 $\widetilde{\boldsymbol{K}}$ 在投影空间表示 $\text{Dist}^2(\boldsymbol{X}'_S,\boldsymbol{X}'_T)$得：

$$\text{Dist}^2(\boldsymbol{X}'_S,\boldsymbol{X}'_T)=\text{tr}[(\boldsymbol{KWW}^{\text{T}}\boldsymbol{K})\boldsymbol{L}]=\text{tr}(\boldsymbol{W}^{\text{T}}\boldsymbol{KLKW}) \tag{9-5}$$

式(9-5)用到矩阵乘积的迹的性质，对矩阵 $\boldsymbol{A}$、$\boldsymbol{B}$ 有 $\text{tr}(\boldsymbol{AB})=\text{tr}(\boldsymbol{BA})$。

引入正则化项后，TCA 最后的优化目标是：

$$\begin{cases}\min\ \text{tr}(\boldsymbol{W}^{\text{T}}\boldsymbol{KLKW})+\mu(\text{tr}(\boldsymbol{W}^{\text{T}}\boldsymbol{W}))\\ \text{s.t.}\ \boldsymbol{W}^{\text{T}}\boldsymbol{KHKW}=\boldsymbol{I}_m\end{cases} \tag{9-6}$$

式(9-6)中，约束条件 $\boldsymbol{W}^{\text{T}}\boldsymbol{KHKW}=\boldsymbol{I}_m$ 防止 $\boldsymbol{W}$ 收敛于 0，用于处理平凡解问题，同时使协方差最大化，在映射过程中尽可能保持原有特征。$\boldsymbol{H}$ 是一个中心矩阵，定义如下：

$$\boldsymbol{H}=\boldsymbol{I}_{n_1+n_2}-\frac{1}{n_1+n_2}\boldsymbol{1}\boldsymbol{1}^{\text{T}}$$

其中，$\boldsymbol{1}\in\mathbb{R}^{(n_1+n_2)}$ 为(n_1+n_2)维全“1”列矩阵，$\boldsymbol{11}^{\text{T}}$ 为(n_1+n_2)阶全“1”方阵。

利用拉格朗日方法，定义：

$$\boldsymbol{L}(\boldsymbol{W},\boldsymbol{Z})=\text{tr}(\boldsymbol{W}^{\text{T}}(\mu\boldsymbol{I}+\boldsymbol{KLK})\boldsymbol{W})-\text{tr}((\boldsymbol{W}^{\text{T}}\boldsymbol{KHKW}-\boldsymbol{I})\boldsymbol{Z}) \tag{9-7}$$

其中，$\boldsymbol{Z}$ 为对角矩阵，对应拉格朗日方法中的拉格朗日乘子，则式(9-6)等效于

$$\min_{\boldsymbol{W}}\boldsymbol{L}(\boldsymbol{W},\boldsymbol{Z})=\min_{\boldsymbol{W}}\text{tr}(\boldsymbol{W}^{\text{T}}(\mu\boldsymbol{I}+\boldsymbol{KLK})\boldsymbol{W})-\text{tr}((\boldsymbol{W}^{\text{T}}\boldsymbol{KHKW}-\boldsymbol{I})\boldsymbol{Z}) \tag{9-8}$$

令 $\dfrac{\partial\boldsymbol{L}(\boldsymbol{W},\boldsymbol{Z})}{\partial\boldsymbol{W}}=0$，得：

$$(\mu\boldsymbol{I}+\boldsymbol{KLK})\boldsymbol{W}=\boldsymbol{KHKWZ} \tag{9-9}$$

将式(9-9)代入式(9-7)得：

$$\boldsymbol{L}(\boldsymbol{W},\boldsymbol{Z})=\text{tr}(\boldsymbol{W}^{\text{T}}\boldsymbol{KHKWZ})-\text{tr}((\boldsymbol{W}^{\text{T}}\boldsymbol{KHKW}-\boldsymbol{I})\boldsymbol{Z}=\text{tr}(\boldsymbol{Z})$$

由式(9-9)得：

$$\text{tr}(\boldsymbol{Z})=\text{tr}((\boldsymbol{W}^{\text{T}}\boldsymbol{KHKW})^{-1}\boldsymbol{W}^{\text{T}}(\mu\boldsymbol{I}+\boldsymbol{KLK})\boldsymbol{W})$$

因此，式(9-6)等效于

$$\min_{\boldsymbol{W}} L(\boldsymbol{W},\boldsymbol{Z})=\min_{\boldsymbol{W}} \operatorname{tr}((\boldsymbol{W}^{\mathrm{T}}\boldsymbol{KHKW})^{-1}\boldsymbol{W}^{\mathrm{T}}(\mu\boldsymbol{I}+\boldsymbol{KLK})\boldsymbol{W}) \tag{9-10}$$

或：

$$\min_{\boldsymbol{W}} L(\boldsymbol{W},\boldsymbol{Z})=\max_{\boldsymbol{W}} \operatorname{tr}\{[\boldsymbol{W}^{\mathrm{T}}(\mu\boldsymbol{I}+\boldsymbol{KLK})\boldsymbol{W}]^{-1}\boldsymbol{W}^{\mathrm{T}}\boldsymbol{KHKW}\} \tag{9-11}$$

由 $\boldsymbol{A}=[\boldsymbol{W}^{\mathrm{T}}(\mu\boldsymbol{I}+\boldsymbol{KLK})\boldsymbol{W}]^{-1}\boldsymbol{W}^{\mathrm{T}}\boldsymbol{KHKW}=\boldsymbol{W}^{-1}[(\mu\boldsymbol{I}+\boldsymbol{KLK})^{-1}\boldsymbol{KHK}]\boldsymbol{W}$，知矩阵 $\boldsymbol{A}$ 与 $(\mu\boldsymbol{I}+\boldsymbol{KLK})^{-1}\boldsymbol{KHK}$ 相似，所以矩阵 $\boldsymbol{A}$ 的迹为 $(\mu\boldsymbol{I}+\boldsymbol{KLK})^{-1}\boldsymbol{KHK}$ 的所有特征根的和。因此式(9-11)的解 $\boldsymbol{W}$ 为 $(\mu\boldsymbol{I}+\boldsymbol{KLK})^{-1}\boldsymbol{KHK}$ 前 m 个最大特征值对应的特征向量组成的映射矩阵。

这里总结一下 TCA 方法的主要计算步骤。利用输入的两个特征矩阵，首先计算 $\boldsymbol{L}$ 和 $\boldsymbol{H}$ 矩阵，然后选择一些常用的核函数进行映射（比如线性核、高斯核）计算 $\boldsymbol{K}$，接着求 $(\mu\boldsymbol{I}+\boldsymbol{KLK})^{-1}\boldsymbol{KHK}$ 前 m 个最大特征值对应的特征向量，就可以构成映射矩阵 $\boldsymbol{W}$。获得映射矩阵 $\boldsymbol{W}$ 后，利用映射 $\boldsymbol{W}^{\mathrm{T}}$ 求解 $\boldsymbol{X}_S'$ 和 $\boldsymbol{X}_T'$，即：

$$\begin{aligned}\boldsymbol{X}'&=\boldsymbol{W}^{\mathrm{T}}[k(\boldsymbol{x}_1),k(\boldsymbol{x}_2),\cdots,k(\boldsymbol{x}_{n_1}),k(\boldsymbol{x}_{n_1+1}),\cdots,k(\boldsymbol{x}_{n_1+n_2})]\\&=[\boldsymbol{x}_1',\boldsymbol{x}_2',\cdots,\boldsymbol{x}_{n_1+n_2}']\end{aligned} \tag{9-12}$$

其中，$\boldsymbol{x}_i'\in\mathbb{R}^{m\times1}$，$\boldsymbol{X}'\in\mathbb{R}^{m\times(n_1+n_2)}$。$\boldsymbol{X}_S'$ 为 $\boldsymbol{X}'$ 的第 1 到第 n_1 列构成的矩阵，$\boldsymbol{X}_T'$ 为 $\boldsymbol{X}'$ 的第 n_1+1 到第 n_1+n_2 列构成的矩阵。

利用 $\{(\boldsymbol{x}_i',y_{si}),i=1,2,\cdots,n_1\}$ 训练基准分类器 f 获得预测函数 $f(\boldsymbol{x})$ 对目标数据进行标记 $y_{Ti}=f(\boldsymbol{x}_i')$，$i=n_1+1,n_1+2,\cdots,n_1+n_2$。

算法 9-2 TCA 算法

输入：源域数据集输入数据 $\boldsymbol{X}_S$，标签数据 $\boldsymbol{Y}_S$，数据个数为 n_1；目标数据集 $\boldsymbol{X}_T$，数据个数为 n_2。

输出：映射矩阵 $\boldsymbol{W}$。

步骤：

(1) 构建核矩阵 $\boldsymbol{K}$，参数矩阵 $\boldsymbol{L}$，以及中心化矩阵 $\boldsymbol{H}$。

(2) 求 $(\mu\boldsymbol{I}+\boldsymbol{KLK})^{-1}\boldsymbol{KHK}$ 前 m 个最大特征值。

(3) 求 $(\mu\boldsymbol{I}+\boldsymbol{KLK})^{-1}\boldsymbol{KHK}$ 前 m 个最大特征值对应的特征向量。

(4) 利用(3)中的 m 个特征向量构建 $(n_1+n_2)\times m$ 的映射矩阵 $\boldsymbol{W}$，并返回映射矩阵 $\boldsymbol{W}$。

TCA 算法借鉴了很多核主成分分析(kernel principal component analysis，KPCA)，相关公式推导可参考 KPCA 有关文献，还可以参考核函数 SVM 有关文献。

9.2.3 JDA 算法

联合分布适配方法(joint distribution adaptation，JDA)通过减小源域和目标域边缘概

率分布和条件分布的距离来进行迁移学习。JDA 使用 $P(\boldsymbol{X}_S)$ 和 $P(\boldsymbol{X}_T)$ 之间的距离、以及 $P(\boldsymbol{Y}_S|\boldsymbol{X}_S)$ 和 $P(\boldsymbol{Y}_T|\boldsymbol{X}_T)$ 之间的距离来近似两个领域之间的差异。即：

$$\mathrm{Dist}(\mathscr{D}_S,\mathscr{D}_T)=\|P(\boldsymbol{X}_S)-P(\boldsymbol{X}_T)\|+\|P(\boldsymbol{Y}_S|\boldsymbol{X}_S)-P(\boldsymbol{Y}_T|\boldsymbol{X}_T)\| \tag{9-13}$$

JDA 算法主要针对迁移学习中的数据集偏移问题。JDA 算法假设源域和目标域之间的边缘分布及条件分布都不相同，即 $P(\boldsymbol{X}_S)\neq P(\boldsymbol{X}_T)$，$P(\boldsymbol{Y}_S|\boldsymbol{X}_S)\neq P(\boldsymbol{Y}_T|\boldsymbol{X}_T)$。图 9-4 给出了一个两种概率都不相同的数据集示例。JDA 方法的目标是寻找一个变换 $\boldsymbol{A}$，使得经过变换后的 $P(\boldsymbol{A}^{\mathrm{T}}\boldsymbol{X}_S)$ 和 $P(\boldsymbol{A}^{\mathrm{T}}\boldsymbol{X}_T)$ 之间的距离以及 $P(\boldsymbol{Y}_S|\boldsymbol{A}^{\mathrm{T}}\boldsymbol{X}_S)$ 和 $P(\boldsymbol{Y}_T|\boldsymbol{A}^{\mathrm{T}}\boldsymbol{X}_S)$ 之间的距离尽可能小。和 9.2.2 小节类似，我们沿用 TCA 中使用的符号约定，令 $\boldsymbol{X}'_S=\boldsymbol{A}^{\mathrm{T}}\boldsymbol{X}_S$，$\boldsymbol{X}'_T=\boldsymbol{A}^{\mathrm{T}}\boldsymbol{X}_T$ 表示映射后的数据。

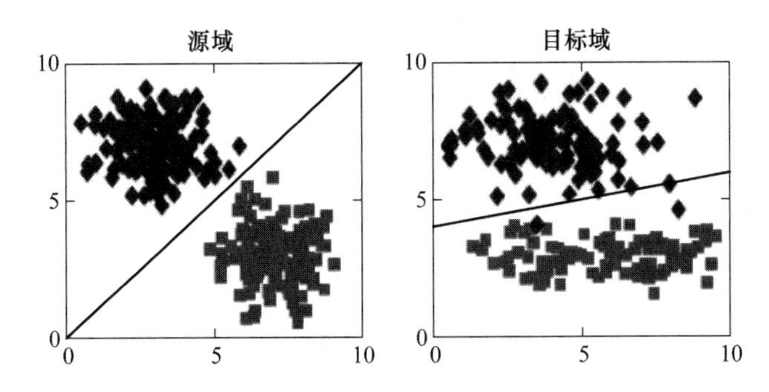

图 9-4 边缘概率分布和条件分布都不同数据集示例

适配边缘概率分布可以借鉴 TCA。我们仍然使用 MMD 来度量源域和目标域边缘概率分布之间的距离，即：

$$\begin{aligned}\mathrm{Dist}(\boldsymbol{X}'_S,\boldsymbol{X}'_T) &= \|P(\boldsymbol{X}'_S)-P(\boldsymbol{X}'_T)\| \\ &= \left\|\frac{1}{n_1}\sum_{i=1}^{n_1}\boldsymbol{A}^{\mathrm{T}}\boldsymbol{x}_i-\frac{1}{n_2}\sum_{j=1}^{n_2}\boldsymbol{A}^{\mathrm{T}}\boldsymbol{x}_j\right\|_{\mathscr{H}}^2 \\ &= \mathrm{tr}(\boldsymbol{A}^{\mathrm{T}}\boldsymbol{X}\boldsymbol{L}\boldsymbol{X}^{\mathrm{T}}\boldsymbol{A})\end{aligned} \tag{9-14}$$

同 TCA 算法，矩阵 $\boldsymbol{L}$ 为n_1+n_2 阶方阵，$\boldsymbol{L}$ 中元素$L_{i,j}$为：

$$L_{i,j}=\begin{cases}\dfrac{1}{n_1^2}, & \boldsymbol{x}_i,\boldsymbol{x}_i\in\boldsymbol{X}_S\\[2mm] \dfrac{1}{n_2^2}, & \boldsymbol{x}_i,\boldsymbol{x}_i\in\boldsymbol{X}_T\\[2mm] -\dfrac{1}{n_1}\dfrac{1}{n_2}, & \text{其他}\end{cases} \tag{9-15}$$

接下来适配源域和目标域的条件概率分布。根据贝叶斯公式，我们有：$P(\boldsymbol{x}_T)P(y_T|\boldsymbol{x}_T)=P(y_T)P(\boldsymbol{x}_T|y_T)$。因此，要想求 $P(y_T|\boldsymbol{x}_T)$，需要有标签 $P(y_T)$、$P(\boldsymbol{x}_T)$以及 $P(\boldsymbol{x}_T|y_T)$。由于目标域无标签，所以无法直接求 $P(y_T|\boldsymbol{x}_T)$。同理，$P(\boldsymbol{x}_S)P(y_S|\boldsymbol{x}_S)=P(y_S)P(\boldsymbol{x}_S|y_S)$。虽然 $P(\boldsymbol{x}_T)\neq P(\boldsymbol{x}_T)$、$P(y_T|\boldsymbol{x}_T)\neq P(y_S|\boldsymbol{x}_S)$，但是它们彼此分别相关，所以可以用 $P(\boldsymbol{x}_T|y_T)$ 和 $P(\boldsymbol{x}_S|y_S)$之间的距离度量源域和目标域之间的条件概率分布的差异。

当然，采用上述方法同样需要获得目标域的标签 $\boldsymbol{Y}_T$。在 JDA 算法中，使用在源域训练的基分类器对目标域样本进行分类，这样会获得一组伪标签$\tilde{\boldsymbol{Y}}_T$。假设源域和目标域中样本可以划分成C类，即$y_S,\tilde{y}_T\in\{1,2,\cdots,C\}$。源域中标签为$c$的样本集合为$\boldsymbol{X}_S^{(c)}$，映射后对应的集合为$\boldsymbol{X'}_S^{(c)}$，样本数为$n_1^{(c)}$，$c=1,2,\cdots,C$。目标域中标签为$c$的样本集合为$\boldsymbol{X}_T^{(c)}$，映射后对应的集合为$\boldsymbol{X}_T'^{(c)}$，样本数为$n_2^{(c)}$，$c=1,2,\cdots,C$。

则$P(\boldsymbol{x}'_T\mid y_T)$和$P(\boldsymbol{x}'_S\mid y_S)$之间的距离可以表示为：

$$\begin{aligned}
&\mathrm{Dist}(\boldsymbol{X'}_S\mid \boldsymbol{Y}_S,\boldsymbol{X'}_T\mid \boldsymbol{Y}_T)\\
&=\sum_{c=1}^{C}\left\|\frac{1}{n_1^{(c)}}\sum_{x_i\in X_S^{(c)}}\boldsymbol{A}^{\mathrm{T}}\boldsymbol{x}_i-\frac{1}{n_2^{(c)}}\sum_{x_j\in X_T^{(c)}}\boldsymbol{A}^{\mathrm{T}}\boldsymbol{x}_j\right\|_{\boldsymbol{x}}^2\\
&=\sum_{c=1}^{C}\mathrm{tr}(\boldsymbol{A}^{\mathrm{T}}\boldsymbol{X}\boldsymbol{L}^{(C)}\boldsymbol{X}^{\mathrm{T}}\boldsymbol{A})
\end{aligned}\tag{9-16}$$

其中，$\boldsymbol{L}^{(C)}$为第c类样本对应的系数矩阵，元素$L_{i,j}^{(C)}$为：

$$L_{i,j}^{(C)}=\begin{cases}\dfrac{1}{(n_1^{(c)})^2}, & \boldsymbol{x}_i,\boldsymbol{x}_j\in\boldsymbol{X}_S^{(c)}\\ \dfrac{1}{(n_2^{(c)})^2}, & \boldsymbol{x}_i,\boldsymbol{x}_j\in\boldsymbol{X}_T^{(c)}\\ -\dfrac{1}{(n_1^{(c)})}\dfrac{1}{(n_2^{(c)})}, & (\boldsymbol{x}_i\in\boldsymbol{X}_T^{(c)},\boldsymbol{x}_j\in\boldsymbol{X}_S^{(c)})\quad\text{或}\quad(\boldsymbol{x}_j\in\boldsymbol{X}_T^{(c)},\boldsymbol{x}_i\in\boldsymbol{X}_S^{(c)})\\ 0, & \text{其他}\end{cases}\tag{9-17}$$

结合式(9-14)和式(9-16)，得到了JDA算法的总优化目标为：

$$\min_{\boldsymbol{A}}\mathrm{Dist}(\mathcal{D}_S,\mathcal{D}_T)=\min_{\boldsymbol{A}}\sum_{c=0}^{C}\mathrm{tr}(\boldsymbol{A}^{\mathrm{T}}\boldsymbol{X}\boldsymbol{L}^{(C)}\boldsymbol{X}^{\mathrm{T}}\boldsymbol{A})+\lambda\|\boldsymbol{A}\|_F^2$$

其中，$\lambda\|\boldsymbol{A}\|_F^2$为正则项，$\boldsymbol{A}^{\mathrm{T}}\boldsymbol{X}\boldsymbol{L}^{(0)}\boldsymbol{X}^{\mathrm{T}}\boldsymbol{A}$对应式(9-14)中的距离值。和TCA类似，为使变换后的映射样本保持原样本的特征，加入约束条件$\boldsymbol{A}^{\mathrm{T}}\boldsymbol{X}\boldsymbol{H}\boldsymbol{X}^{\mathrm{T}}\boldsymbol{A}=\boldsymbol{I}$。JDA最终的优化问题为：

$$\begin{cases}\min\limits_{\boldsymbol{A}}\sum\limits_{c=0}^{C}\mathrm{tr}(\boldsymbol{A}^{\mathrm{T}}\boldsymbol{X}\boldsymbol{L}^{(C)}\boldsymbol{X}^{\mathrm{T}}\boldsymbol{A})+\mu\|\boldsymbol{A}\|_F^2\\ \text{s.t. }\boldsymbol{A}^{\mathrm{T}}\boldsymbol{X}\boldsymbol{H}\boldsymbol{X}^{\mathrm{T}}\boldsymbol{A}=\boldsymbol{I}\end{cases}\tag{9-18}$$

同样利用拉格朗日法，最后得到其对偶问题的解为：

$$\left(\boldsymbol{X}\sum_{c=0}^{C}\boldsymbol{L}^{(C)}\boldsymbol{X}^{\mathrm{T}}+\mu\boldsymbol{I}\right)\boldsymbol{A}=\boldsymbol{X}\boldsymbol{H}\boldsymbol{X}^{\mathrm{T}}\boldsymbol{A}\boldsymbol{Z}\tag{9-19}$$

其中，$\boldsymbol{Z}$为对角矩阵，对应拉格朗日方法中的拉格朗日乘子。

JDA初始使用的目标域标签为伪标签，所以需要通过迭代逐步提高伪标签的正确率。因此，在完成式(9-19)求解之后，用得到的映射矩阵$\boldsymbol{A}$映射源域和目标域数据，在映射后的源域数据上训练基分类器并对源域数据和目标数据进行重新分类。重复上述迭代过程，直到分类结果变化范围达到收敛要求。JDA具体算法如下：

算法 9-3 JDA 算法

输入：源域数据集输入数据 $\boldsymbol{X}_S$，标签数据 $\boldsymbol{Y}_S$，数据个数为n_1；目标数据集 $\boldsymbol{X}_T$，数据个数为 n_2；映射空间基的个数 k；正则化参数 μ。

输出：映射矩阵 $\boldsymbol{A}$，映射后的样本数据 $\boldsymbol{X}'=\boldsymbol{A}^{\mathrm{T}}\boldsymbol{X}$，自适应分类器 f。

步骤：

(1) 依据式(9-15)构建参数矩阵 $\boldsymbol{L}^{(0)}$，并令 $\boldsymbol{L}^{(c)}=0, c=1,2,\cdots,C$。

(2) for(;;)

(3) 　　求解式(9-19)，取最小的 k 个特征值对应的特征向量构建映射矩阵 $\boldsymbol{A}$

(4) 　　在 $\{(\boldsymbol{A}^{\mathrm{T}}x_i, y_i), i=1,2,\cdots,n_1\}$ 上训练基分类器 f，并使用 f 计算目标域伪标签 $\{\tilde{y}_j := f(\boldsymbol{A}^{\mathrm{T}}\boldsymbol{x}_j), j=n_1+1,2,\cdots,n_1+n_2\}$

(5) 　　利用式(9-17)计算 $\boldsymbol{L}^{(c)}, c=1,2,\cdots,C$。

(6) 　　如果满足收敛条件退出循环

(7) end for

(8) 返回映射矩阵 $\boldsymbol{A}$，映射后的样本数据 $\boldsymbol{X}'=\boldsymbol{A}^{\mathrm{T}}\boldsymbol{X}$，自适应分类器 f。

9.2.4 TransEMDT 算法

2011 年，参考文献 *Cross-people mobile-phone based activity recognition* 的作者综合利用决策树、K-means 算法等思想实现了迁移潜入决策树（transfer learning embedded decision tree，TransEMDT）算法，该算法将针对某个人行为特性训练的模型迁移到其他人使用。该文献给出的 TransEMDT 算法的直观示例图如图 9-5 所示。

TransEMDT 算法属于基于模型参数的迁移学习算法，是迁移学习中同构迁移学习的一种。TransEMDT 算法适用于源域和目标域特征空间相同但边缘概率分布不同的情况，利用源域中的有标签的样本数据构建模型，用目标域数据对模型进行修正，以获得适应目标域分析使用的分类模型。

具体来讲，TransEMDT 算法利用源域中的有标签数据构建关于用户行为的二叉决策树，如图 9-5 所示。决策树的非叶子节点具有各自的决策规则(A_i, θ_i)，其中 A_i 代表决策属性，θ_i 表示阈值。属性小于阈值时节点指向左侧分支，相反指向右侧分支。显然，利用决策树不但可以把样本分成不同的类，而且可以找到不同类之间的属性差异。

在图 9-5 中的 DT′层，用上述决策树对目标域的数据进行分类。每个样本获得一个标签，对应一个叶子节点。每个叶子节点对应一个类。可以看出，每个类对应的属性集合为它对应的叶子节点到根节点路径上的所有属性，是作为类别区分的依据。

设P_i 为第 i 个叶子节点对应的属性集合，$i=1,2,\cdots,m$，m 为叶子节点的数目。A_j 为样本 x 的第 j 个属性，属性值为 x_j，$j=1,2,\cdots,D$，D 为样本属性的个数。为了计算样本对于其分类中心的距离，我们先定义系数：

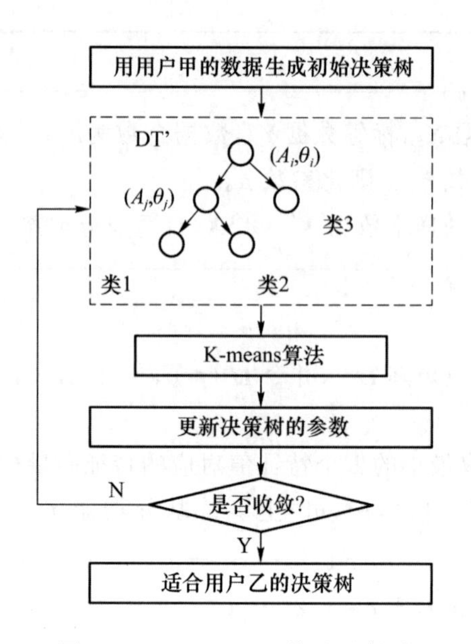

图 9-5　TransEMDT 算法示意图

$$\omega_{ij}=\begin{cases}1, & A_j\in P_i\\0, & A_j\notin P_i\end{cases}\tag{9-20}$$

显然$\{\omega_{ij}\}_{j=1}^{D}$中的值为"1"的元素对应的属性构成第$i$个叶子节点分类对应的属性集合。令$\boldsymbol{w}_i=(\omega_{i1},\omega_{i2},\cdots,\omega_{iD})^{\mathrm{T}}$。

每一个叶子节点对应一个分类,包含多个样本。利用这些样本,我们可以计算第i个叶子节点对应分类的聚类中心$\boldsymbol{\mu}_i$,则样本和第i类聚类中心的距离可以定义为:

$$D(\boldsymbol{x},\boldsymbol{u}_i,\boldsymbol{w}_i)=\frac{|\boldsymbol{w}_i\circ\boldsymbol{x}-\boldsymbol{u}_i|^2}{\sum\limits_{j=1}^{D}w_{ij}}\tag{9-21}$$

其中,"∘"运算表示哈达玛积,即对应分量各自相乘。

显然样本$\boldsymbol{x}$的分类标签L可以表示为:

$$L(\boldsymbol{x})=\arg\min_i D(\boldsymbol{x},\boldsymbol{u}_i,\boldsymbol{w}_i)\tag{9-22}$$

利用甲的行为数据训练好的模型给乙的行为数据分类时,该 DT 模型可以看作是一个弱分类器,但是其准确度比随机猜想要高得多。K-means 聚类算法可以对样本进行多分类,但是分类质量和迭代次数与初始化值选择密切相关。TransEMDT 算法结合决策树和 K-means聚类算法两者的优点,采用如下步骤计算:

(1) 目标域数据$\boldsymbol{X}_T$通过 DT 分成m类。分类结果表示为$\boldsymbol{V}_T=\{(L_i,\boldsymbol{w}_i,\boldsymbol{u}_i,\boldsymbol{V}_i)\}_{i=1}^{m}$。其中,$L_i$为第$i$个叶子节点对应分类的标签;$\boldsymbol{V}_i$为分到第$i$个叶子节点对应分类的样本集合。

(2) 计算每个叶子节点对应的聚类中心。第j个叶子节点对应分类的聚类中心为:

$$\boldsymbol{u}_j=\frac{\boldsymbol{w}_j\sum\limits_{i=1}^{|\boldsymbol{V}_j|}\boldsymbol{x}_i^{(j)}}{|\boldsymbol{V}_j|}\tag{9-23}$$

其中:$\boldsymbol{x}_i^{(j)}$表示分类j中第i个样本;$|\boldsymbol{V}_j|$表示集合$\boldsymbol{V}_j$中元素的个数。

(3) 利用(2)中获得的 m 个聚类中心，使用 K-means 聚类算法根据式(9-22)对目标域中的样本逐一进行分类。

(4) 对于步骤(3)中分类结果和步骤(1)中分类结果不一致的样本，从下到上修改 DT 中分支出错的所有属性节点(非叶子节点)的阈值。假设，需要修改的为第 j 个属性 A_j 的阈值 θ_j。设属性 A_j 根据阈值 θ_j 把样本分配到左子树和右子树。左子树上样本的集合为 S_{left}，右子树上样本的集合为 S_{right}。θ_j 应更新为：

$$\theta_j = \frac{\arg\max\limits_{x \in S_{\text{left}}} x_i + \arg\min\limits_{x \in S_{\text{right}}} x_i}{2} \tag{9-24}$$

(5) 重复步骤(1)到(4)，直到收敛为止。

显然，步骤(4)调整属性的阈值相当于调整模型的参数。每次调整会使 DT 分类结果和基于 DT 分类结果确定初始聚类中心的 K-means 分类结果接近，相当于调整参数以适应人的变化。最终 TransEMDT 将甲数据训练的模型迁移到乙使用，完成乙行为数据的分类。TransEMDT 算法如下：

算法 9-4 TransEMDT 算法

输入：源数据集 $\boldsymbol{X}_S$，及其个数 n_1，目标数据集 $\boldsymbol{X}_T$，及其个数 n_2，特征数为 D，迭代次数 N，最小下界 Thd，置信样本选取个数 K。

输出：输出最后的决策树作为最终的学习器。

步骤：

(1) 从源数据集 $\boldsymbol{X}_S$ 中学习一个二叉决策树 $h_t(\boldsymbol{x})$，$h_t(\boldsymbol{x})$ 有 m 个叶子节点，代表 m 个分类；D 个非叶子节点代表一个决策属性及其阈值 $\{(A_i, \theta_i)\}_{i=1}^{D}$。

(2) 根据各个叶子节点对应的属性集合 P_i 计算权重向量 $\boldsymbol{w}_i = \{w_{i1}, \cdots, w_{iD}\}$，其中 $i=1, 2, \cdots, m$。

(3) $t=0$。

(4) while $t < N$ 或 $\sum\limits_{j=1}^{m} \sum\limits_{i=1}^{|V_j|} D(\boldsymbol{x}_i^{(j)}, \boldsymbol{u}_j, \boldsymbol{w}_j) > \text{Thd}$

(5) 用 $h_t(\boldsymbol{x})$ 为目标域数据 $\boldsymbol{X}_T$ 进行分类，分类结果为 $\boldsymbol{V}_T = \{(L_i, \boldsymbol{w}_i, \boldsymbol{u}_i, \boldsymbol{V}_i)\}_{i=1}^{m}$。

(6) 根据式(9-23)设置一步 K-means 算法的初始种子 $\boldsymbol{u}_j$，$j=1, 2, \cdots, m$。

(7) 利用 $D(\boldsymbol{x}, \boldsymbol{u}_i, \boldsymbol{w}_i)$ 对所有样本 $\boldsymbol{x}$ 进行分类，确定新标签。

(8) 从每个叶子节点上，取出最接近 $\boldsymbol{u}_j$ 的 K 个置信样本，按式(9-24)更新所有非叶子节点的阈值。

(9) $t=t+1$

(10) end while

(11) 输出新的决策树

本章小结

本章介绍了迁移学习的定义、分类和几种典型的迁移学习方法,基本上总括了有关迁移学习领域的一些基础知识和方法。本章介绍了基于实例的 TrAdaBoost 迁移学习方法、基于特征的 TCA 算法和 JDA 算法、基于模型的 transEMDT 算法,通过这些算法,更加具体形象地说明了如何使用迁移学习的方法来解决问题。

延伸阅读

迁移学习算法参考程序

迁移学习的出发点在于源域和目标域不同但相似,那么相似到什么程度才能使用迁移学习呢?有关这些方面的研究构成迁移学习的理论基础。有兴趣的读者可以参阅 *A theory of learning from different domains*、*Analysis of representations for domain adaptation*、*Learning bounds for domain adaptation*。

在深度神经网络 DNN 介绍中,我们会知道 DNN 的前面几层学习到的是通用特征,后面几层学到的是特定特征。这给我们一个启示,DNN 的前几层也许可以迁移使用。这方面的研究导致了 Finetune 深度迁移学习方法的出现。有兴趣的读者可以参阅 *How transferable are features in deep neural networks?*。

迁移学习是近年来发展的重点。当前阶段的一些研究热点如下:

本章课件

- 机器智能与人类经验的结合迁移。先给模型注入人类的经验,如数学、物理、化学、生物等方面发现的定理、定律和规律等,之后再使用迁移学习方法处理实际问题。
- 基于普遍联系的传递式迁移学习。假设 A 如 B 相似、B 与 C 相似。如果 A 与 C 之间看不出明显的相似性,可以把 B 作为“媒介”实现 A 到 C 的迁移学习。
- 终身迁移学习。人总是可以从以前的经验中学习知识,本章介绍迁移学习都是人为确定的学习目标、选择的学习方法,那么能否让算法从以往的迁移知识中学习经验呢?香港科技大学杨强教授团队在这方面做了很多研究,有兴趣的读者可以参阅学习迁移(learning to transfer,L2T)的有关资料。

迁移学习简明手册

- 在线迁移学习。在实际应用中我们获得源域数据后,目标域的数据是逐步获得的,因此我们需要随着目标域数据一点一点的产生而进行在线迁移学习。这方面的资料可以参考在线特征迁移变换、在线样本集成迁移等有关文章。

习　题

(1) 请推导迁移成分学习(transfer component analysis, TCA)算法。

(2) 请推导联合分布适配(joint distribution adaptation, JDA)算法。

第 10 章

卷积神经网络

导　读

卷积神经网络(CNN)是深度学习中经常使用的一种网络结构,它擅长处理类似网格结构的数据,非常适于图像处理。本章首先介绍 CNN 中常用的运算——卷积和池化,描述在处理图像数据中使用这两种运算的动机。之后给出基本 LeNet5 的 CNN 结构和反向传播机制的详细推导过程,使读者能够深入理解 CNN 及其训练过程。

从人工神经网络一章的讨论中,我们了解到单层感知器无法实现复杂函数,如"异或"操作需要两层感知器来实现。单层感知器相当于各输入和偏置的线性组合。即使在输出端套用非线性激活函数,单层感知器本身还是一个线性网络。在双层感知器网络中,如果第一层的输出经非线性激活函数后输入到第二层,则第二层的输出是网络输入的非线性函数。正因为如此,多层感知器网络能够刻画现实世界中更复杂的情形。

20 世纪 90 年代前后,人们在解决多层网络优化问题方面取得突破,多层网络得到迅猛发展。多层网络优化的主要难题在于以下几个方面。首先,正如人工神经网络一章指出的那样,随着神经网络层数的加深,需要优化的网络参数翻倍增长。优化函数越复杂化,训练过程越容易陷入局部最优解。2006 年,Hinton 利用预训练方法缓解了局部最优解问题,将隐含层层数扩展到 7 层。其次,随着网络层数增加,"梯度消失"现象更加严重。使用 sigmoid 作为神经元的激活函数,梯度每反向传播一层就乘以一次 sigmoid 的导数(最大值为 0.25),梯度指数衰减导致训练信号在反向传播过程中快速消失。再次,网络层数的增加,网络对训练集样本的个性化特征刻画太多,容易导致过拟合。

多层神经网络,即在输入层和输出层之间有多个隐藏层的神经网络称为深度神经网络(deep neural network,DNN)。对于不同的应用,DNN 所需的层数也不一样,这里的"深度"并没有固定的定义。在语音识别中 4 层网络就能够被认为是"较深的",而在图像识别中经常用到 10 层以上的网络。

单从结构上来说，全连接的DNN和多层感知机区别不大。伴随着“深度”的增加，我们需要更加关注网络的结构。卷积神经网络(convolutional deep neural network，CNN)和循环神经网络(recurrent neural network，RNN)是深度神经网络的两个代表，本章将重点介绍卷积神经网络，后续章节介绍循环神经网络。

和全连接DNN不同，在CNN的卷积层中，并不是前后层所有的神经元都直接连接，而是以共享的“卷积核”为中介互相连接。卷积操作可以反映图像像素点空间位置之间的联系，而全连接只能反映空间分布特性。同时，共享卷积核可以显著降低参数数量。

1981年的诺贝尔医学奖颁发给了David Hubel和Torsten Wiesel。他们的工作揭示了视觉系统的工作机制。视觉系统将来自外界的视觉信号传递到视皮层，经过一系列边界检测、运动检测、立体深度检测和颜色检测等处理过程后，在大脑中构建出一幅视觉图像。这个发现激发了人们对于神经系统的进一步思考，神经-中枢-大脑的工作过程，或许是一个不断迭代、不断抽象的过程。如图10-1所示，瞳孔摄入像素(pixels)相当于原始信号摄入；大脑皮层某些细胞发现边缘特征相当于对信号进行初步处理；大脑判定看到物体的形状相当于对处理后信号的抽象。根据抽象结果，大脑做出最终判断。

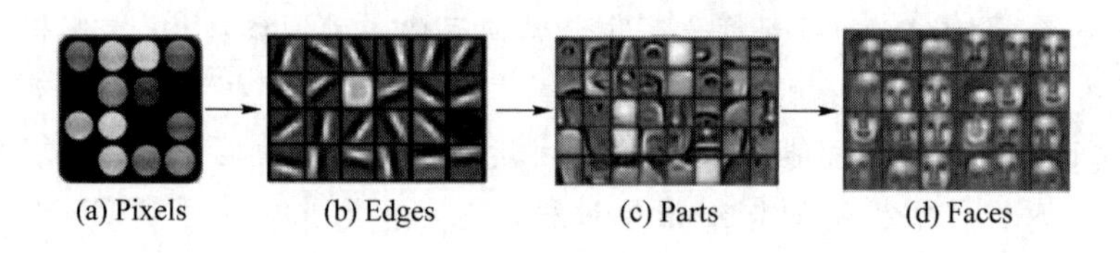

图10-1　视觉信息处理过程

卷积神经网络的思想来自于上述生物视觉模型。1989年，Yann LeCun(纽约大学教授，本书编著时他为Facebook AI研究室主任)提出了卷积神经网络，是第一个成功训练多层网络的学习算法，但在当时的计算能力下效果欠佳。直到2006年，Geoffrey Hinton提出基于深度置信网络(Deep Belief Net)和受限波尔兹曼机(restricted Boltzmann machine)的学习算法，重新点燃了人工智能领域对于神经网络的热情。2012年，Hinton和他的学生将CNN和GPU并行技术相结合用于ImageNet Challenge(被誉为计算机视觉圣杯)，取得了非常惊人的结果。他们的算法在2012年取得世界最好结果，使分类错误率从26.2%下降到16%。

CNN发展与演变历程

10.1　卷积运算

10.1.1　一维离散信号卷积

卷积运算是数字信号处理中的一种常用操作。本章介绍卷积在计算机视觉领域的应用，我们重点关注离散信号的卷积。

设线性系统的输入为 $x(n)$，冲激响应为 $h(n)$，$x(n)$、$h(n)$的表达式如下：

$$x(n)=\begin{cases}1, & 0\leqslant n\leqslant 4\\ 0, & \text{其他}\end{cases}$$

$$h(n)=\begin{cases}a^n, & a>1,0\leqslant n\leqslant 6\\ 0, & \text{其他}\end{cases}$$

则系统的输出 $y(n)=x(n)*h(n)$，其中“$*$”表示卷积，表达式如下：

$$y(n)=\sum_{k=-\infty}^{+\infty}x(k)h(n-k) \tag{10-1}$$

图 10-2 给出一种信号卷积的计算方法。把 $h(n)$反转后，向右平移 n 个单位，之后把 $x(k)$、$h(k)$对应信号相乘再求和即得到 $y(n)$。如 $y(0)=1$，$y(1)=a+1$。图 10-2 所示为 $y(3)=a^3+a^2+a^1+a^0$。

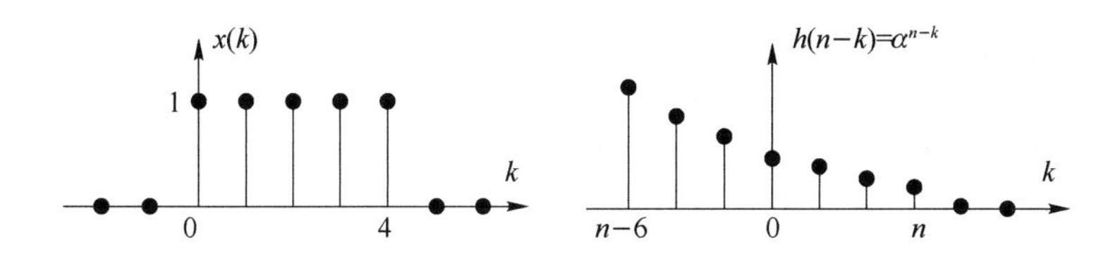

图 10-2 线性系统的输入信号和卷积

10.1.2 二维离散信号卷积

将卷积运算推广到二维形式，即：

$$y(i,j)=\sum_m\sum_n x(m,n)h(i-m,j-n),\quad m\geqslant 0,n\geqslant 0 \tag{10-2}$$

假设 $\boldsymbol{x}(m,n)$为一个 2×2 矩阵 $\boldsymbol{x}$ 中的一个元素，$h(m,n)$也是一个 2×2 矩阵 $\boldsymbol{H}$ 中的一个元素。为了后续说明，我们把矩阵 $\boldsymbol{X}$ 扩充 0 后，形成一个 4×4 的矩阵，如图 10-3 所示。

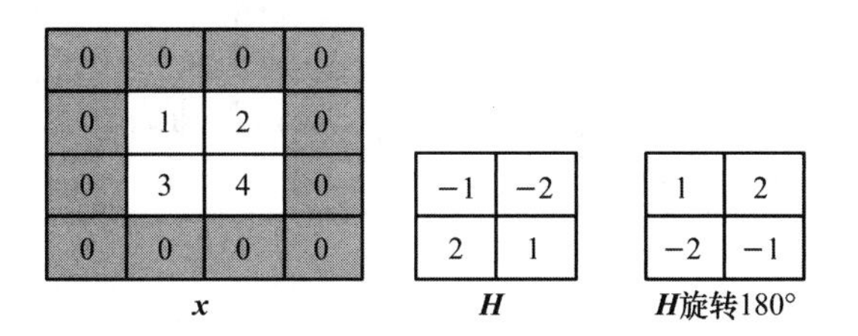

图 10-3 二维卷积运算举例

依据式(10-2)中的定义，易得：

$$y(0,0)=x(0,0)h(0,0)=-1$$

$$\vdots$$

$$y(2,2)=x(1,1)h(1,1)=4$$

从上式可以看出，卷积运算过程相当于把 $h(m,n)$反转 180°，在行和列上每平移一步，把对应数相乘并求和。最终计算结果如图 10-4 所示。

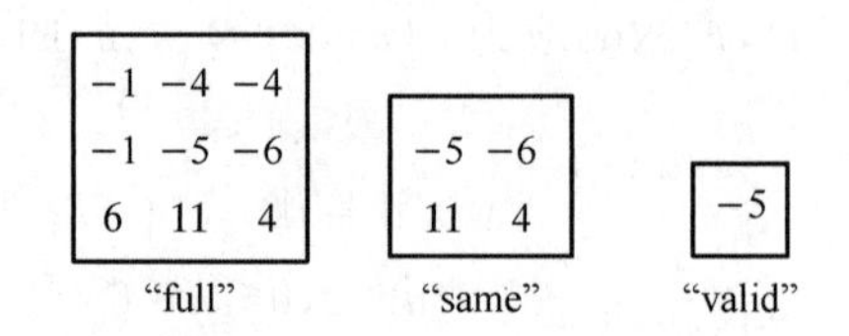

图 10-4　二维卷积运算结果

为了便于了解 Python 等运算工具中的约定，图 10-4 给出三种结果，分别对应三种运算模式：

（1）"full"模式：$\boldsymbol{H}$ 反转后形成的矩阵为 $\boldsymbol{H}'$。$\boldsymbol{H}'$其右下角第一个元素和 $\boldsymbol{X}$ 左上角第一个元素位置重叠开始计算，得到卷积结果的第一个元素。没有对应元素的位置用 0 代替。之后按行平移，直到两者完全没有对应的元素。再按列向下平移一列，重复上述操作，直到仅有 $\boldsymbol{X}$ 右下角和 $\boldsymbol{H}'$左上角一个对应位置，得到卷积结果的最后一个元素。本例中 $\boldsymbol{H}$ 是 2×2 矩阵，因此 $\boldsymbol{X}$ 需上下要各扩充一行 0，左右需要各扩充一列 0。对于 $\boldsymbol{H}$ 为 $u\times v$ 矩阵的情况，上下各扩充 $u-1$ 行，左右各扩充 $v-1$ 列。

（2）"same"模式：通过"full"模式运算得到一个矩阵，在这个矩阵中选取和 $\boldsymbol{X}$ 同型的"中心块"作为计算结果。$\boldsymbol{H}'$行数为 M，列数为 N，$[\cdot]$表示向下取整得，"same"模式从元素 $h'\left(\left[\frac{M-1}{2}\right],\left[\frac{N-1}{2}\right]\right)$和 $x(0,0)$对应时开始计算。

（3）"valid"模式：在"full"模式中，只选取 $\boldsymbol{H}'$和 $\boldsymbol{X}$ 各元素都有对应元素的计算结果。

不同模式卷积计算起始和结束位置如图 10-5 所示。

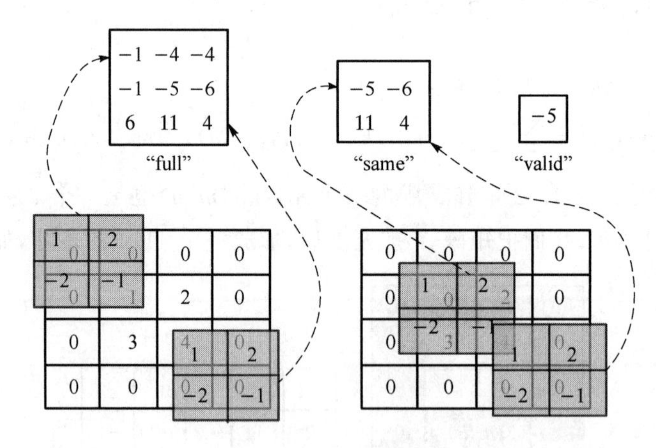

图 10-5　二维卷积运算过程示意

10.1.3　二维互相关

二维卷积计算过程需要反转 $\boldsymbol{H}$。反转操作使卷积运算满足交换律。在进行图像特征提取时，反转并不是必要的，此时可以使用互相关(cross-correlation)运算。二维离散信号的互相关运算定义如下：

$$y(i,j)=\sum_{m}\sum_{n}x(i+m,j+n)h(m,n) \tag{10-3}$$

从式(10-3)可以看出,二维互相关运算相当于把 $\boldsymbol{H}$ 平移至 $\boldsymbol{X}$ 的(i,j)位置,之后把对应元素相乘再求和。互相关运算不需要到 $\boldsymbol{H}$ 反转,如图 10-6 所示。

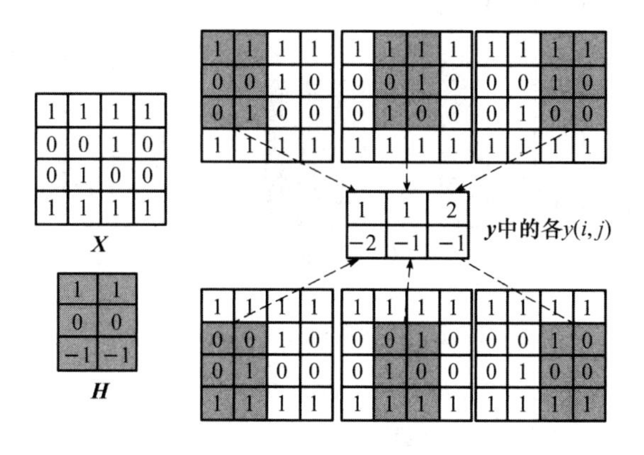

图 10-6 二维互相关运算过程示意

在很多的机器学习的文献中,把互相关运算也称作卷积。本章沿用这一惯例,把卷积和互相关运算都称作卷积,不明确声明需要反转操作时,默认为互相关操作。

依据上述声明,对于卷积运算 $y(i,j)=x(m,n)*h(m,n)$,$x(m,n)$称为输入;$h(m,n)$称为卷积核函数(kernel function),有时称为特征滤波器或特征核;$y(i,j)$称为输出或特征映射(feature map)。在实际应用中,往往把 $h(m,n)$作为模型的参数,使用矩阵描述,因此后续使用$w_{m,n}$表示该矩阵中的元素。把 $x(m,n)$也用矩阵表示,矩阵的元素表示为 $x_{m,n}$。为了保持和神经网络一章一致,我们还把本层输入的加权和表示为 $z_{i,j}$,则加权和 $\boldsymbol{Z}$ 可以表示为输入矩阵 $\boldsymbol{X}$ 与参数矩阵 $\boldsymbol{W}$ 的卷积。即:

$$\boldsymbol{Z}=\boldsymbol{X}*\boldsymbol{W}$$

且

$$z_{i,j}=\sum_{m}\sum_{n}x_{i+m,j+n}w_{m,n} \tag{10-4}$$

1. 偏置与激活函数

式(10-4)对应的输出增加偏置项 b 后,经激活函数后的输出用 $a_{i,j}$表示,则:

$$a_{i,j}=\sigma\left(\sum_{m}\sum_{n}x_{i+m,j+n}w_{m,n}+b\right) \tag{10-5}$$

卷积神经网络卷积层常使用的激活函数为 ReLU(rectified linear unit)函数。ReLU 函数称为整流函数,定义为 $f(x)=\max(0,x)$。

2. 步长 Stride

式(10-5)给出的卷积运算公式,默认卷积步长为 1,即 m 和 n 每次增加的步长为 1,如图 10-6 所示。实际应用时,可以根据需要改变步长。步长用 s 表示。

3. 填充 Padding

从图 10-6 可以看出,输入矩阵边缘的数据在卷积运算过程中只使用一次,而其他元素使用多次。由于图像边缘数据对于图像特征识别具有重要意义,因此可以利用背景色扩展"一圈"数据,这种方式称为填充(padding),如图 10-7 所示。

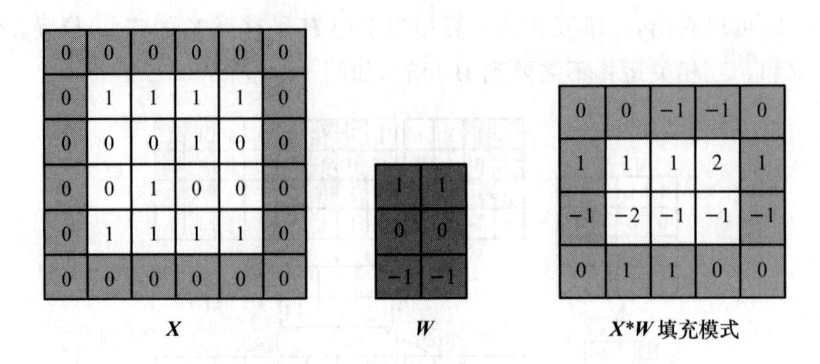

图 10-7 二维互相关运算过程示意

填充用 p 表示，$p=0$ 表示无填充，$p=1$ 表示填充“一圈”。

4. 卷积输出矩阵的行数和列数计算

设输入数据对应的矩阵 $\boldsymbol{X}$ 行数（高度）为 H_x，列数（宽度）为 W_x；卷积核函数 $\boldsymbol{W}$ 的行数为 H_w，列数为 W_w。设填充为 p，$p\in\{0,1\}$，步长为 s。则卷积结果 $\boldsymbol{Z}$ 的行数 H_z 和列数 W_z 由下式给出：

$$\left.\begin{aligned} H_z &= \left\lceil \frac{H_x+2p-H_w}{s} \right\rceil + 1 \\ W_z &= \left\lceil \frac{W_x+2p-W_w}{s} \right\rceil + 1 \end{aligned}\right\} \tag{10-6}$$

在图 10-7 所示的例子中，$p=1$，$s=1$，$H_x=W_x=4$，$H_w=3$，$W_w=2$，因此输出为 4×5 矩阵。式(10-6)给出的公式相当于 $\boldsymbol{X}$ 填充后进行“valid”模式计算。

10.1.4 多层卷积和多通道卷积

在实际使用中可以利用多个特征滤波器并行对输入进行卷积操作，输出图像的通道数和该层的特征滤波器数量相同，如对图像的水平条纹、竖直线条和斜纹同时进行检测。

式(10-5)给出的核函数是二维的。在实际使用中会使用到三维的情况，如对图像的 RGB 三层图像，分别使用卷积。二维核函数处理的是灰度图像，三维核函数处理的是 RGB 彩色图像。在卷积神经网络中，一般把二维输入和二维核函数卷积称作深度为 1 的卷积，而把三维输入对三维核函数的卷积称为深度为 D 的卷积，D 为核函数的层数，如 RGB 对应三层。深度为 D 的多层卷积对应计算公式如下：

$$a_{i,j}=\sigma\left(\sum_d\sum_m\sum_n x_{d,i+m,j+n}\,w_{d,m,n}+b\right) \tag{10-7}$$

深度为 3 的卷积如图 10-8 所示，其中输入为 $6\times6\times3$，RGB 三层信号。核函数为 $3\times3\times3$ 矩阵。

多通道卷积如图 10-9 所示，其中两个通道使用两个层数为 3 的特征滤波器，每个通道对应一个卷积核和一个偏置参数。

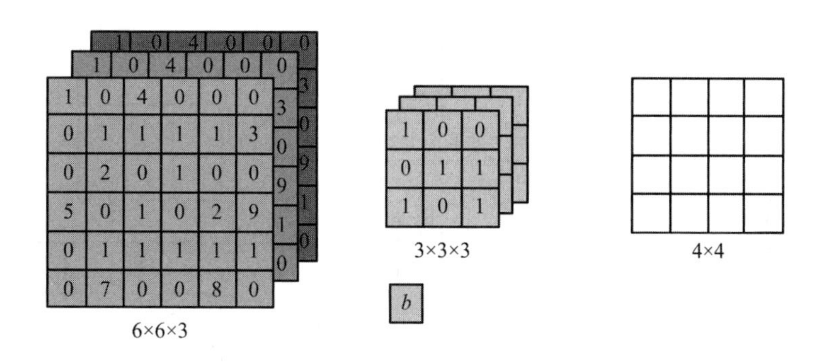

图 10-8　多层卷积(深度为 3)

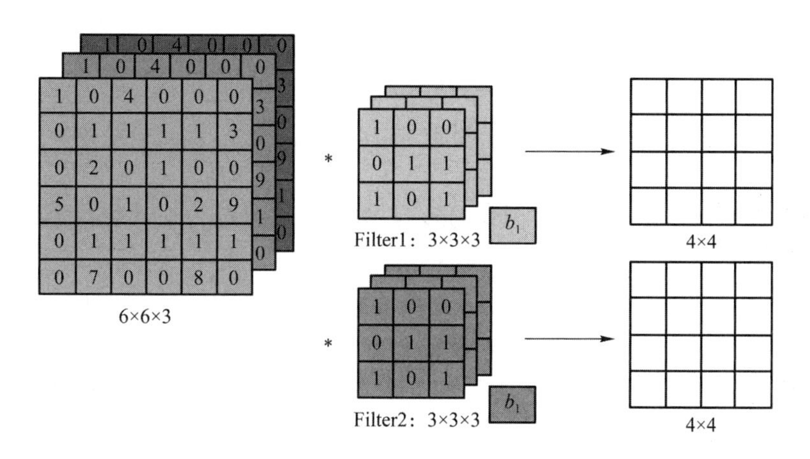

图 10-9　多通道卷积(通道数为 2)

10.1.5　池化

在 CNN 中,卷积层后通常会紧跟池化层。池化操作有助于减少参数数量,突出输入的特征。池化操作采用池化滤波器对数据进行计算,步长、平移等方法和卷积相同,因此输出矩阵大小的计算方法和卷积也一致。对覆盖区域进行池化运算,所得的结果作为输出的一个元素,之后按步长约定平移计算下一个元素,直到完成对输入数据右下角的覆盖。多通道数据进行池化运算时,分别对每个通道进行池化运算。常用的池化运算包括最大池化和平均池化。最大池化是选择池化滤波器覆盖区域的最大值作为池化操作的输出,平均池化则是把覆盖区域所有元素的均值作为池化操作的输出。

图 10-10 给出利用 2×2 池化滤波器进行最大池化操作和平均池化操作的计算结果,其中步长为 2。从图中不难看出,经过池化操作后,样本数据变为原来的 1/4,显著降低后续运算量。池化层相当于根据需要对数据进行了选取,这样更能够突出需要关注的特征,如图像的边缘特征、前景特征、背景特征等。

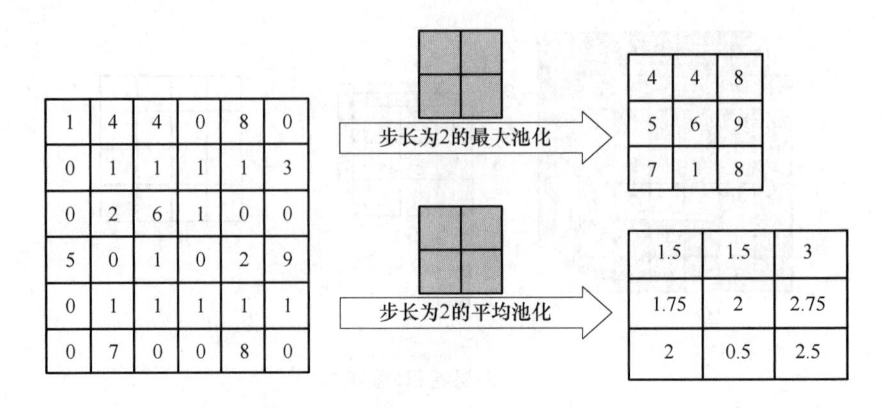

图 10-10　池化操作(步长为 2)

10.1.6　图像卷积运算示例

为了便于直观理解卷积运算对图像的影响,本节我们通过一个试验对卷积运算做进一步介绍。

本次试验使用的图片为 439 行、614 列的彩色图片。图片加载后,获得每个像素点的 RGB 颜色编码为一个由 3 个整数数组分别代表 3 种颜色分量的取值。利用这些数据构建 3×439×614 的 3 层输入数据,每一层对应一种颜色分量。3 层数据利用同样的边缘特征提取滤波器进行卷积运算得到 3 个矩阵,经 ReLU 函数完成激活操作后得到 3 个通道卷积的输出(因为都是正数,ReLU 实际不起作用),最后利用 3 个通道的输出数据重构图片。

原始图片图 10-11 所示。这里我们想关注图片右侧的树干,红叶的轮廓及左下角的树枝。

图 10-11　原始图片

水平边缘特征对应的卷积操作和核函数如图 10-12(a)。很明显右侧的树干垂直边界被掩盖。相反，图 10-12(b)所示竖直边界检测突出了右侧树干的竖直条纹。同理，图 10-12(c)突出了左下角“俯视”的树枝，而图 10-12(d)突出了“仰视”条纹，如最大红叶的左下边缘。

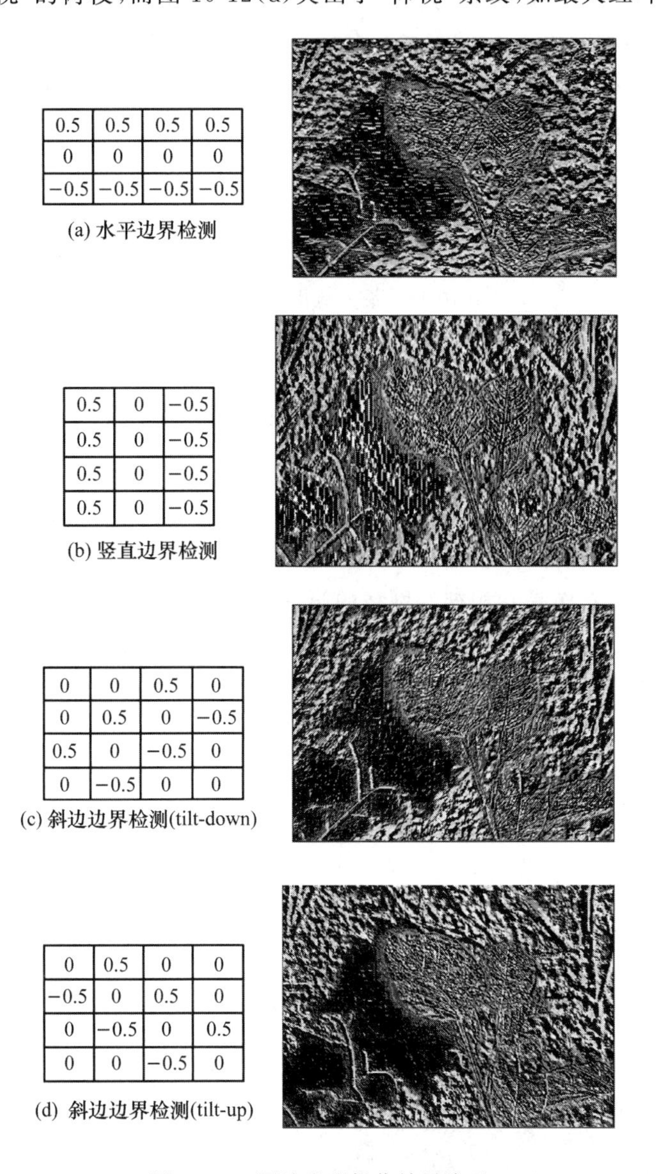

0.5	0.5	0.5	0.5
0	0	0	0
−0.5	−0.5	−0.5	−0.5

(a) 水平边界检测

0.5	0	−0.5
0.5	0	−0.5
0.5	0	−0.5
0.5	0	−0.5

(b) 竖直边界检测

0	0	0.5	0
0	0.5	0	−0.5
0.5	0	−0.5	0
0	−0.5	0	0

(c) 斜边边界检测(tilt-down)

0	0.5	0	0
−0.5	0	0.5	0
0	−0.5	0	0.5
0	0	−0.5	0

(d) 斜边边界检测(tilt-up)

图 10-12　图片卷积操作效果演示

完成图 10-12(b)所示卷积操作，再经 ReLU 激活函数后，池化操作的效果如图 10-13 所示。其中图 10-13(a)对应 4×4 最大池化操作，图 10-13(b)对应 8×8 最大池化操作。可以看出最大池化操作有利于边缘特征的提取。

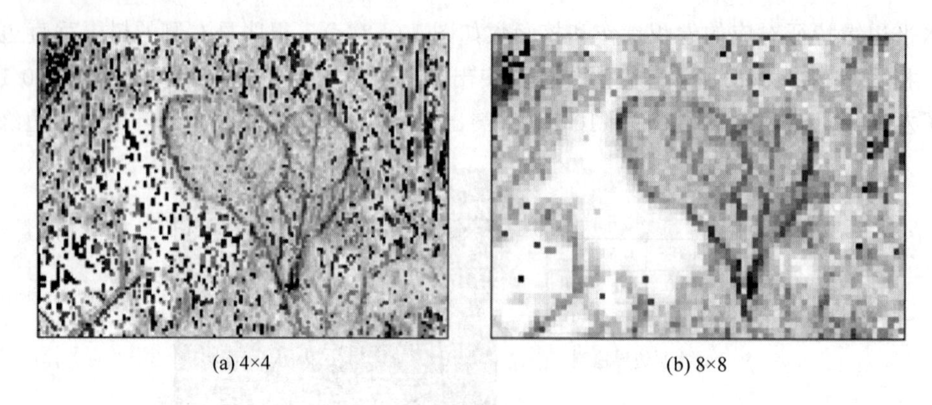

图 10-13　最大池化操作效果演示

10.2　卷积神经网络

1962 年 Hubel 和 Wiesel 通过对猫视觉皮层细胞的研究，提出了感受野(receptive field)的概念，1984 年日本学者 Fukushima 基于感受野概念提出的神经认知机(neocognitron)，可以看作是卷积神经网络的第一个实现网络，也是感受野概念在人工神经网络领域的首次应用。神经认知机将一个视觉模式分解成许多子模式(特征)，然后进入多层相连的特征平面进行处理。神经认知机试图将视觉系统模型化，使其能够在即使物体有位移或轻微变形的时候，也能完成识别。

10.2.1　基本网络结构

本节先以 1998 年 Yann LeCun 等人提出的 LeNet5 为例说明 CNN 的典型结构。图 10-14 是 LeNet5 的结构示意图。

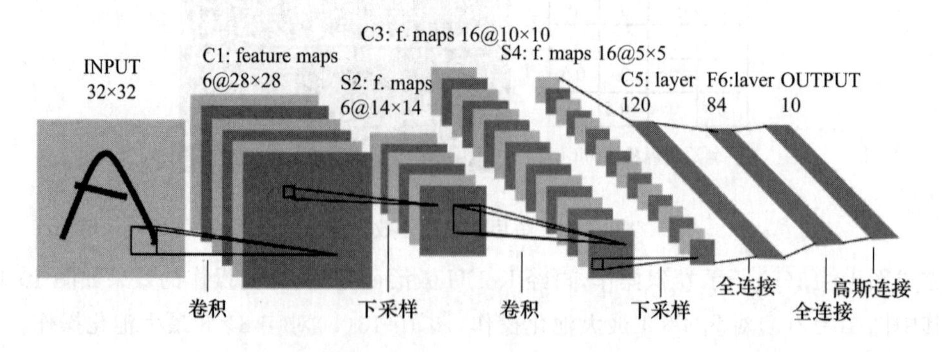

图 10-14　LeNet 网络结构示意图

LeNet5 包含 7 层(不计算输入层)，分别是：

(1) C1 层。C1 层为卷积层，输入为 32×32 矩阵，矩阵由 MNIST 数据集中的一个手写数字图片经归一化操作而来，矩阵的每个元素表示该点像素灰度的归一化值。C1 层采用 6 通道 5×5 特征核，卷积层输出 6 个 28×28 的特征映射。卷积层激活函数采用双曲函数

Atanh(•),其中 A 为幅度。C1 层需要训练的参数个数为：

$$6\times(5\times5+1)=156$$

(2) S2 层。S2 层为池化层(下采样),采用 6 通道 2×2 非重叠池化操作,步长为 2。池化运算采用平均池化模式,即 C1 层输出的特征映射以 2×2 的区域为单位,取其对应的 4 个元素的平均值,乘以一个需要训练得到的权值参数再加一个需要训练的偏置参数之后,作为 S2 层的特征映射,最终形成 6 个 14×14 的特征映射。因此,S2 层每通道需要 1 个权值参数和 1 个偏置参数,共 12 个需要训练的参数。

(3) C3 层。C3 层为卷积层,输入为 S2 层输出的 6 个 14×14 的特征映射。C3 层采用 16 通道多层 5×5 特征核,卷积层输出 16 个 10×10 的特征映射。卷积层激活函数采用双曲函数。为了减少本层的连接数,引入非对称特性,C3 层有 6 个 3 层特征核按一定规则分别连接 S2 层输出的 6 个特征映射中的 3 个;有 9 个 4 层特征核按一定规则分别连接 S2 层输出的 6 个特征映射中的 4 个;有 1 个 6 层特征核连接 S2 层输出的所有 6 个特征映射。C3 层每个特征核有 1 个偏置参数。C3 层需要训练的参数个数为：

$$6\times(5\times5\times3+1)+9\times(5\times5\times4+1)+(5\times5\times6+1)=1\ 516$$

(4) S4 层。S4 层为池化层和 S2 层池化操作类似,输入为 C3 输出的 16 个 10×10 的特征映射。S4 层采用 16 通道 2×2 非重叠池化操作,步长为 2。池化运算采用平均池化模式,最终形成 16 个 5×5 的特征映射。S4 层每通道需要 1 个权值参数和 1 个偏置参数,共 32 个需要训练的参数。

(5) C5 层。C5 层为卷积层,输入为 S4 层输出的 16 个 5×5 的特征映射。C5 层采用 120 通道 16 层 5×5 特征核,卷积层输出 120 个 1×1 的特征映射。卷积层激活函数采用双曲函数。C5 层需要训练的参数个数为：

$$120\times(5\times5\times16+1)=48\ 120$$

(6) F6 层。F6 层为全连接层,输入为 C5 输出的 120 个 1×1 的特征映射,输出为 84 个特征映射。F6 层取 84 个单元,是为了适应 7×12 的英文字符位图。F6 层相当于 ANN 的隐藏层,激活函数采用双曲函数,需要训练的参数个数为：

$$84\times(120+1)=10\ 164$$

(7) O7 层。F7 层为输出层,输入为 F6 输出 84 个特征映射,输出 10 个特征映射。F7 层采用欧式径向基函数(euclidean radial basis function,RBF),定义如下：

$$o_i=\sum_{j=1}^{84}(a_j^{(6)}-\omega_{i,j}^{(7)})^2 \tag{10-8}$$

式(10-8)中,o_i 为输入向量的第 i 个元素,$i=1,2,\cdots,10$,$a_j^{(6)}$ 为 F6 输出向量的第 j 个元素,$j=1,2,\cdots,84$,$\omega_{i,j}^{(7)}$ 为 O7 层连接 $a_j^{(6)}$ 和o_i 的参数,固定设置,取值为 1 或 −1。分类时,取o_i 最小值对应的数字作为系统的最终分类结果。这样的分类方法相当于把字符用 1 和 −1 进行 84 位数字编码,并用作对应输出单元的参数向量。当 F6 的输出向量 $\mathbf{A}^{(6)}$ 和某个输出单元的参数向量 $\boldsymbol{\omega}_i^{(7)}=[\omega_{i,1}^{(7)},\omega_{i,2}^{(7)},\cdots,\omega_{i,84}^{(7)}]^{\mathrm{T}}$ 相同时,对应的$o_i=0$,因此,参数向量可以看作分类的编码。

10.2.2 CNN 的特点

LeNet5 连续交替使用卷积和下采样,随着空间分辨率下降,特征映射的数量增加,符合动物视觉系统中的“简单”细胞后跟“复杂”细胞这一思想。

卷积神经网络属于一种深度神经网络，可以解决网络参数增多时导致的过拟合问题和层数增加时导致的梯度问题。

CNN 利用多种方法减少参数的数量，包括：

(1) 部分连接。BPNN 中，本层神经单元的输入来自前一层所有神经单元的输出，而 CNN 可以只和前一层的一部分神经元相连，这样可以减少大量参数。并且，部分连接打破网络的对称性，更加有利于对特征的提取。

(2) 权值共享。在 BPNN 中，神经元与它的输入之间的每一条连接都有单独的权重值。CNN 允许一组连接共享同一个权重值，从而进一步减少参数的数量。

(3) 下采样。下采样采用池化(pooling)技术，在一组数据中挑选最重要的数据进行进一步处理，这样可以进一步减少后续各层的样本数，同时还可以提高模型的鲁棒性。

CNN 在计算机视觉领域得到大量应用，还得益于以下几点：

(1) 丰富的已有数据。增加样本数据量可以通过众包方式生成，也可以通过对已有的样本进行随机截取、局部扰动、小角度扭动等方法增加样本数。比如，目前 ImageNet 已经有了超百万张带标注的图片数据。

(2) 改变激活函数。使用 ReLU 作为激活函数，ReLU 的导数对于正数输入来说恒为 1，能够很好地将梯度反向传到前面的网络当中，避免误差函数平坦区导致的梯度丢失现象。

(3) Dropout 机制。Hinton 在 2012 提出了 Dropout 机制，在训练过程中随机禁止一定比例的神经元被修改，避免了过拟合的现象。

(4) GPU 编程。使用 GPU 进行运算，运算性能有了数量级的提升。

上述问题的有效解决使我们可以使用更加复杂的神经网络模型，复杂模型带来的强大的表达能力，能够实现有监督的自动特征提取，神经网络的优势就得到了充分的显现。

10.3 CNN 反向训练

对于有监督的模式识别，由于任一样本的类别是已知的，样本在空间的分布不再是依据其自然分布倾向(如像素点的分布)来划分，而是要根据同类样本在空间的分布的相似性和不同类样本之间的差异程度(如像素点彼此之间的位置关系)找一种适当的空间划分方法。

卷积网络在本质上是一种输入到输出的映射，它能够学习大量的输入与输出之间的映射关系，而不需要任何输入和输出之间的精确的数学表达式。卷积网络执行的是有监督训练，其样本集由形如输入向量、标签向量的向量对构成。在开始训练前，所有的权重都应该用不同的小随机数进行初始化。“小随机数”用来保证网络不会因权值过大而进入饱和状态，“不同”用来保证网络可以正常地学习。

接下来，我们沿反向传播方向对 CNN 的反向训练方法进行推导。

10.3.1 全连接层

典型的 CNN 中，开始几层都是卷积和下采样的交替，在靠近输出层的最后一些层采用全连接一维网络。在输出层，我们已经将所有两维特征映射转化为全连接层一维网络的输入，如 LeNet5 中的 O7 将包含 84 个元素的列向量映射成包含 10 个元素的输出列向量。因此 CNN 的输出层训练方法和 BPNN 中的 BP 算法类似。

1. 输出层使用 Sigmoid 函数

这时可以使用二次代价函数，CNN 输出层训练方法推导过程详见神经网络一章。这里给出主要结论。

设 CNN 输出层为第 L 层，网络结构如图 10-15 所示。

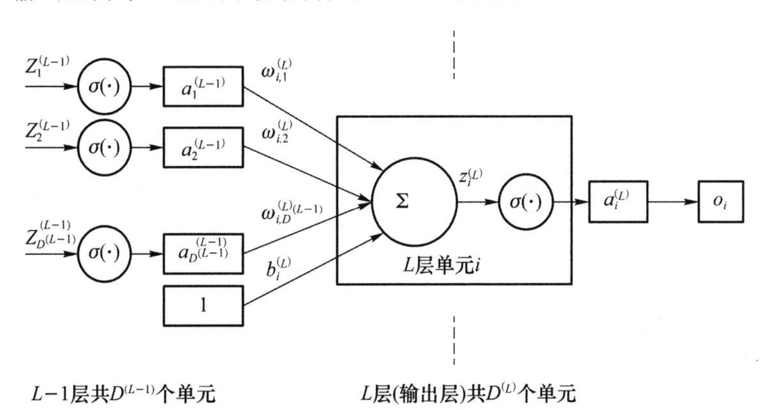

图 10-15 CNN 的输出层(第 L 层)

输出层中激活函数的输入向量 $\boldsymbol{Z}^{(L)}$ 的第 j 个元素为 $z_i^{(L)}$，根据图 10-15 可得：

$$z_i^{(L)} = \sum_{k=1}^{k=D^{(L-1)}} \omega_{i,k}^{(L)} a_k^{(L-1)} \tag{10-9}$$

设 M 个样本$(\boldsymbol{X}^{(j)},\boldsymbol{Y}^{(j)})$，$j=1,2,\cdots,M$，组成样本空间，则样本空间整体二次代价函数为：

$$\boldsymbol{J}_{\boldsymbol{\omega},\boldsymbol{B}}(\boldsymbol{X},\boldsymbol{Y}) = \frac{1}{2M}\sum_{j=1}^{j=M} \|\boldsymbol{E}^{(j)}\|_2^2 = \frac{1}{2M}\sum_{j=1}^{j=M}(\boldsymbol{E}^{(j)})^{\mathrm{T}}\boldsymbol{E}^{(j)} \tag{10-10}$$

式(10-10)中，

$$\begin{aligned}\boldsymbol{E}^{(j)} &= \boldsymbol{Y}^{(j)} - \boldsymbol{O}^{(j)} = \boldsymbol{Y}^{(j)} - \boldsymbol{H}_{\boldsymbol{\omega},\boldsymbol{B}}(\boldsymbol{X}^{(j)}) \\ &= [e_1^{(j)},e_2^{(j)},\cdots,e_{D^{(L)}}^{(j)}]^{\mathrm{T}} = [y_1^{(j)}-o_1^{(j)},y_2^{(j)}-o_2^{(j)},\cdots,y_{D^{(L)}}^{(j)}-o_{D^{(L)}}^{(j)}]^{\mathrm{T}}\end{aligned} \tag{10-11}$$

采用随机梯度下降时，对每一个样本 $\boldsymbol{X}$ 进行权值和偏置参数调整，省略样本序列编号，式(10-10)、式(10-11)分别改写为：

$$\boldsymbol{E}=\boldsymbol{Y}-\boldsymbol{O}=\boldsymbol{Y}-\boldsymbol{H}_{\boldsymbol{\omega},\boldsymbol{B}}(\boldsymbol{X})=\boldsymbol{Y}-\boldsymbol{A}^{(L)}=\boldsymbol{Y}-\boldsymbol{\sigma}(\boldsymbol{Z}^{(L)}) \tag{10-12}$$

$$\boldsymbol{J}_{\boldsymbol{\omega},\boldsymbol{B}}(\boldsymbol{X},\boldsymbol{Y}) = \frac{1}{2}\|\boldsymbol{E}\|_2^2 = \frac{1}{2}(\boldsymbol{E})^{\mathrm{T}}\boldsymbol{E} = \frac{1}{2}\sum_{k=1}^{k=D^{(L)}}(y_k - a_k^{(L)})^2 \tag{10-13}$$

二次代价函数对输出层线性求和单元输出的偏导为输出层敏感度向量，即：

$$\boldsymbol{\delta}^{(L)} = \frac{\partial \boldsymbol{J}_{\boldsymbol{\omega},\boldsymbol{B}}(\boldsymbol{X},\boldsymbol{Y})}{\partial \boldsymbol{Z}^{(L)}} = -\boldsymbol{E}\circ\boldsymbol{\sigma}'(\boldsymbol{Z}^{(L)}) \tag{10-14}$$

二次代价函数对输出层线性求和运算使用的权值和偏置的偏导为：

$$\nabla\boldsymbol{\omega}^{(L)} = \frac{\partial \boldsymbol{J}_{\boldsymbol{\omega},\boldsymbol{B}}(\boldsymbol{X},\boldsymbol{Y})}{\partial \boldsymbol{\omega}^{(L)}} = \boldsymbol{\delta}^{(L)}(\boldsymbol{A}^{(L-1)})^{\mathrm{T}} \tag{10-15}$$

$$\nabla \boldsymbol{B}^{(L)}=\frac{\partial \boldsymbol{J}_{\boldsymbol{\omega},\boldsymbol{B}}(\boldsymbol{X},\boldsymbol{Y})}{\partial \boldsymbol{B}^{(L)}}=\boldsymbol{\delta}^{(L)} \tag{10-16}$$

二次代价函数对 $L-1$ 层激活函数的输入向量的偏导为：

$$\boldsymbol{\delta}^{(L-1)}=\frac{\partial \boldsymbol{J}_{\boldsymbol{\omega},\boldsymbol{B}}(\boldsymbol{X},\boldsymbol{Y})}{\partial \boldsymbol{Z}^{(L-1)}}=[(\boldsymbol{\omega}^{(L)})^{\mathrm{T}}\boldsymbol{\delta}^{(L)}]\circ\boldsymbol{\sigma}'(\boldsymbol{Z}^{(L-1)}) \tag{10-17}$$

同样，式(10-14)和式(10-17)中"∘"运算表示哈达玛乘积。输出层权值向量和偏置向量更新算法为：

$$\boldsymbol{\omega}^{(L)}:=\boldsymbol{\omega}^{(L)}-\eta\,\nabla\boldsymbol{\omega}^{(L)} \tag{10-18}$$

$$\boldsymbol{B}^{(L)}:=\boldsymbol{B}^{(L)}-\eta\,\nabla\boldsymbol{B}^{(L)} \tag{10-19}$$

利用式(10-17)的计算，我们就把代价函数对第 L 层输出的变化反向推导到对第 L-1 层输出的变化，接下来就可以根据第 L-1 层的具体结构继续反向向前扩散。

2. 输出层使用 Softmax 函数

输出层使用 Softmax 函数时，代价函数使用 log 似然代价函数（log-likelihood cost function）。

设样本 $\boldsymbol{X}$ 对应的输出层加权和输出为 $\boldsymbol{Z}^{(L)}$，$\boldsymbol{Z}^{(L)}$ 为输出层激活函数的输入。输出层激活函数输出为 $\boldsymbol{A}^{(L)}$，则 CNN 网络的最终输出 $\boldsymbol{O}=\boldsymbol{A}^{(L)}=\boldsymbol{H}_{\boldsymbol{\omega},\boldsymbol{B}}(\boldsymbol{X})$。使用 Softmax 函数作为激活函数时，$\boldsymbol{O}$、$\boldsymbol{A}^{(L)}$ 和 $\boldsymbol{Z}^{(L)}$ 三个向量中各分量的关系为：

$$o_i=a_i^{(L)}=\frac{\mathrm{e}^{z_i^{(L)}}}{\sum\limits_{k=1}^{k=D^{(L)}}\mathrm{e}^{z_k^{(L)}}},\quad i=1,2,\cdots,D^{(L)} \tag{10-20}$$

其中，$D^{(L)}$ 为输出层（第 L 层）神经单元的个数，即输出向量中包含分量的个数。

根据式(10-20)，可以得到输出向量中的元素对输出层线性求和运算所得向量元素的偏导为：

$$\frac{\partial o_i}{\partial z_j^{(L)}}=\frac{\partial a_i^{(L)}}{\partial z_j^{(L)}}=\begin{cases}a_i^{(L)}(1-a_i^{(L)}), & j=i\\ -a_i^{(L)}a_j^{(L)}, & j\neq i\end{cases} \tag{10-21}$$

结合式(10-9)，可得：

$$\frac{\partial z_i^{(L)}}{\partial b_i^{(L)}}=1$$

$$\frac{\partial z_i^{(L)}}{\partial \omega_{i,k}^{(L)}}=a_k^{(L-1)}$$

Softmax 函数具有 $D^{(L)}$ 个输出分量，可以把样本分成 $D^{(L)}$ 个类。依据式(10-20)可知，所有输出分量的和为 1，输出的每个分量o_i 可以看作分类为第 i 类的概率。对于理想结果，输出向量中只有一个分量为 1，其他分量为 0，此时输出各分量形成的熵最小，等于 0。这提醒我们可以用最小化熵函数来学习系统的参数。实际使用中，我们用熵的相反数作为代价函数，最小化熵即为最大化它的相反数。设样本的标签为 $\boldsymbol{Y}=[y_1,y_2,\cdots,y_{D^{(L)}}]^{\mathrm{T}}$，则代价函数的具体定义如下：

$$\boldsymbol{J}_{\boldsymbol{\omega},\boldsymbol{B}}(\boldsymbol{X},\boldsymbol{Y})=-\sum_{k=1}^{k=D^{(L)}}y_k\ln a_k^{(L)} \tag{10-22}$$

式(10-22)表示的代价函数称为 log 似然代价函数，求它的最大值的优化过程需要计算代价函数对参数的偏导。

代价函数对输出层加权和输出的偏导：

$$\delta_i^{(L)} = \frac{\partial J_{\omega,B}(X,Y)}{\partial z_i^{(L)}} = \frac{\partial}{\partial z_i^{(L)}}\left(-\sum_{k=1}^{k=D^{(L)}} y_k \ln a_k^{(L)}\right) \tag{10-23}$$

结合式(10-21)和式(10-23)得：

$$\delta_i^{(L)} = -y_i + a_i^{(L)} \sum_{k=1}^{k=D^{(L)}} y_k \tag{10-24}$$

考虑到 $\sum_{k=1}^{k=D^{(L)}} y_k = 1$，则有 $\delta_i^{(L)} = -y_i + a_i^{(L)} = -(y_i - a_i^{(L)}) = -e_i$，写成矢量形式，则输出层的敏感度矢量为：

$$\boldsymbol{\delta}^{(L)} = \frac{\partial \boldsymbol{J}_{\boldsymbol{\omega},\boldsymbol{B}}(\boldsymbol{X},\boldsymbol{Y})}{\partial \boldsymbol{Z}^{(L)}} = -\boldsymbol{E} \tag{10-25}$$

代价函数对输出层权值矩阵和偏置向量的偏导为：

$$\nabla \boldsymbol{\omega}^{(L)} = \frac{\partial \boldsymbol{J}_{\boldsymbol{\omega},\boldsymbol{B}}(\boldsymbol{X},\boldsymbol{Y})}{\partial \boldsymbol{\omega}^{(L)}} = \boldsymbol{\delta}^{(L)} (\boldsymbol{A}^{(L-1)})^{\mathrm{T}} \tag{10-26}$$

$$\nabla \boldsymbol{B}^{(L)} = \frac{\partial \boldsymbol{J}_{\boldsymbol{\omega},\boldsymbol{B}}(\boldsymbol{X},\boldsymbol{Y})}{\partial \boldsymbol{B}^{(L)}} = \boldsymbol{\delta}^{(L)}$$

代价函数对第 $L-1$ 层激活函数的输入的偏导为：

$$\boldsymbol{\delta}^{(L-1)} = \frac{\partial \boldsymbol{J}_{\boldsymbol{\omega},\boldsymbol{B}}(\boldsymbol{X},\boldsymbol{Y})}{\partial \boldsymbol{Z}^{(L-1)}} = [(\boldsymbol{\omega}^{(L)})^{\mathrm{T}} \boldsymbol{\delta}^{(L)}] \circ \boldsymbol{\sigma}'(\boldsymbol{Z}^{(L-1)}) \tag{10-27}$$

利用式(10-27)可以完成误差函数向 $L-1$ 层的反向传播。

10.3.2 池化层

1. 参考结构

本节介绍池化层的训练方法。假设 CNN 的第 l 层为池化层，我们考虑池化层的第 j 个通道，如图 10-16 所示。

图 10-16 只给出池化层的第 j 个通道。为了方便绘图，图 10-16 省略了表格中数据的层编号上标和通道编号下标，在运算时需要补全。

如图 10-16 所示，此通道的输入来自第 $l-1$ 层第 j 个通道的特征映射 $\boldsymbol{A}_j^{(l-1)} = \{a_{j,m,n}^{(l-1)}\}$，对于图像特征识别 $\boldsymbol{A}_j^{(l-1)}$ 为一个矩阵，j,m,n 分别代表 $\boldsymbol{A}_j^{(l-1)}$ 的通道编号、行号和列号，起始编号为 0。

设池化层采用 $k \times k$ 的池化滤波器，池化操作步长为 k，则池化操作通过对 $\boldsymbol{A}_j^{(l-1)}$ 每个 $k \times k$ 的数据块进行采样得到一个数据作为池化输出矩阵的一个元素。为了和输出层的符号用法保持一致，我们用 $\boldsymbol{Z}_j^{(l)}$ 表示池化操作输出，用 $\boldsymbol{A}_j^{(l)}$ 表示 $\boldsymbol{Z}_j^{(l)}$ 经激活函数后的运算结果，池化层最终输出 $\boldsymbol{A}_j^{(l)} = \boldsymbol{Z}_j^{(l)}$。池化层第 j 个通道的权值参数和偏置参数分别为 $\omega_j^{(l)}$ 和 $b_j^{(l)}$。

2. 池化操作

$\boldsymbol{Z}_j^{(l)}$ 中第 u 行 v 列对应的元素为 $z_{j,u,v}^{(l)}$，

$$z_{j,u,v}^{(l)} = \omega_j^{(l)} \operatorname{down}(\boldsymbol{A}^{(l-1)}[j,(u-1)k:uk,(v-1)k:vk]) + b_j^{(l)} \tag{10-28}$$

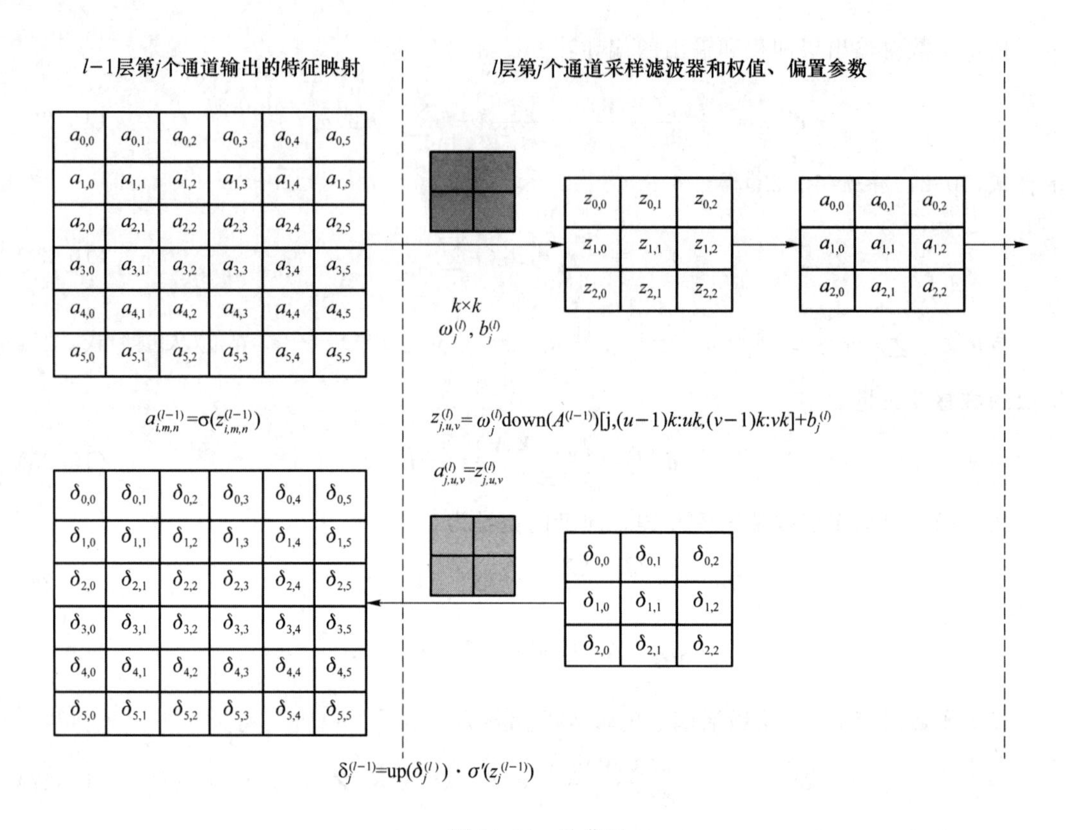

图 10-16　池化层

式(10-28)中 $\boldsymbol{A}^{(l-1)}[j,(u-1)k:uk,(v-1)k:vk]$ 为池化层输入张量中的一个数据块，down(·)表示下采样操作。如前文所述，对于图像特征识别，$\boldsymbol{A}_j^{(l-1)}$ 为矩阵，考虑多通道因素后，$\boldsymbol{A}^{(l-1)}$ 为三阶张量。其中 j 为通道编号；$(u-1)k:uk$ 表示行号大于或等于 $(u-1)k$，小于 uk；$(v-1)k:vk$ 表示列号大于或等于 $(v-1)k$，小于 vk。

对于最大池化操作来讲：

$$\begin{aligned}&\text{down}(\boldsymbol{A}^{(l-1)}[j,(u-1)k:uk,(v-1)k:vk])\\&=\max(\boldsymbol{A}^{(l-1)}[j,(u-1)k:uk,(v-1)k:vk])\end{aligned}\tag{10-29}$$

对于平均池化操作来讲：

$$\begin{aligned}&\text{down}(\boldsymbol{A}^{(l-1)}[j,(u-1)k:uk,(v-1)k:vk])\\&=\frac{1}{k^2}\text{sum}(\boldsymbol{A}^{(l-1)}[j,(u-1)k:uk,(v-1)k:vk])\end{aligned}\tag{10-30}$$

3. 对池化层权值和偏置参数的偏导

在输出层训练一节我们介绍了从输出层反向传播到前一层的方法，基于此我们假设经过一系列反向传播之后，第 l 层第 j 通道 $\boldsymbol{\delta}_j^{(l)}=\dfrac{\partial \boldsymbol{J}_{\boldsymbol{\omega},\boldsymbol{B}}(\boldsymbol{X},\boldsymbol{Y})}{\partial \boldsymbol{Z}_j^{(l)}}$ 已知。

系统的代价函数对池化层(第 l 层)权值参数的偏导为：

$$\nabla\omega_j^{(l)}=\frac{\partial \boldsymbol{J}_{\boldsymbol{\omega},\boldsymbol{B}}(\boldsymbol{X},\boldsymbol{Y})}{\partial \omega_j^{(l)}}=\sum_u\sum_v\frac{\partial \boldsymbol{J}_{\boldsymbol{\omega},\boldsymbol{B}}(\boldsymbol{X},\boldsymbol{Y})}{\partial z_{j,u,v}^{(l)}}\frac{\partial z_{j,u,v}^{(l)}}{\partial \omega_j^{(l)}}=\sum_u\sum_v\delta_{j,u,v}^{(l)}\frac{\partial z_{j,u,v}^{(l)}}{\partial \omega_j^{(l)}}$$

$$= \sum_u \sum_v \delta_{j,u,v}{}^{(l)} \mathrm{down}(\boldsymbol{A}^{(l-1)}[j,(u-1)k:uk,(v-1)k:vk]) \tag{10-31}$$

系统的代价函数对池化层(第 l 层)偏置参数的偏导为:

$$\nabla b_j^{(l)} = \frac{\partial \boldsymbol{J}_{\boldsymbol{\omega},\boldsymbol{B}}(\boldsymbol{X},\boldsymbol{Y})}{\partial\, b_j^{(l)}} = \sum_u \sum_v \frac{\partial \boldsymbol{J}_{\boldsymbol{\omega},\boldsymbol{B}}(\boldsymbol{X},\boldsymbol{Y})}{\partial z_{j,u,v}^{(l)}} \frac{\partial z_{j,u,v}^{(l)}}{\partial\, b_j^{(l)}} = \sum_u \sum_v \delta_{j,u,v}^{(l)} \tag{10-32}$$

4. 池化层变化敏感度反向传播

和输出层类似,我们需要计算代价函数对池化层的输入的偏导。因为池化层每个通道总是连接第 $l-1$ 层的一个特征映射通道,所以本节接着讨论第 $l-1$ 层的第 j 个通道。设第 $l-1$ 层的第 j 个通道的激活函数输入为 $\boldsymbol{Z}_j^{(l-1)}$,池化层输入 $\boldsymbol{A}_j^{(l-1)}$。

由前面讨论知,在池化操作中第 $l-1$ 层输出的一个数据块 $\boldsymbol{A}^{(l-1)}[j,(u-1)k:uk,(v-1)k:vk]$ 经过池化操作,用于生成第 l 层的 $z_{j,u,v}^{(l)}$,因此代价函数对于这一数据块中每个元素的偏导都来自代价函数对 $z_{j,u,v}^{(l)}$ 的偏导,即 $\delta_{j,u,v}^{(l)}$。

设 $l-1$ 层 $\boldsymbol{Z}_j^{(l-1)}$ 对应的敏感度矩阵为 $\boldsymbol{\delta}_j^{(l-1)}$,则 $\boldsymbol{\delta}_j^{(l-1)}$ 中每一个元素 $\delta_{j,m,n}^{(l-1)}$ 为:

$$\delta_{j,m,n}^{(l-1)} = \frac{\partial \boldsymbol{J}_{\boldsymbol{\omega},\boldsymbol{B}}(\boldsymbol{X},\boldsymbol{Y})}{\partial z_{j,m,n}^{(l-1)}} = \frac{\partial \boldsymbol{J}_{\boldsymbol{\omega},\boldsymbol{B}}(\boldsymbol{X},\boldsymbol{Y})}{\partial a_{j,m,n}^{(l-1)}} \frac{\partial a_{j,m,n}^{(l-1)}}{\partial z_{j,m,n}^{(l-1)}} = \sigma'(z_{j,m,n}^{(l-1)}) \frac{\partial \boldsymbol{J}_{\boldsymbol{\omega},\boldsymbol{B}}(\boldsymbol{X},\boldsymbol{Y})}{\partial a_{j,m,n}^{(l-1)}} \tag{10-33}$$

写成矩阵形式得:

$$\boldsymbol{\delta}_j^{(l-1)} = \boldsymbol{\sigma}'(\boldsymbol{Z}_j^{(l-1)}) \circ \frac{\partial \boldsymbol{J}_{\boldsymbol{\omega},\boldsymbol{B}}(\boldsymbol{X},\boldsymbol{Y})}{\partial \boldsymbol{A}_j^{(l-1)}} \tag{10-34}$$

其中,$\frac{\partial \boldsymbol{J}_{\boldsymbol{\omega},\boldsymbol{B}}(\boldsymbol{X},\boldsymbol{Y})}{\partial \boldsymbol{A}_j^{(l-1)}}$ 为和 $\boldsymbol{A}_j^{(l-1)}$ 同型的一个矩阵,对于其中下标范围为 $[j,(u-1)k:uk,(v-1)k:vk]$ 的数据块中行号为 m,列号为 n 的元素 $\frac{\partial \boldsymbol{J}_{\boldsymbol{\omega},\boldsymbol{B}}(\boldsymbol{X},\boldsymbol{Y})}{\partial a_{j,m,n}^{(l-1)}}$,可得:

$$\frac{\partial \boldsymbol{J}_{\boldsymbol{\omega},\boldsymbol{B}}(\boldsymbol{X},\boldsymbol{Y})}{\partial a_{j,m,n}^{(l-1)}} = \frac{\partial \boldsymbol{J}_{\boldsymbol{\omega},\boldsymbol{B}}(\boldsymbol{X},\boldsymbol{Y})}{\partial z_{j,u,v}^{(l)}} \frac{\partial z_{j,u,v}^{(l)}}{\partial a_{j,m,n}^{(l-1)}} \tag{10-35}$$

其中,整数 $m \in [(u-1)k, uk)$,整数 $n \in [(v-1)k, vk)$。结合式(10-28)、式(10-29)、式(10-30)和式(10-35)可得,对于最大池化模式:

$$\begin{aligned}
\frac{\partial \boldsymbol{J}_{\boldsymbol{\omega},\boldsymbol{B}}(\boldsymbol{X},\boldsymbol{Y})}{\partial a_{j,m,n}^{(l-1)}} &= \omega_j^{(l)} \delta_{j,u,v}^{(l)} \frac{\partial \max(\boldsymbol{A}^{(l-1)}[j,(u-1)k:uk,(v-1)k:vk])}{\partial a_{j,m,n}^{(l-1)}} \\
&= \begin{cases} 0, & a_{j,m,n}^{(l-1)} \neq \max\ (\boldsymbol{A}^{(l-1)}[j,(u-1)k:uk,(v-1)k:vk]) \\ \omega_j^{(l)} \delta_{j,u,v}^{(l)}, & a_{j,m,n}^{(l-1)} = \max\ (\boldsymbol{A}^{(l-1)}[j,(u-1)k:uk,(v-1)k:vk]) \end{cases}
\end{aligned} \tag{10-36}$$

由式(10-36)可知,把 $l-1$ 层敏感度数据块和 $l-1$ 输出数据块对应起来,即行号范围和列号范围一致,我们发现敏感度数据块中只有在和输出数据块中最大值对应位置相同的位置处元素为 $\omega_j^{(l)} \delta_{j,u,v}{}^{(l)}$,其他位置上的元素为 0。

同理可得,对于平均池化模式,

$$\begin{aligned}
\frac{\partial \boldsymbol{J}_{\boldsymbol{\omega},\boldsymbol{B}}(\boldsymbol{X},\boldsymbol{Y})}{\partial a_{j,m,n}^{(l-1)}} &= \frac{\omega_j^{(l)} \delta_{j,u,v}^{(l)}}{k^2} \frac{\partial \mathrm{sum}(\boldsymbol{A}^{(l-1)}[j,(u-1)k:uk,(v-1)k:vk])}{\partial a_{j,m,n}^{(l-1)}} \\
&= \frac{\omega_j^{(l)} \delta_{j,u,v}^{(l)}}{k^2}, \quad m \in [(u-1)k, uk), \quad n \in [(v-1)k, vk)
\end{aligned} \tag{10-37}$$

由式(10-37)可知,$l-1$ 层敏感度数据块中所有元素均为 $\frac{\omega_j^{(l)} \delta_{j,u,v}^{(l)}}{k^2}$。把式(10-36)和

式(10-37)分别代入式(10-35)即可求出两种池化模式下的 $\boldsymbol{\delta}_j^{(l-1)}$，下采样池化层对应的反向传播，即从 $\boldsymbol{\delta}_j^{(l)}$ 推导 $\boldsymbol{\delta}_j^{(l-1)}$ 的过程相当于上采样，图 10-16 中的 up(·)，即：

$$\boldsymbol{\delta}_j^{(l-1)}=\boldsymbol{\sigma}'(\boldsymbol{Z}_j^{(l-1)})\circ \mathrm{up}(\boldsymbol{\delta}_j^{(l-1)}) \tag{10-38}$$

式(10-38)中 up(·)表示的上采样操作由式(10-36)和式(10-37)分别给出。

为了便于理解，此处用一个例子对池化层敏感度反向传播进行进一步说明。前向池化操作中，每个数据块操作一次，对该数据块创建一个和池化滤波器同型的矩阵。其中和数据块中最大值对应的位置用 1 填充，其他位置用 0 填充，如图 10-17 所示。完成池化操作后，我们会得到和 $\boldsymbol{\delta}_j^{(l)}$ 包含元素个数相同的最大值记录矩阵，这些矩阵的元素和 $\boldsymbol{\delta}_j^{(l)}$ 中每个元素一一对应，则敏感度反向传播相当于把 $\boldsymbol{\delta}_j^{(l)}$ 每个元素和其所对应的记录矩阵进行 Kronecker 乘积，形成一个和 $\boldsymbol{A}_j^{(l-1)}$ 同型的矩阵，最后把这个矩阵和本层权值参数 $\omega_j^{(l)}$ 相乘获得敏感度反向传播矩阵。

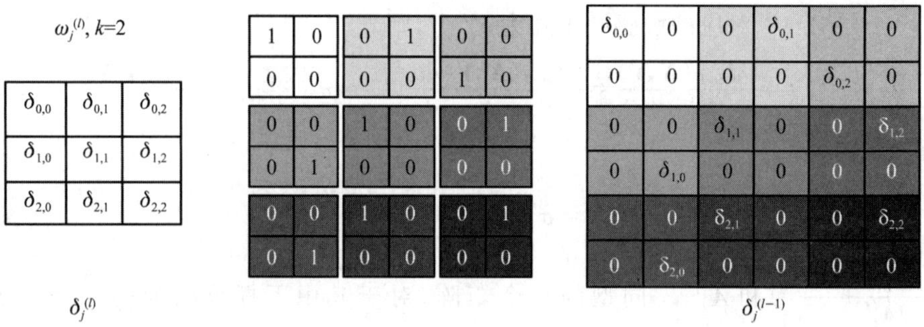

$\omega_j^{(l)}, k=2$

$\delta_{0,0}$	$\delta_{0,1}$	$\delta_{0,2}$
$\delta_{1,0}$	$\delta_{1,1}$	$\delta_{1,2}$
$\delta_{2,0}$	$\delta_{2,1}$	$\delta_{2,2}$

$\delta_j^{(l)}$

1	0	0	1	0	0
0	0	0	0	1	0
0	0	1	0	0	1
0	1	0	0	0	0
0	0	1	0	0	1
0	1	0	0	0	0

$\delta_{0,0}$	0	0	$\delta_{0,1}$	0	0
0	0	0	0	$\delta_{0,2}$	0
0	0	$\delta_{1,1}$	0	0	$\delta_{1,2}$
0	$\delta_{1,0}$	0	0	0	0
0	0	$\delta_{2,1}$	0	0	$\delta_{2,2}$
0	$\delta_{2,0}$	0	0	0	0

$\delta_j^{(l-1)}$

图 10-17　最大池化操作反向传播示例

对于平均池化操作模式，记录矩阵用全"1"填充，通过 Kronecker 乘积获得的矩阵乘以 $\dfrac{\omega_j^{(l)}}{k^2}$ 之后便得到 $l-1$ 层的敏感度矩阵。

10.3.3 卷积层

1. 参考结构

本节介绍卷积层的训练方法。假设 CNN 的第 l 层为卷积层，我们考虑卷积层的第 j 个通道，如图 10-18 所示。

图 10-18 只给出卷积层的第 j 个通道。为了方便绘图，图 10-18 中省略了表格中数据的层编号上标和通道编号下标，在运算时需要补全。

如图 10-18 所示，此通道的输入来自第 $l-1$ 层第 j 个通道的特征映射 $\boldsymbol{A}_j^{(l-1)}=\{a_{j,d,m,n}^{(l-1)}\}$，$\boldsymbol{A}_j^{(l-1)}$ 是一个三阶张量，j,d,m,n 分别代表 $\boldsymbol{A}_j^{(l-1)}$ 的通道编号、层号、行号和列号，起始编号为 0。如果考虑多个通道，$\boldsymbol{A}^{(l-1)}$ 为四阶张量，通道固定为第 j 个时，$\boldsymbol{A}_j^{(l-1)}$ 为三阶张量。$\boldsymbol{A}_j^{(l-1)}$ 每层数据 $\boldsymbol{A}_j^{(l-1)}[d][:][:]$ 为一个矩阵，其中 d 为层号，图 10-18 中，$d=0,1$。

设卷积层第 j 个通道采用的卷积核大小为 $d\times k\times k$ 的 3 阶张量 $\boldsymbol{\omega}_j^{(l)}$，卷积操作步长为 1，无填充模式。$\boldsymbol{\omega}_j^{(l)}$ 的每层 $\boldsymbol{\omega}_j^{(l)}[d][:][:]$ 为一个大小为 $k\times k$ 矩阵，图 10-18 中，$d=0,1$。

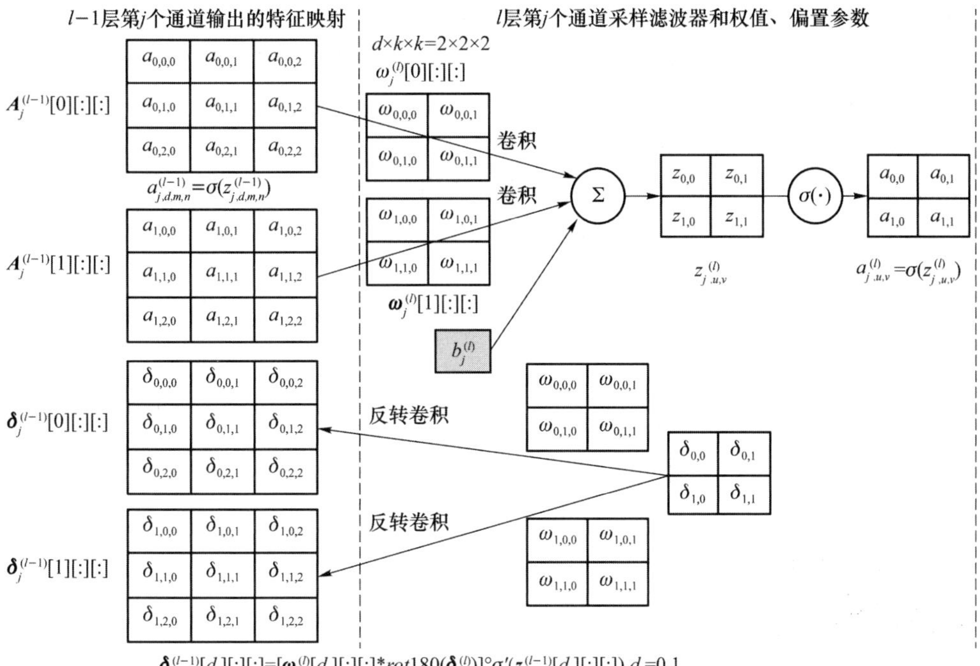

图 10-18　卷积层

卷积操作把 $\mathbf{A}_j^{(l-1)}[d][:][:]$ 和 $\boldsymbol{\omega}_j^{(l)}[d][:][:]$ 做无反转卷积操作生成一层卷积数据，把各层卷积数据对应位置求和加上偏置参数 $b_j^{(l)}$ 后的最终的卷积结果 $\mathbf{Z}_j^{(l)}$，经激活函数运算后，卷积层的输出为 $\mathbf{A}_j^{(l)}$。

2. 卷积操作

$\mathbf{Z}_j^{(l)}$ 中第 u 行 v 列对应的元素为 $z_{j,u,v}^{(l)}$，

$$\mathbf{Z}_j^{(l)} = \sum_{d=0}^{D-1} \mathbf{A}_j^{(l-1)}[d][:][:] * \boldsymbol{\omega}_j^{(l)}[d][:][:] + b_j^{(l)} \tag{10-39}$$

其中，D 为卷积核的层数，图 10-18 中所示的例子中 $D=1$。同理，

$$\mathbf{A}_j^{(l)} = \boldsymbol{\sigma}(\mathbf{Z}_j^{(l)}) \tag{10-40}$$

其中，$\boldsymbol{\sigma}(\cdot)$为矢量化函数，和神经网络一章中的定义类似。函数结果为与输入矩阵同型的矩阵，矩阵中的每个元素为输入矩阵对应元素单独输入该函数所得的函数值。

为了便于理解后续推导卷积层偏导的计算方法，我们把图 10-18 所示卷积层的 $\mathbf{Z}_j^{(l)}$ 写成如下形式：

$$\left.\begin{aligned}
z_{j,0,0}^{(l)} &= \sum_{m=0}^{1}\sum_{n=0}^{1} a_{j,0,m,n}^{(l-1)}\omega_{j,0,m,n}^{(l)} + \sum_{m=0}^{1}\sum_{n=0}^{1} a_{j,1,m,n}^{(l-1)}\omega_{j,1,m,n}^{(l)} + b_j^{(l)} \\
z_{j,0,1}^{(l)} &= \sum_{m=0}^{1}\sum_{n=0}^{1} a_{j,0,m,n+1}^{(l-1)}\omega_{j,0,m,n}^{(l)} + \sum_{m=0}^{1}\sum_{n=0}^{1} a_{j,1,m,n+1}^{(l-1)}\omega_{j,1,m,n}^{(l)} + b_j^{(l)} \\
z_{j,1,0}^{(l)} &= \sum_{m=0}^{1}\sum_{n=0}^{1} a_{j,0,m+1,n}^{(l-1)}\omega_{j,0,m,n}^{(l)} + \sum_{m=0}^{1}\sum_{n=0}^{1} a_{j,1,m+1,n}^{(l-1)}\omega_{j,1,m,n}^{(l)} + b_j^{(l)} \\
z_{j,1,1}^{(l)} &= \sum_{m=0}^{1}\sum_{n=0}^{1} a_{j,0,m+1,n+1}^{(l-1)}\omega_{j,0,m,n}^{(l)} + \sum_{m=0}^{1}\sum_{n=0}^{1} a_{j,1,m+1,n+1}^{(l-1)}\omega_{j,1,m,n}^{(l)} + b_j^{(l)}
\end{aligned}\right\} \tag{10-41}$$

从上述计算可以看出,$z_{j,u,v}^{(l)}$的计算方式为:把 $\boldsymbol{A}_j^{(l-1)}$ 各层中以行列编号分别为 u 和 v 作为起始元素的数据块组成的矩阵与卷积核对应层(卷积核的层)矩阵做对应元素乘积,把点积获得的矩阵的所有元素求和并加上偏置参数之后便获得最终结果。

3. 对卷积层权值和偏置参数的偏导

和池化层反向传播类似,我们假设经过一系列反向传播之后,第 l 层第 j 通道 $\boldsymbol{\delta}_j^{(l)} = \frac{\partial \boldsymbol{J}_{\omega,\boldsymbol{B}}(\boldsymbol{X},\boldsymbol{Y})}{\partial \boldsymbol{Z}_j^{(l)}}$已知。

因为卷积层卷积核第 d 层权值矩阵的每个参数 $\omega_{j,d,m,n}^{(l)}$和 $\boldsymbol{Z}_j^{(l)}$ 中的每个参数都相关,所以系统的代价函数对 $\omega_{j,d,m,n}^{(l)}$的偏导为:

$$\begin{aligned}\nabla\omega_{j,d,m,n}^{(l)} &= \frac{\partial \boldsymbol{J}_{\omega,\boldsymbol{B}}(\boldsymbol{X},\boldsymbol{Y})}{\partial \omega_{j,d,m,n}^{(l)}} \\ &= \sum_u \sum_v \frac{\partial \boldsymbol{J}_{\omega,\boldsymbol{B}}(\boldsymbol{X},\boldsymbol{Y})}{\partial z_{j,u,v}^{(l)}} \frac{\partial z_{j,u,v}^{(l)}}{\partial \omega_{j,d,m,n}^{(l)}} \\ &= \sum_u \sum_v \delta_{j,u,v}{}^{(l)} \frac{\partial z_{j,u,v}^{(l)}}{\partial \omega_{j,d,m,n}^{(l)}} \\ &= \sum_u \sum_v a_{j,d,m+u,n+v}^{(l-1)} \delta_{j,u,v}^{(l)}\end{aligned} \tag{10-42}$$

代价函数对卷积核第 d 层权值矩阵 $\boldsymbol{\omega}_j^{(l)}[d][:][:]$的偏导为:

$$\boldsymbol{\nabla\omega}_j^{(l)}[d][:][:]=\frac{\partial \boldsymbol{J}_{\omega,\boldsymbol{B}}(\boldsymbol{X},\boldsymbol{Y})}{\partial \boldsymbol{\omega}_j^{(l)}[d][:][:]}=\boldsymbol{A}_j^{(l-1)}[d][:][:]*\boldsymbol{\delta}_j^{(l)} \tag{10-43}$$

从式(10-43)可以看出,代价函数对卷积层卷积核各层参数矩阵的偏导为敏感度矩阵 $\boldsymbol{\delta}_j^{(l)}$ 与卷积层对应通道输入特征映射的对应层矩阵的卷积。卷积模式和正向传播计算 $\boldsymbol{Z}_j^{(l)}$ 时使用的模式一致。

代价函数对卷积层偏置参数的偏导为:

$$\nabla b_j^{(l)} = \frac{\partial \boldsymbol{J}_{\omega,\boldsymbol{B}}(\boldsymbol{X},\boldsymbol{Y})}{\partial b_j^{(l)}} = \sum_u \sum_v \frac{\partial \boldsymbol{J}_{\omega,\boldsymbol{B}}(\boldsymbol{X},\boldsymbol{Y})}{\partial z_{j,u,v}^{(l)}} \frac{\partial z_{j,u,v}^{(l)}}{\partial b_j^{(l)}} = \sum_u \sum_v \delta_{j,u,v}^{(l)} \tag{10-44}$$

4. 卷积层变化敏感度反向传播

卷积层每个通道通过一个多层的卷积核连接第 $l-1$ 层的一个多层的特征映射,所以 $\boldsymbol{Z}_j^{(l)}$ 中的每个元素 $z_{j,u,v}^{(l)}$和 $\boldsymbol{A}_j^{(l-1)}$ 每层中的一个数据块相关,每层数据块的起始元素为行列编号分别为 u 和 v 的元素。显然 $z_{j,u,v}^{(l)}$对 $\boldsymbol{A}_j^{(l-1)}$ 各层参数求偏导时,如果参数在数据块内,则偏导为对应的卷积核中的元素;否则,偏导为 0。同时由于标量对矩阵求导,相当于对矩阵的每一个元素逐一求导,结果是一个同型的矩阵。

结合式(10-41),我们先以图 10-18 为例进行计算,之后给出一般形式。

$$\begin{aligned}\delta_{j,d,0,0}^{(l-1)} &= \frac{\partial \boldsymbol{J}_{\omega,\boldsymbol{B}}(\boldsymbol{X},\boldsymbol{Y})}{\partial a_{j,d,0,0}^{(l-1)}}\sigma'(z_{j,d,0,0}^{(l-1)}) = \sum_u \sum_u \frac{\partial \boldsymbol{J}_{\omega,\boldsymbol{B}}(\boldsymbol{X},\boldsymbol{Y})}{\partial z_{j,u,v}^{(l)}} \frac{\partial z_{j,u,v}^{(l)}}{\partial a_{j,d,0,0}^{(l-1)}}\sigma'(z_{j,d,0,0}^{(l-1)}) \\ &= \omega_{j,d,0,0}^{(l)}\delta_{j,0,0}^{(l)}\sigma'(z_{j,d,0,0}^{(l-1)}) \\ \delta_{j,d,0,1}^{(l-1)} &= \frac{\partial \boldsymbol{J}_{\omega,\boldsymbol{B}}(\boldsymbol{X},\boldsymbol{Y})}{\partial a_{j,d,0,1}^{(l-1)}}\sigma'(z_{j,d,0,1}^{(l-1)}) = \sum_u \sum_u \frac{\partial \boldsymbol{J}_{\omega,\boldsymbol{B}}(\boldsymbol{X},\boldsymbol{Y})}{\partial z_{j,u,v}^{(l)}} \frac{\partial z_{j,u,v}^{(l)}}{\partial a_{j,d,0,1}^{(l-1)}}\sigma'(z_{j,d,0,1}^{(l-1)}) \\ &= (\omega_{j,d,0,0}^{(l)}\delta_{j,0,1}^{(l)} + \omega_{j,d,0,1}^{(l)}\delta_{j,0,0}^{(l)})\sigma'(z_{j,d,0,1}^{(l-1)}) \\ \delta_{j,d,0,2}^{(l-1)} &= \frac{\partial \boldsymbol{J}_{\omega,\boldsymbol{B}}(\boldsymbol{X},\boldsymbol{Y})}{\partial a_{j,d,0,2}^{(l-1)}}\sigma'(z_{j,d,0,2}^{(l-1)}) = \sum_u \sum_u \frac{\partial \boldsymbol{J}_{\omega,\boldsymbol{B}}(\boldsymbol{X},\boldsymbol{Y})}{\partial z_{j,u,v}^{(l)}} \frac{\partial z_{j,u,v}^{(l)}}{\partial a_{j,d,0,2}^{(l-1)}}\sigma'(z_{j,d,0,2}^{(l-1)})\end{aligned}$$

$$
\begin{aligned}
&= (\omega_{j,d,0,1}^{(l)}\delta_{j,0,1}^{(l)})\sigma'(z_{j,d,0,2}^{(l-1)}) \\
\delta_{j,d,1,0}^{(l-1)} &= \frac{\partial \boldsymbol{J}_{\boldsymbol{\omega},\boldsymbol{B}}(\boldsymbol{X},\boldsymbol{Y})}{\partial a_{j,d,1,0}^{(l-1)}}\sigma'(z_{j,d,1,0}^{(l-1)}) = \sum_u\sum_u \frac{\partial \boldsymbol{J}_{\boldsymbol{\omega},\boldsymbol{B}}(\boldsymbol{X},\boldsymbol{Y})}{\partial z_{j,u,v}^{(l)}}\frac{\partial z_{j,u,v}^{(l)}}{\partial a_{j,d,1,0}^{(l-1)}}\sigma'(z_{j,d,1,0}^{(l-1)}) \\
&= (\omega_{j,d,0,0}^{(l)}\delta_{j,1,0}^{(l)} + \omega_{j,d,1,0}^{(l)}\delta_{j,0,0}^{(l)})\sigma'(z_{j,d,1,0}^{(l-1)}) \\
\delta_{j,d,1,1}^{(l-1)} &= \frac{\partial \boldsymbol{J}_{\boldsymbol{\omega},\boldsymbol{B}}(\boldsymbol{X},\boldsymbol{Y})}{\partial a_{j,d,1,1}^{(l-1)}}\sigma'(z_{j,d,1,1}^{(l-1)}) = \sum_u\sum_u \frac{\partial \boldsymbol{J}_{\boldsymbol{\omega},\boldsymbol{B}}(\boldsymbol{X},\boldsymbol{Y})}{\partial z_{j,u,v}^{(l)}}\frac{\partial z_{j,u,v}^{(l)}}{\partial a_{j,d,1,1}^{(l-1)}}\sigma'(z_{j,d,1,1}^{(l-1)}) \\
&= (\omega_{j,d,0,0}^{(l)}\delta_{j,1,1}^{(l)} + \omega_{j,d,0,1}^{(l)}\delta_{j,1,0}^{(l)} + \omega_{j,d,1,0}^{(l)}\delta_{j,0,1}^{(l)} + \omega_{j,d,1,1}^{(l)}\delta_{j,0,0}^{(l)})\sigma'(z_{j,d,1,1}^{(l-1)}) \\
\delta_{j,d,1,2}^{(l-1)} &= \frac{\partial \boldsymbol{J}_{\boldsymbol{\omega},\boldsymbol{B}}(\boldsymbol{X},\boldsymbol{Y})}{\partial a_{j,d,1,2}^{(l-1)}}\sigma'(z_{j,d,1,2}^{(l-1)}) = \sum_u\sum_u \frac{\partial \boldsymbol{J}_{\boldsymbol{\omega},\boldsymbol{B}}(\boldsymbol{X},\boldsymbol{Y})}{\partial z_{j,u,v}^{(l)}}\frac{\partial z_{j,u,v}^{(l)}}{\partial a_{j,d,1,2}^{(l-1)}}\sigma'(z_{j,d,1,2}^{(l-1)}) \\
&= (\omega_{j,d,0,1}^{(l)}\delta_{j,1,1}^{(l)} + \omega_{j,d,1,1}^{(l)}\delta_{j,0,1}^{(l)})\sigma'(z_{j,d,1,2}^{(l-1)}) \\
\delta_{j,d,2,0}^{(l-1)} &= \frac{\partial \boldsymbol{J}_{\boldsymbol{\omega},\boldsymbol{B}}(\boldsymbol{X},\boldsymbol{Y})}{\partial a_{j,d,2,0}^{(l-1)}}\sigma'(z_{j,d,2,0}^{(l-1)}) = \sum_u\sum_u \frac{\partial \boldsymbol{J}_{\boldsymbol{\omega},\boldsymbol{B}}(\boldsymbol{X},\boldsymbol{Y})}{\partial z_{j,u,v}^{(l)}}\frac{\partial z_{j,u,v}^{(l)}}{\partial a_{j,d,2,0}^{(l-1)}}\sigma'(z_{j,d,2,0}^{(l-1)}) \\
&= (\omega_{j,d,1,0}^{(l)}\delta_{j,1,0}^{(l)})\sigma'(z_{j,d,2,0}^{(l-1)}) \\
\delta_{j,d,2,1}^{(l-1)} &= \frac{\partial \boldsymbol{J}_{\boldsymbol{\omega},\boldsymbol{B}}(\boldsymbol{X},\boldsymbol{Y})}{\partial a_{j,d,2,1}^{(l-1)}}\sigma'(z_{j,d,2,1}^{(l-1)}) = \sum_u\sum_u \frac{\partial \boldsymbol{J}_{\boldsymbol{\omega},\boldsymbol{B}}(\boldsymbol{X},\boldsymbol{Y})}{\partial z_{j,u,v}^{(l)}}\frac{\partial z_{j,u,v}^{(l)}}{\partial a_{j,d,2,1}^{(l-1)}}\sigma'(z_{j,d,2,1}^{(l-1)}) \\
&= (\omega_{j,d,1,0}^{(l)}\delta_{j,1,1}^{(l)} + \omega_{j,d,1,1}^{(l)}\delta_{j,1,0}^{(l)})\sigma'(z_{j,d,2,1}^{(l-1)}) \\
\delta_{j,d,2,2}^{(l-1)} &= \frac{\partial \boldsymbol{J}_{\boldsymbol{\omega},\boldsymbol{B}}(\boldsymbol{X},\boldsymbol{Y})}{\partial a_{j,d,2,2}^{(l-1)}}\sigma'(z_{j,d,2,2}^{(l-1)}) = \sum_u\sum_u \frac{\partial \boldsymbol{J}_{\boldsymbol{\omega},\boldsymbol{B}}(\boldsymbol{X},\boldsymbol{Y})}{\partial z_{j,u,v}^{(l)}}\frac{\partial z_{j,u,v}^{(l)}}{\partial a_{j,d,2,2}^{(l-1)}}\sigma'(z_{j,d,2,2}^{(l-1)}) \\
&= (\omega_{j,d,1,1}^{(l)}\delta_{j,1,1}^{(l)})\sigma'(z_{j,d,2,2}^{(l-1)})
\end{aligned}
\tag{10-45}
$$

从式(10-45)可以看出,各式左边对应 $\boldsymbol{\delta}_j^{(l-1)}[d][:][:]$中每一个元素,各式右边 $\boldsymbol{\omega}_j^{(l)}[d][:][:]$和 $\boldsymbol{\delta}_j^{(l)}$ 中一系列元素对应乘积之和,对应元素的行号、列号和与右边元素的行号和列号分别相等。这说明,$\boldsymbol{\delta}_j^{(l-1)}[d][:][:]$为 $\boldsymbol{\omega}_j^{(l)}[d][:][:]$和 $\boldsymbol{\delta}_j^{(l)}$ 的卷积。此处卷积运算需要反转运算,卷积模式为“full”,反转卷积计算见二维信号卷积一节。

综上所述,卷积层敏感度反向传播算法为:

$$\boldsymbol{\delta}_j^{(l-1)}[d][:][:]=\boldsymbol{\omega}_j^{(l)}[d][:][:] * \text{rot180}(\boldsymbol{\delta}_j^{(l)})\circ\boldsymbol{\sigma}'(\boldsymbol{Z}_j^{(l-1)}[d][:][:]) \tag{10-46}$$

其中,d 为卷积层卷积核的层数编号,j 为卷积层通道编号。卷积层每个通道卷积核的层数和输出特征映射的层数相同,且一一对应。

10.4 CNN 处理 MNIST 数据集试验

10.4.1 网络结构

本节我们介绍利用卷积神经网络实现对 MNIST 数据集的手写数字识别。网络结构如下:

- 由于 MNIST 是灰度图片,因此我们在第一个卷积(C1)层使用 32 个 1×5×5 卷积核生成 32 个特征映射,每个卷积核对应一个偏置数据,填充 $P=2$,相当于在计算卷积(互相关)时采用“same”模式。因此 C1 层输入为 28×28 手写数字图片,输出为 32 个 28×28 的特征映射。

- C1 层后连接池化层(S1),S1 采用 2×2 最大池化,经 ReLU 激活函数后最终形成 32 个 14×14 的特征映射。
- S1 后连接卷积层 C2,使用 64 个 32×5×5 卷积核,生成 64 个 14×14 的特征映射。
- C2 层连接采样层 S2,使用 2×2 最大池化,经 ReLU 激活函数后最终形成 64 个 7×7 的特征映射。

CNN 程序

- S2 后接平铺(Flatten),把 64 个 7×7 的特征映射展成一个大小为 3 136 的向量。
- 平铺后接全连接网络(FC1),采用 1 024 个隐藏单元,激活函数依旧采用 ReLU。
- FC1 后接另一层全连接网络(FC2),1 024 个输入,10 个输出。FC1 和 FC2 之间增加概率为 50%的 Dropout 层。
- 最后为输出层,激活函数采用 Softmax,代价函数采用负对数熵函数,见式(10-22)。

10.4.2 测试结果及讨论

MNIST 训练集由 60 000 张图片构成,每 50 个为一个批次进行训练。每训练 10 个批次(如图 10-19 中底部坐标轴),即每训练 500 张图片进行识别准确性测试(如图 10-19 中右边坐标轴),并计算这 10 个批次训练过程中代价函数值的平均值(如图 10-19 中左边对数坐标轴)。

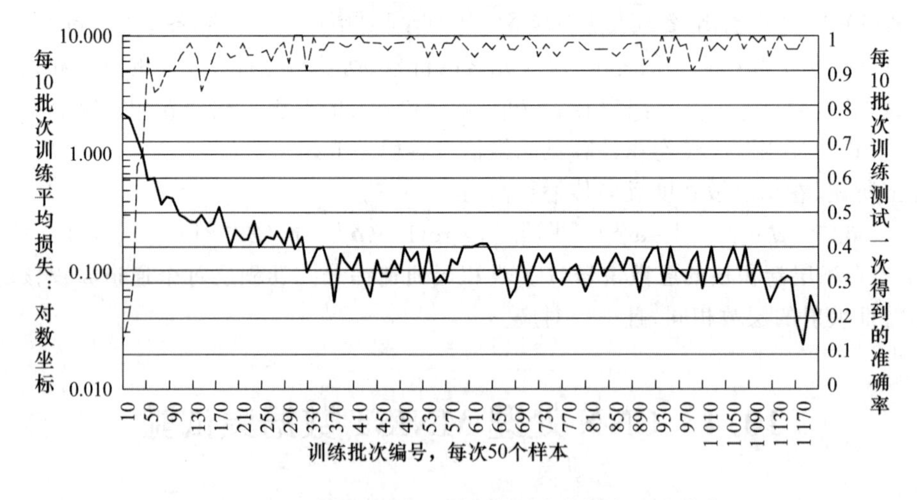

图 10-19 训练过程中不同批次对应的损失和准确率

从图中不难看出,随着训练批次的增加,代价值(图中实线)迅速降低,准确率(图中虚线)迅速提升,且收敛很快,模型的可训练性很强。对于随机初始网络来讲,由于本例针对的是 10 分类问题,所以初始代价值应该在 1 附近,经过一定时间的训练,网络能够反映输入样本的特性时,变得“有序”起来,熵(代价值)下降到 1 以下,到训练后期网络可以显著反映样本的特性,基本变成“确定”的事,熵接近 0。

最终在 10 000 张测试集上的准确率为 97.37%,比前面提到的 BPNN 提高很多,显示模型的泛化能力很强。

在使用 CNN 的实践中,要注意以下问题。如果使用 ReLU 和 Softmax,要注意参数取值不能太大,否则 Softmax 很容易输出无限大或无限小的数。Dropout 对于过拟合很有帮助,可以防止网络过分刻画训练样本的细节。一般 CNN 由多层构成,参数数量多,容易陷入局部最优,调整学习率进行反复试验是一个很有效的办法。如果初始学习率过小,有可能很快就陷入局部最优。因此初始学习率不能太小,后续随着损失值的降低,应逐渐减小学习率的取值。

本章其他参考程序

在 CNN 中,卷积计算通常会涉及四阶张量,计算量大,从而会消耗大量的训练时间。卷积计算有很多快速算法,如把卷积转换成矩阵乘积,如利用 FFT 将时域卷积转化为频域乘积等。但值得注意的是,不同的卷积算法对核函数的大小、图像数据矩阵形状有很大影响,在采用前需要进行测试。一般来讲,FFT 算法不适合卷积核较小的卷积计算。

本章小结

近年来由于样本数量和计算性能都得到了极大的提高,CNN 这一深度框架得以发挥它的优势,CNN 能够体现层间联系和空域信息的紧密关系,非常适于图像处理。而且,在自动提取图像的显著特征方面 CNN 还表现出了较为优秀的性能。本章介绍了 CNN 中常用的运算,并给出了反向传播的详细数学推导。

目前来说,对 CNN 本身的研究还不够深入,CNN 效果虽然优秀,但对于我们来说依然是一个黑盒子。弄清楚这个黑盒子的构造,从而更好地去改进它,会是一个相当重要的工作。

延伸阅读

1998 年,LeNet5 的出现标志着深度学习的兴起,通常被人们称为继感知机、BP 算法之后的第三次人工神经网路发展浪潮。CNN 中参数共享、特征提取等思想使深度神经网络成为可能。

在 LeNet5 之后,2012 年,Alex Krizhevsky 等人在 LeNet 的基础上引入更宽更深的网络设计,首次在 CNN 中引入了 ReLU、Dropout 和 Local Response Norm (LRN)等技巧,形成了 AlexNet 框架。用 ReLU 代替 LeNet5 中使用的双曲函数,在防止梯度消失等方面的作用见前文所述。同样关于 Dropout 机制在解决过拟合问题方面的作用,前文也做了描述。而 LRN(局部响应归一化)机制一般用在两层卷积网络中间。卷积输出通过 ReLU 激活之后,利用局部响应归一化对这层神经元的输出引入竞争机制,使响应值大的更大,从而抑制响应小的神经元。AlexNet 使用最大池化代替 LeNet5 中使用的平均池化操作,避免了平均池化带来的特征模糊问题。AlexNet 利用对样本变换进行数据增强,还引入了 GPU 并行计算能力进一步突破参数数量限制。AlexNet 实现的一个支持 1 000 个类比的图片分类器,在 ILSVRC2012 图像分类竞赛中将 TOP-5 错误率降至 16.4%。

在 AlexNet 之后,人们对深度学习中使用 CNN 的研究分为两个方向:一个是研究如何使网络的层数进一步增加;另一个着眼于改进网络结构。

2014年牛津大学工程科学系VGG(visual geometry group)组Karen Simonyan等在参加ILSVRC 2014竞赛时提供了一种网络结构,在当时的竞赛中取得第二名的好成绩。后来把他们提交的深度卷积网络架构称为VGGNet,其中最著名的是VGG-16和VGG-19。VGGNet对卷积核和池化大小进行了统一,统一采用3×3的卷积操作和2×2的最大池化操作。VGGNet采用卷积层堆叠的策略,将多个连续的卷积层构成卷积层组。和单个卷积层相比,卷积组可以提高感受野范围,增强网络的学习能力和特征表达能力;和具有较大核的卷积层相比,采用多个具有小卷积核的卷积层串联方式能够减少网络参数;另外,在每层卷积之后进行ReLU非线性操作可以进一步提升网络的特征学习能力。通过上述机制,VGGNet可以达到19层,即VGG-19。

2014年,Min Lin等人为提高网络对非线性特征的表示能力,提出了一种网络结构,称为NIN(network in network)。NIN在卷积层之间增加了全连接层。因为卷积操作本质上还是广义线性(generalized linear model,GLM)的,因此增加全连接层之后,提高了网络对非线性特征的表达能力。NIN还利用全局均值池化(global average pooling)代替全连接层,大大减小了网络复杂度,降低了过拟合。

2014年,Christian Szegedy等人提出的GoogLeNet在网络结构改变方面采取了更大胆的尝试。GoogLeNet的网络参数为AlexNet的1/12,ILSVRC 2014 TOP-5错误率降至6.67%。与Network in Netwok类似,GoogLeNet采用子网络堆叠的方式搭建,每个子网络为一个Inception模块,如图10-20所示。

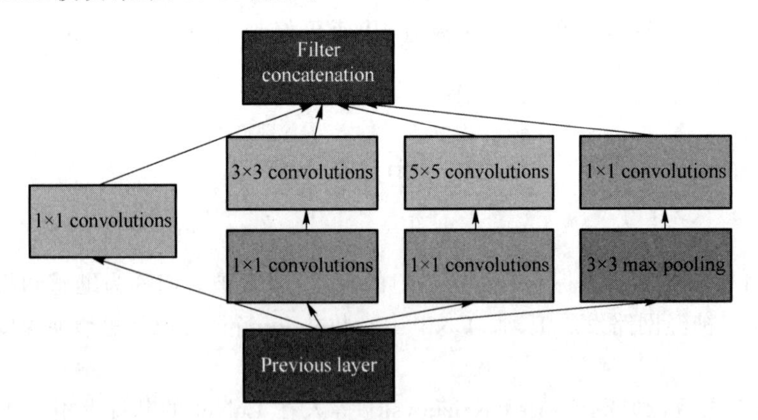

图10-20　GoogleNet中Inception模块

Inception模块包含4个分支,其中Shortcut分支将前一层输入通过1×1卷积连接;多尺度滤波分支将输入通过1×1卷积之后分别连接卷积核大小为3和5的卷积;池化分支相继连接3×3 pooling和1×1卷积。Inception模块可以减少网络参数,并且引入了多尺度滤波,提高了学习特征的多样性,增强了网络对不同尺度的鲁棒性。另外,Inception模块通过1×1卷积把具有高度相关性的不同通道的滤波结果进行组合,构建出合理的稀疏结构,这符合Hebbian原理,即相关性高的神经元节点应该被连接到一起。对应到神经网络模型,如果数据集的概率分布可以被一个很大很稀疏的神经网络所表达,那么构建这个网络的最佳方法是逐层构筑网络,将上一层高度相关的节点聚类,并将聚类出来的每一个小簇连接到一起。

ILSVRC 2015 竞赛中，何凯明团队提出的残差网络（ResNet）取得了把 TOP-5 错误率降至 3.57％的好成绩。简单的层数堆叠很难避免网络退化问题，即随着网络的加深，准确率首先达到饱和，然后快速退化。ResNet 通过把前一层或前几层的输入引入到本层的输出来解决上述问题，如图 10-21 所示。

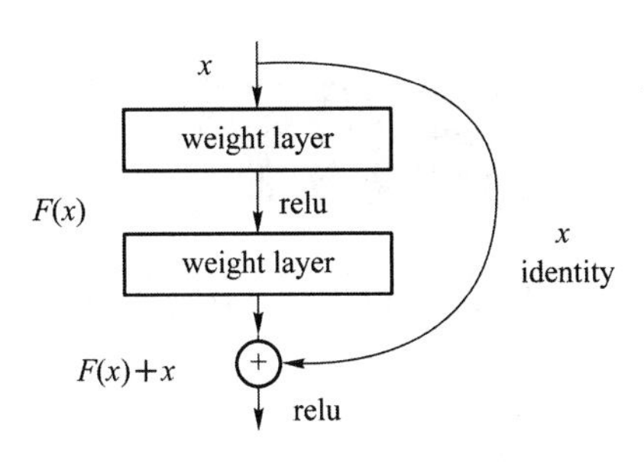

图 10-21　ResNet 中的残差模块

习　　题

本章课件

（1）分析下面的卷积操作能够完成对图像的什么检测？（比如水平边界检测、垂直边界检测、45％边检测等）

$$\begin{pmatrix} 0 & 1 & -1 & 0 \\ 1 & 3 & -3 & -1 \\ 1 & 3 & -3 & -1 \\ 0 & 1 & -1 & 0 \end{pmatrix}$$

（2）假设输入是 300×300 的彩色（RGB）图片，首先考虑采用全连接的神经网络，假设隐藏层有 100 个节点，请问隐藏层需要训练的参数有多少个？然后考虑采用卷积神经网络，假设使用 100 个通道卷积核为 5×5 的卷积神经网络作为卷积层，请问这层需要训练的参数有多少个？

（3）假设输入图片大小为 201×201，依次经过一层卷积（kernel size 5×5，padding 1，stride 2），pooling（kernel size 2×2，padding 0，stride 2），又一层卷积（kernel size 3×3，padding 1，stride 1）之后，试计算输出特征图的大小。

（4）请解释一下在卷积神经网络中选择 Relu 函数作为激活函数的原因。

第11章 循环神经网络

导 读

循环神经网络(RNN)是另外一种经典的深度学习中常用的神经网络结构,它擅长于处理与时间序列类似的序列数据。它在处理时间序列时采用了参数共享的思想,使得RNN可以沿时间序列展开,相当于增加了网络的深度。

本章从最简单的RNN讲起,阐述了其主要思想、基本结构和前向传播以及反向传播算法;之后又介绍了基于简单RNN演化的其他网络,比如LSTM、双向RNN等。由于这些方法在自然语言理解中有很好的应用,所以通过本章的学习,读者也可以对基于机器学习的自然语言理解有个初步认识。

在前面几章我们介绍了全连接网络和卷积神经网络。我们知道拥有一个隐藏层的全连接网络能够模拟任意函数,但并不是最有效的方法。正如在卷积神经网络一章我们看到的那样,对于类似图片像素点阵这样的二维网格化数据,卷积神经网络能够反映单个样本向量各分量在空间分布上的联系,因此要有效得多。对于有明显前后关系的序列数据,循环神经网络(recurrent neural networks,RNN)优势明显。序列关系可以是随时间变化的先后关系,也可以是随上下文情景变化的先后关系。

我们前面介绍的全连接网络和卷积神经网络,输入网络的样本彼此之间都是独立的,样本的输入顺序对网络输出的结果没有影响。而现实应用中有很多数据是有先后顺序的,比如人们日常生活中所说的话,如果把词汇的顺序颠倒,意思就会发生变化,甚至无法理解。再比如,我们在前文提到的市场价格预测,可以用神经网络基于过去的价格、成交量等因素预测未来的价格走势,显然如果再结合市场日常波动之间的序列关系,就能够更准确地进行预测。此外,诸如语音识别、音乐合成、机器翻译、文献处理、动作识别等很多领域遇到的数据都是有序的,因此需要用序列模型进行处理。

序列模型的输出除了和当前模型的输入有关,还和过去的输入以及输入的顺序有关,因此需要将前一时刻网络的状态引入到当前时刻的输入,这种思想导致了RNN的最终诞生。

20世纪80、90年代可以看作RNN的早期发展阶段。1982年美国加州理工学院物理学家J. J. Hopfield教授提出了一种单层反馈神经网络，后来被人们称作Hopfield网。1985年，Hopfield与D. W. Tank一起用模拟电子线路实现了Hopfield网，并成功用于优化组合中有代表性的旅行商问题(traveling salesman problem，TSP)，一个销售商依次拜访多个城市并回到原点，如果每个城市只能经过一次，求最短旅行路径)。1986年，Geoffrey Hinton和David Rumelhart联合在Nature上发表论文，将BP算法用于神经网络模型，实现了对权重参数的快速计算。1990年J. L. Elman提出一种简单的递归网络模型，采用单个隐藏层的多层感知机。同年，P. Werbos提出了历时反向传播算法(back-propagation through time，BPTT)。BPTT是对BP算法的扩展，主要思想是把时序处理展开成一个分层的前向网络。早期的RNN称为简单RNN或Elman RNN，主要思想在于构建随序列时间推移，参数可以重复使用的多层网络。Elman RNN一般由输入层、带循环连接的隐藏层和输出层三个层面构成，在时间上循环。

接下来的20年(到2010年)可以看作RNN发展的中期，其主要代表为长短期记忆网络(long short-term memory，LSTM)和双向循环神经网络(bidirectional recurrent neural networks，BRNN)。LSTM最早由Hochreiter和Schmidhuber在1997年提出，设计初衷是希望能够解决神经网络中的长期依赖问题。BRNN是Schuster在1997年提出的，是单向RNN的一种扩展形式。这一时期，RNN没有进入主流的研究当中，大多数人认为RNN训练起来不稳定，需要很多技能。

2010年，人们发现RNN能够显著提升语言建模、机器翻译、数据压缩和语音识别的性能，RNN的发展进入第三阶段。期间，2014年Kyunghyun Cho等人提出的门控循环网络(gated recurrent units，GRU)，2014年Alex Graves等人在神经图灵机(neural turing machine，NTM)方面的工作以及2015年Joulin和Mikolov在堆叠RNN(Stack RNN)方面的工作对RNN的发展产生了较大的影响。

目前，RNN已经被广泛用于自然语言处理(NLP)、视频建模、手写识别、用户意图检测等领域。实际上，很多看似没有时序的数据，也可以按时序数据处理。例如，在门牌号码的识别应用中，可以把这些号码中的字符按一定顺序(如从左到右)看成时序数据。因此，RNN在计算机视觉领域也有广泛的用途。

11.1 简单循环神经网络

11.1.1 字符级别语言模型简介

为了能够比较直观地了解RNN，我们先利用Andrej Karpathy提出的字符级别语言模型(character-level language models，CLLM)对RNN进行初步介绍。(Andrej Karpathy目前是特斯拉的人工智能主任，主要研究领域为计算机视觉方面的深度学习、生成模型和增强学习。2015年，他在斯坦福大学获得计算科学博士，导师为李菲菲)。

字符级别语言模型是他提出的一个RNN应用，对于理解RNN工作原理有很大帮助。

这一模型通过大量的文字对模型进行训练，之后向网络输入一个字符，让模型预测下一个字符。

假设我们只有由 4 个字符"helo"组成的字符集，我们希望：给模型输入"h"时，模型预测下一个字符为"e"的概率最大；给模型输入"he"时，下文为"l"的概率最大；当输入为"hel"时，下文为"l"的概率最大；当输入为"hell"时，模型预测下文为"o"的概率最大。Andrej Karpathy 用图 11-1 对 RNN 的工作机制进行了说明。

首先，我们对字符集进行 1-of-k 编码(字符在字符集中索引对应的矢量分量为 1，其他为 0，也称 one-hot 编码)。如图 11-1 所示，字符集为{h，e，l，o}，"h"的编码为$[1,0,0,0]^T$，"e"的编码为$[0,1,0,0]^T$，"l"的编码为$[0,0,1,0]^T$，"o"的编码为$[0,0,0,1]^T$。

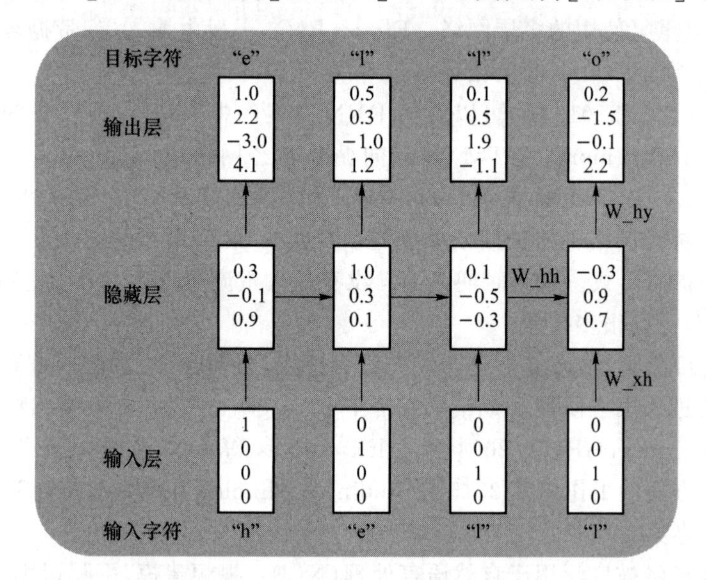

图 11-1　四维输入输出 RNN 示例

假设经过一段训练之后，针对输入向量$[1,0,0,0]^T$(对应字符"h")，输出向量为$[1.0, 2.2, -3.0, 4.1]^T$。显然，系统会预测下文为"o"，而我们希望为"e"，因此我们需要提高"e"对应的置信度(用绿色标记)，而降低其他分量的置信度(用红色标记)。因为 RNN 使用的运算都是可微的，因此我们可以用 BP 算法更新模型参数。每次更新幅度很小，但每次更新后都会使预期分量的置信度提高，如输入"h"后，上次输出向量$[1.0, 2.2, -3.0, 4.1]^T$中的分量"2.2"会增加一些，其他的分量会降低一些。当重复训练足够多次数后，模型会输出我们预期的值。

实际使用中，在输出层使用 Softmax 分类器和交叉熵代价函数，输出向量各分量和为 1，每个分量的数值可以看作输出向量取该位置为 1 的 1-of-k 编码对应向量的概率。模型训练完成后，我们向网络输入字符，选择预测字符作为下一个输入，又会产生之后的字符，如此反复，我们可以生成任意长的字符串，即"文章撰写"。

基于 Andrej Karpathy 针对该应用给出的 RNN 代码，进行如下试验：

- 以林肯 1861 年 3 月 4 日的就职演讲为训练素材。从文章开始，每次循环选取 25 个字符作为一个批次输入给模型进行训练。
- 每 1 000 个批次，进行一次测试，以本次训练用的 25 个字符中的第 1 个为种子，输送给模型，让模型预测下一个字符，并把预测的字符输送给模型再预测下一个字符的下一个字符。依次重复获得 40 个字符。

- 试验过程中，我们会同时记录原文中该位置的 40 个字符，可以和预测的 40 个字符比较。
- 每 1 000 个批次，记录一个模型代价函数值，便于观察代价值下降的规律。

CLLM 试验程序

从图 11-2 可以看出，随着训练次数的增加，模型的预测能力不断增强，逐渐能够准确预测部分下文所用字符，展现了 RNN 的有效性。试验记录的交叉熵损失随训练批次变化规律曲线如图 11-3 所示。

Ineration=1000
Original: hatic resolution which I now read:
Reso
Predicted: e the me the me the me the me the me the

Iteration=474000
Original: vered up on claim of the party to whom s
Predicted: ered contence in 1778. And rendesicld as

Iteration=868000
Original: not expressly say. May Congress prohibit
Predicted: ot expressly say. Must inspection of the

Iteration=956000
Original: not expressly say. May Congress prohibit
Predicted: ot expressly say. Must Congress provisio

图 11-2 CLLM 试验记录

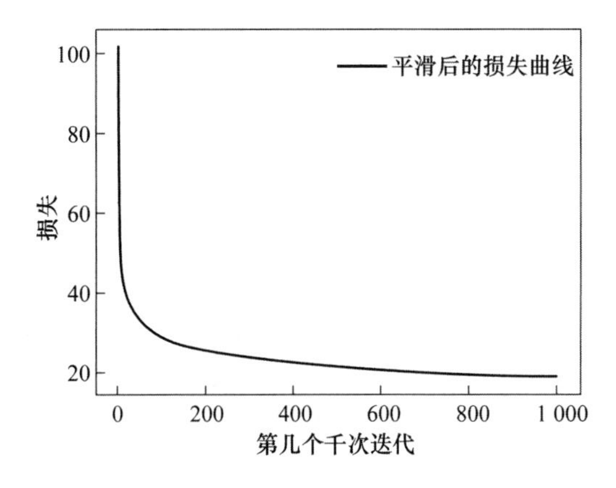

图 11-3 CLLM 试验中损失值-训练批次曲线

11.1.2 网络结构

简单 RNN 由三层构成，即输入层、隐藏层和输出层。和全连接神经网络不同的是，RNN 隐藏层的输出送到输出层的同时，经过时延后还作为下一时刻隐藏层输入的一部分。网络结构如图 11-4 所示。

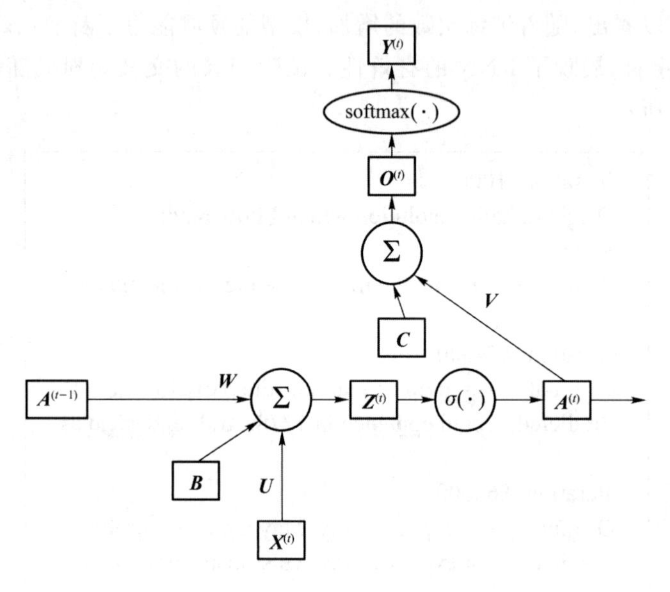

图 11-4　RNN 网络的一般结构

为了和前文尽量保持一致，我们在描述 RNN 时，t 时刻隐藏层线性单元输出用 $\boldsymbol{Z}^{(t)}$ 表示，为一个列向量。$\boldsymbol{Z}^{(t)}$ 经激活函数 $\boldsymbol{\sigma}(\cdot)$后，形成隐藏层的最终输出 $\boldsymbol{A}^{(t)}$。同理，$\boldsymbol{A}(t)$为一个列向量。由图 11-4 可知，$\boldsymbol{Z}^{(t)}$ 和 t 时刻的输入 $\boldsymbol{X}^{(t)}$ 以及 $t-1$ 时刻隐藏层的输出 $\boldsymbol{A}^{(t-1)}$ 有关，偏置为 $\boldsymbol{B}$。t 时刻的输出 $\boldsymbol{O}^{(t)}$ 和 $\boldsymbol{Z}^{(t)}$ 及偏置 $\boldsymbol{C}$ 相关。由此可将 RNN 在 t 时刻的输出 $\boldsymbol{O}^{(t)}$ 表示为：

$$\boldsymbol{Z}^{(t)}=\boldsymbol{W}\boldsymbol{A}^{(t-1)}+\boldsymbol{U}\boldsymbol{X}^{(t)}+\boldsymbol{B} \tag{11-1}$$

$$\boldsymbol{A}^{(t)}=\boldsymbol{\sigma}(\boldsymbol{Z}^{(t)})=\tanh(\boldsymbol{Z}^{(t)}) \tag{11-2}$$

$$\boldsymbol{O}^{(t)}=\boldsymbol{V}\boldsymbol{A}^{(t)}+\boldsymbol{C} \tag{11-3}$$

$$\boldsymbol{Y}^{(t)}=\mathrm{softmax}(\boldsymbol{O}^{(t)}) \tag{11-4}$$

利用展开计算图，我们可以把 RNN 表示为图 11-5 所示结构。

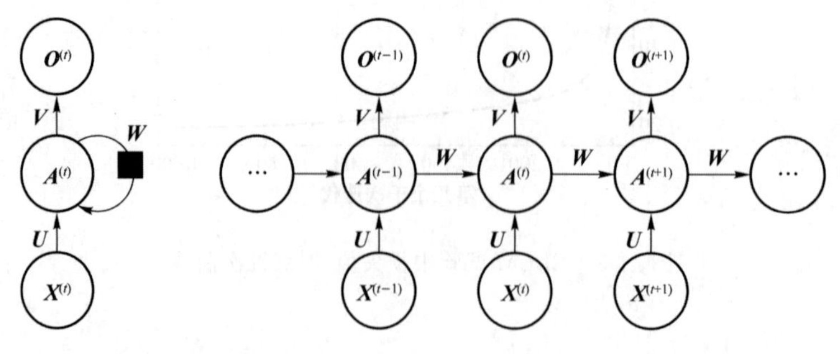

图 11-5　RNN 展开计算图

我们这里所说的 t 时刻通常为时序上的第 t 步。很显然 $\boldsymbol{A}^{(t-1)}$ 记忆了网络的历史信息，在 t 时刻传递给 $\boldsymbol{A}^{(t)}$，并在 $t+1$ 时刻传递给 $\boldsymbol{A}^{(t+1)}$，因此说 RNN 具有网络记忆功能。RNN 在时间上展开等效于深度增加。

11.1.3 前向传播算法

前向传播算法由式(11-1)～式(11-4)给出。为了便于理解，我们把输入向量 $\boldsymbol{X}^{(t)}$ 用大小为 $m\times1$ 的列矩阵表示，把隐藏层输出向量 $\boldsymbol{A}^{(t)}$ 用大小为 $n\times1$ 的列矩阵表示，则矩阵 $\boldsymbol{U}$ 的大小为 $n\times m$，矩阵 $\boldsymbol{W}$ 的大小为 $n\times n$。用大小为 $d\times1$ 的列矩阵表示输出层输出向量 $\boldsymbol{Y}^{(t)}$，则矩阵 $\boldsymbol{V}$ 的大小为 $d\times n$。相应地，$\boldsymbol{B}$ 是大小为 $n\times1$ 的列矩阵，$\boldsymbol{C}$ 是大小为 $d\times1$ 的列矩阵，$\boldsymbol{O}^{(t)}$ 是大小为 $d\times1$ 的列矩阵。则：

$$\begin{bmatrix} a_1^{(t)} \\ a_2^{(t)} \\ \vdots \\ a_n^{(t)} \end{bmatrix} = \boldsymbol{\sigma}\left(\begin{bmatrix} w_{1,1} & \cdots & w_{1,n} \\ \vdots & & \vdots \\ w_{n,1} & \cdots & w_{n,n} \end{bmatrix}\begin{bmatrix} a_1^{(t-1)} \\ a_2^{(t-1)} \\ \vdots \\ a_n^{(t-1)} \end{bmatrix} + \begin{bmatrix} u_{1,1} & \cdots & u_{1,m} \\ \vdots & & \vdots \\ u_{n,1} & \cdots & u_{n,m} \end{bmatrix}\begin{bmatrix} x_1^{(t)} \\ x_2^{(t)} \\ \vdots \\ x_m^{(t)} \end{bmatrix} + \begin{bmatrix} b_1 \\ b_2 \\ \vdots \\ b_n \end{bmatrix}\right) \tag{11-5}$$

$$\begin{bmatrix} o_1^{(t)} \\ o_2^{(t)} \\ \vdots \\ o_d^{(t)} \end{bmatrix} = \begin{bmatrix} v_{1,1} & \cdots & v_{1,n} \\ \vdots & & \vdots \\ v_{d,1} & \cdots & v_{d,n} \end{bmatrix}\begin{bmatrix} a_1^{(t)} \\ a_2^{(t)} \\ \vdots \\ a_n^{(t)} \end{bmatrix} + \begin{bmatrix} c_1 \\ c_2 \\ \vdots \\ c_d \end{bmatrix} \tag{11-6}$$

$$\begin{bmatrix} y_1^{(t)} \\ y_2^{(t)} \\ \vdots \\ y_d^{(t)} \end{bmatrix} = \frac{1}{\sum_{k=1}^{d} e^{o_k^{(t)}}}\begin{bmatrix} e^{o_1^{(t)}} \\ e^{o_2^{(t)}} \\ \vdots \\ e^{o_k^{(t)}} \end{bmatrix} \tag{11-7}$$

由式(11-5)可以看出，从 $\boldsymbol{A}^{(t-1)}$ 到 $\boldsymbol{A}^{(t)}$ 的前向传播和全连接网络相邻两层之间的计算方式类似，因此反向传播计算时可以参考 BPNN 中有关的算法。从式(11-6)和式(11-7)可以看出，从 $\boldsymbol{A}^{(t)}$ 到 $\boldsymbol{Y}^{(t)}$ 的传播和卷积网络一章介绍的全连接层类似，因此反向传播计算时可以参考 CNN 中有关的算法。

训练完成后在使用阶段，RNN 中的参数 $\boldsymbol{W}$、$\boldsymbol{U}$、$\boldsymbol{B}$、$\boldsymbol{V}$ 和 $\boldsymbol{C}$ 不随时间步长增加而改变，实现了序列上的参数共享，类似卷积网络中卷积核函数参数共享，可以减少参数数量。RNN 中参数共享原理使模型可以在序列长度方面不断延伸。回忆一下卷积网络，在不改变卷积核函数大小的情况下，卷积网络支持输入数据在空间上扩展。两者思路类似，只是一个在时间上扩展，另一个在空间上扩展。

11.1.4 反向传播算法

从 RNN 的结构和前向传播算法可以看出，简单 RNN 需要优化的参数有：$\boldsymbol{W}$、$\boldsymbol{U}$、$\boldsymbol{B}$、$\boldsymbol{V}$ 和

$\boldsymbol{C}$，为了便于书写我们在本节公式推导中把它们统称为 $\boldsymbol{\theta}$。设 $\boldsymbol{Y}$ 为具有 d 个分量的向量，每个分量 y_i 可以看作第 i 类的输出概率。和卷积神经网络的输出层类似，我们使用负对数熵作为代价函数。设 t 时刻样本的标签为

$$\boldsymbol{S}^{(t)}=[s_1^{(t)},s_2^{(t)},\cdots,s_d^{(t)}]^{\mathrm{T}}$$

注意到，

$$P(\boldsymbol{Y}^{(t)},\boldsymbol{Y}^{(t-1)},\cdots,\boldsymbol{Y}^{(1)}\mid\boldsymbol{X}^{(t)},\boldsymbol{X}^{(t-1)},\cdots,\boldsymbol{X}^{(1)})=$$
$$P(\boldsymbol{Y}^{(t)}\mid\boldsymbol{Y}^{(t-1)},\cdots,\boldsymbol{Y}^{(1)},\boldsymbol{X}^{(t)},\boldsymbol{X}^{(t-1)},\cdots,\boldsymbol{X}^{(1)})P(\boldsymbol{Y}^{(t-1)},\cdots,\boldsymbol{Y}^{(1)}\mid\boldsymbol{X}^{(t)},\boldsymbol{X}^{(t-1)},\cdots,\boldsymbol{X}^{(1)})$$

使用负对数熵做代价函数时，对上述条件概率取对数，条件概率计算中的相乘传递关系会变成各步对数熵累加关系，则代价函数的具体定义如下：

$$\begin{cases}\boldsymbol{J}_{\boldsymbol{\theta}}(\boldsymbol{X},\boldsymbol{Y})=\sum\limits_{t=1}^{\tau}\boldsymbol{J}_{\boldsymbol{\theta}}^{(t)}(\boldsymbol{X},\boldsymbol{Y})\\ \boldsymbol{J}_{\boldsymbol{\theta}}^{(t)}(\boldsymbol{X},\boldsymbol{Y})=-\sum\limits_{k=1}^{k=d}s_k^{(t)}\ln y_k^{(t)}\end{cases}\tag{11-8}$$

其中，$y_i^{(t)}$ 为第 i 类的输出概率，$i=1,2,\cdots,d$。$y_i^{(t)}$ 由下式给出：

$$y_i^{(t)}=\frac{e^{o_i^{(t)}}}{\sum\limits_{k=1}^{k=d}e^{o_k^{(t)}}}\tag{11-9}$$

代价函数对输出层加权和输出的偏导：

$$\nabla o_i^{(t)}=\frac{\partial\boldsymbol{J}_{\boldsymbol{\theta}}^{(t)}(\boldsymbol{X},\boldsymbol{Y})}{\partial o_i^{(t)}}=\frac{\partial}{\partial o_i^{(t)}}\left(-\sum_{k=1}^{k=d}s_k^{(t)}\ln y_k^{(t)}\right)\tag{11-10}$$

从数学角度，$\nabla o_i^{(t)}$ 应该写成 $\nabla_{o_i^{(t)}}^{J}$ 更规范，此处简写成 $\nabla o_i^{(t)}$。同理，$\nabla\boldsymbol{O}^{(t)}$、$\nabla\boldsymbol{V}^{(t)}$、$\nabla\boldsymbol{C}^{(t)}$、$\nabla\boldsymbol{A}^{(\tau)}$、$\nabla\boldsymbol{A}^{(t)}$、$\nabla\boldsymbol{W}^{(t)}$、$\nabla\boldsymbol{U}^{(t)}$、$\nabla\boldsymbol{B}^{(t)}$ 都采用同样的简写方式。

结合式(11-9)和式(11-10)得：

$$\nabla o_i^{(t)}=-s_i^{(t)}+y_i^{(t)}\sum_{k=1}^{k=d}s_k^{(t)}\tag{11-11}$$

考虑到 $\sum\limits_{k=1}^{k=d}s_k^{(t)}=1$，则有 $\nabla o_i^{(t)}=-s_i^{(t)}+y_i^{(t)}=-(s_i^{(t)}-y_i^{(t)})=-e_i^{(t)}$，写成矢量形式，则输出层的误差矢量为：

$$\nabla\boldsymbol{O}^{(t)}=\frac{\partial\boldsymbol{J}_{\boldsymbol{\theta}}^{(t)}(\boldsymbol{X},\boldsymbol{Y})}{\partial\boldsymbol{O}^{(t)}}=-\boldsymbol{E}^{(t)}=-(\boldsymbol{S}^{(t)}-\boldsymbol{Y}^{(t)})\tag{11-12}$$

代价函数对输出层权值矩阵和偏置向量的偏导由下式给出，推导过程见 BPNN 算法。

$$\nabla\boldsymbol{V}^{(t)}=\frac{\partial\boldsymbol{J}_{\boldsymbol{\theta}}^{(t)}(\boldsymbol{X},\boldsymbol{Y})}{\partial\boldsymbol{V}^{(t)}}=\nabla\boldsymbol{O}^{(t)}(\boldsymbol{A}^{(t)})^{\mathrm{T}}\tag{11-13}$$

$$\nabla\boldsymbol{C}^{(t)}=\frac{\partial\boldsymbol{J}_{\boldsymbol{\theta}}^{(t)}(\boldsymbol{X},\boldsymbol{Y})}{\partial\boldsymbol{C}^{(t)}}=\nabla\boldsymbol{O}^{(t)}\tag{11-14}$$

接下来我们计算代价函数对 $\boldsymbol{A}^{(t)}$ 的偏导。对于最后一个时刻 τ，$\boldsymbol{A}^{(\tau)}$ 只有 $\boldsymbol{O}^{(\tau)}$ 作为后续节点，借鉴 BP 中有关算法，我们得：

$$\nabla\boldsymbol{A}^{(\tau)}=\frac{\partial\boldsymbol{J}_{\boldsymbol{\theta}}^{(\tau)}(\boldsymbol{X},\boldsymbol{Y})}{\partial\boldsymbol{A}^{(\tau)}}=\frac{\partial\boldsymbol{J}_{\boldsymbol{\theta}}^{(\tau)}(\boldsymbol{X},\boldsymbol{Y})}{\partial\boldsymbol{O}^{(\tau)}}\frac{\partial\boldsymbol{O}^{(\tau)}}{\partial\boldsymbol{A}^{(\tau)}}=(\boldsymbol{V}^{(\tau)})^{\mathrm{T}}\nabla\boldsymbol{O}^{(\tau)}\tag{11-15}$$

对于非最后一个节点的 $\boldsymbol{A}^{(t)}(1\leqslant t<\tau)$，$\boldsymbol{A}^{(t)}$ 有 $\boldsymbol{A}^{(t+1)}$ 和$\boldsymbol{O}^{(t)}$ 两个后续节点，因此：

$$\begin{aligned}\nabla \boldsymbol{A}^{(t)} &= \frac{\partial \boldsymbol{J}_{\boldsymbol{\theta}}^{(t)}(\boldsymbol{X},\boldsymbol{Y})}{\partial \boldsymbol{A}^{(t)}} = \frac{\partial \boldsymbol{J}_{\boldsymbol{\theta}}^{(t)}(\boldsymbol{X},\boldsymbol{Y})}{\partial \boldsymbol{A}^{(t+1)}}\frac{\partial \boldsymbol{A}^{(t+1)}}{\partial \boldsymbol{A}^{(t)}} + \frac{\partial \boldsymbol{J}_{\boldsymbol{\theta}}^{(t)}(\boldsymbol{X},\boldsymbol{Y})}{\partial \boldsymbol{O}^{(t)}}\frac{\partial \boldsymbol{O}^{(t)}}{\partial \boldsymbol{A}^{(t)}} \\ &= \mathrm{diag}(1-(a_i^{(t+1)})^2)(\boldsymbol{W}^{(t+1)})^{\mathrm{T}}\nabla \boldsymbol{A}^{(t+1)} + (\boldsymbol{V}^{(t)})^{\mathrm{T}}\nabla \boldsymbol{O}^{(t)}\end{aligned} \tag{11-16}$$

式(11-16)中，$\mathrm{diag}(1-(a_i^{(t+1)})^2)$表示大小为 $n\times n$ 的对角矩阵，行列下标为(i,i)的对角线元素等于 $1-(a_i^{(t+1)})^2$。

利用 BPNN 中使用哈达玛乘积的表示方法，上式可以写为：

$$\nabla \boldsymbol{A}^{(t)} = (\boldsymbol{W}^{(t+1)})^{\mathrm{T}}\nabla \boldsymbol{A}^{(t+1)} \circ \boldsymbol{\sigma}'(\boldsymbol{Z}^{(t+1)}) + (\boldsymbol{V}^{(t)})^{\mathrm{T}}\nabla \boldsymbol{O}^{(t)} \tag{11-17}$$

式(11-17)中，"$\circ$"运算表示哈达玛乘积，$\boldsymbol{\sigma}'(\boldsymbol{Z}^{(t+1)})$由下式给出

$$\boldsymbol{\sigma}'(\boldsymbol{Z}^{(t+1)}) = \tanh'(\boldsymbol{Z}^{(t+1)}) = \begin{bmatrix} \vdots \\ \tanh'(z_i^{(t+1)}) \\ \vdots \end{bmatrix} = \begin{bmatrix} \vdots \\ 1-(a_i^{(t+1)})^2 \\ \vdots \end{bmatrix} \tag{11-18}$$

上述计算中用到了双曲函数的导数，即$\tanh'(x)=1-\tanh^2(x)$。

代价函数对 $\boldsymbol{W}^{(t)}$ 偏导为：

$$\begin{aligned}\nabla \boldsymbol{W}^{(t)} &= \frac{\partial \boldsymbol{J}_{\boldsymbol{\theta}}^{(t)}(\boldsymbol{X},\boldsymbol{Y})}{\partial \boldsymbol{W}^{(t)}} = \frac{\partial \boldsymbol{J}_{\boldsymbol{\theta}}^{(t)}(\boldsymbol{X},\boldsymbol{Y})}{\partial \boldsymbol{A}^{(t)}}\frac{\partial \boldsymbol{A}^{(t)}}{\partial \boldsymbol{W}^{(t)}} = \nabla \boldsymbol{A}^{(t)}(\boldsymbol{A}^{(t-1)})^{\mathrm{T}} \circ \boldsymbol{\sigma}'(\boldsymbol{Z}^{(t)}) \\ &= \mathrm{diag}(1-(a_i^{(t)})^2)\nabla \boldsymbol{A}^{(t)}(\boldsymbol{A}^{(t-1)})^{\mathrm{T}}\end{aligned} \tag{11-19}$$

代价函数对 $\boldsymbol{U}^{(t)}$ 偏导为：

$$\begin{aligned}\nabla \boldsymbol{U}^{(t)} &= \frac{\partial \boldsymbol{J}_{\boldsymbol{\theta}}^{(t)}(\boldsymbol{X},\boldsymbol{Y})}{\partial \boldsymbol{U}^{(t)}} = \frac{\partial \boldsymbol{J}_{\boldsymbol{\theta}}^{(t)}(\boldsymbol{X},\boldsymbol{Y})}{\partial \boldsymbol{A}^{(t)}}\frac{\partial \boldsymbol{A}^{(t)}}{\partial \boldsymbol{U}^{(t)}} = \nabla \boldsymbol{A}^{(t)}(\boldsymbol{X}^{(t)})^{\mathrm{T}} \circ \boldsymbol{\sigma}'(\boldsymbol{Z}^{(t)}) \\ &= \mathrm{diag}(1-(a_i^{(t)})^2)\nabla \boldsymbol{A}^{(t)}(\boldsymbol{X}^{(t)})^{\mathrm{T}}\end{aligned} \tag{11-20}$$

代价函数对 $\boldsymbol{B}^{(t)}$ 偏导为：

$$\begin{aligned}\nabla \boldsymbol{B}^{(t)} &= \frac{\partial \boldsymbol{J}_{\boldsymbol{\theta}}^{(t)}(\boldsymbol{X},\boldsymbol{Y})}{\partial \boldsymbol{B}^{(t)}} = \frac{\partial \boldsymbol{J}_{\boldsymbol{\theta}}^{(t)}(\boldsymbol{X},\boldsymbol{Y})}{\partial \boldsymbol{A}^{(t)}}\frac{\partial \boldsymbol{A}^{(t)}}{\partial \boldsymbol{B}^{(t)}} = \nabla \boldsymbol{A}^{(t)} \circ \boldsymbol{\sigma}'(\boldsymbol{Z}^{(t)}) \\ &= \mathrm{diag}(1-(a_i^{(t)})^2)\nabla \boldsymbol{A}^{(t)}\end{aligned} \tag{11-21}$$

由式(11-8)可知，对于 τ 个时刻，代价函数对各个参数的偏导为所有 t 时刻代价函数对该时刻各参数偏导的和，$t=1,2,\cdots,\tau$。

$$\begin{cases} \nabla_{\boldsymbol{W}}^{J_{\boldsymbol{\theta}}(\boldsymbol{X},\boldsymbol{Y})} = \sum\limits_t \nabla \boldsymbol{W}^{(t)} \\ \nabla_{\boldsymbol{U}}^{J_{\boldsymbol{\theta}}(\boldsymbol{X},\boldsymbol{Y})} = \sum\limits_t \nabla \boldsymbol{U}^{(t)} \\ \nabla_{\boldsymbol{B}}^{J_{\boldsymbol{\theta}}(\boldsymbol{X},\boldsymbol{Y})} = \sum\limits_t \nabla \boldsymbol{B}^{(t)} \\ \nabla_{\boldsymbol{V}}^{J_{\boldsymbol{\theta}}(\boldsymbol{X},\boldsymbol{Y})} = \sum\limits_t \nabla \boldsymbol{V}^{(t)} \\ \nabla_{\boldsymbol{C}}^{J_{\boldsymbol{\theta}}(\boldsymbol{X},\boldsymbol{Y})} = \sum\limits_t \nabla \boldsymbol{C}^{(t)} \end{cases} \tag{11-22}$$

回到本章介绍的字符级语言模型，输入层和输出层为四维向量，隐藏层为三维向量，利用上述 BPTT 算法进行训练。训练过程中，交叉熵损失随训练批次增加而下降的曲线如图

11-6所示。

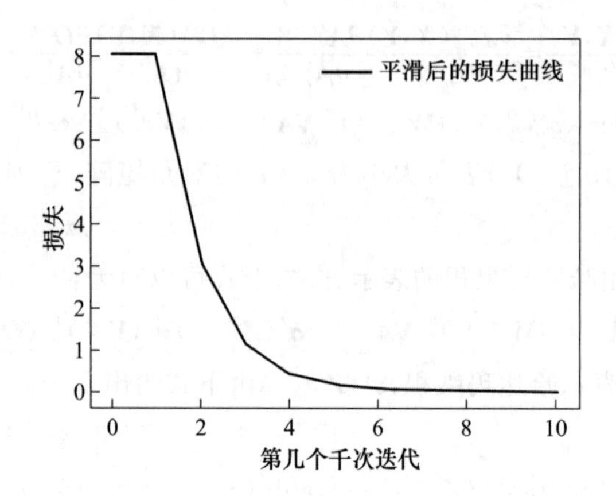

图11-6　交叉熵损失和训练批次曲线

由图11-6可以看出,由于“hello”文本简单,模型很快就能够准确预测“hello”中的下一个字符。下面是第1 000次循环时,程序的打印结果。

```
iteration 1000, smooth_loss = 3.061224
Original:  hello
Predicted:ello
```

经过7 000次循环后,模型的代价函数值小于0.01,模型的参数几乎不再发生变化,分别为:

```
W=[
    [ 0.19279628   0.83983709   -1.36244558]
    [-0.18619202   1.1220515    -1.55041461]
    [ 2.79051564   0.83219497    1.11918123]
]
V=[
    [-2.73851574   -3.07851262   -3.94517311]
    [-1.00070184    0.86599349   -0.09250785]
    [-1.05880254   -2.87766175    3.64184327]
    [ 2.50160391    1.60254752   -3.48166312]
    [ 1.84563639    4.21670565    3.44527119]
]
U=[
    [ 1.47460218   0.72116353   -1.11752795   -0.01097796   -0.00646978]
    [ 0.63369669   1.64035332   -0.84170544   -0.01263455   -1.43356621]
    [-0.62094102   0.99932829   -0.18020509    0.01139275    0.60989951]
]
```

11.1.5　简单RNN

Elman RNN把隐藏层输出经时延后引入到下一时间的隐藏层输入,即在隐藏层采用

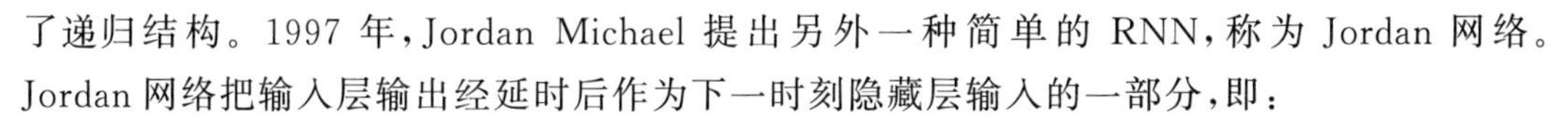

了递归结构。1997 年，Jordan Michael 提出另外一种简单的 RNN，称为 Jordan 网络。Jordan 网络把输入层输出经延时后作为下一时刻隐藏层输入的一部分，即：

$$\boldsymbol{Z}^{(t)}=\boldsymbol{W}\boldsymbol{Y}^{(t-1)}+\boldsymbol{U}\boldsymbol{X}^{(t)}+\boldsymbol{B} \tag{11-23}$$

从式(11-23)可以看出，Jordan 网络的所有层都是递归结构的。Elman RNN 和 Jordan 网络通常被统称为简单循环神经网络。Elman RNN 只在隐藏层递归，使用起来更加灵活，所以人们所说的 RNN 大多指 Elman RNN。

简单 RNN 可以扩展到深度学习里，如把 Elman RNN 的递归层看作一个核，之后通过类似残差网络的方法将模型的深度增加。

11.1.6 简单 RNN 梯度爆炸和梯度消失

在 BPTT 算法中，观察式(11-17)我们可知：

$$\nabla\boldsymbol{A}^{(\tau)}=(\boldsymbol{V}^{(\tau)})^{\mathrm{T}}\,\nabla\boldsymbol{O}^{(\tau)}$$

$$\nabla\boldsymbol{A}^{(\tau-1)}=\mathrm{diag}(1-(a_i^{(\tau)})^2)(\boldsymbol{W}^{(\tau)})^{\mathrm{T}}\,\nabla\boldsymbol{A}^{(\tau)}+(\boldsymbol{V}^{(\tau-1)})^{\mathrm{T}}\,\nabla\boldsymbol{O}^{(\tau-1)}$$

$$\nabla\boldsymbol{A}^{(\tau-2)}=\mathrm{diag}(1-(a_i^{(\tau-1)})^2)(\boldsymbol{W}^{(\tau-1)})^{\mathrm{T}}\,\nabla\boldsymbol{A}^{(\tau-1)}+(\boldsymbol{V}^{(\tau-2)})^{\mathrm{T}}\,\nabla\boldsymbol{O}^{(\tau-2)}$$

随着循环步数增加，误差反向传播会出现$\mathrm{diag}(1-(a_i^{(\tau-k)})^2)(\boldsymbol{W}^{(\tau-k)})^{\mathrm{T}}$，$k=0,1,\cdots$各项的连乘，近似指数函数。如果序列的时间步长增加，对于较大的参数很容易出现误差值迅速增加而引起梯度爆炸。相反，如果参数较小会出现梯度消失。

1994 年，Bengio 等人研究发现，由于梯度爆炸和梯度消失问题的存在，简单 RNN 对短期记忆敏感，而对长期记忆不敏感，因此无法处理长期记忆依赖问题。

对于梯度爆炸问题，我们可以在算法中设置一个梯度阈值，当梯度超过这个阈值时对梯度进行截取，如利用 Python numpy 模块的 clip( )函数对最大值和最小值做截取处理。

RNN 参考程序

梯度消失难处理一些，大致有以下几种方法：

(1) 初始化权重，使每个参数的值不要过大或过小。

(2) 使用 ReLU 代替 tanh 作为激活函数，降低$(a_i^{(\tau-1)})^2$产生的影响。

(3) 改变网络结构，使用 LSTM 和 GRU 等循环网络结构，详细介绍见 11.2 节。

11.2 LSTM

11.2.1 LSTM 的发展历史和基本结构

针对简单 RNN 网络中梯度爆炸和梯度消失问题，1997 年，Hochreiter & Schmidhuber 提出了 LSTM 网络(称为初级 LSTM)。在此之后，经过 Alex Graves 等人的改良和推广，LSTM 成功地解决了原始循环神经网络的缺陷，成为当前最流行的 RNN，在语音识别、图片描述、自然语言处理等许多领域中成功应用。

原始 RNN 的隐藏层只有一个状态 $\boldsymbol{H}$，它对于短期的输入非常敏感。Hochreiter & Schmidhuber 在初级 LSTM 网络中增加了一个状态 $\boldsymbol{C}$，用来保存长期的状态。初级 LSTM 只有输入门（input gate）和输出门（output gate），没有遗忘门（forget gate）和窥孔（peephole）。

新增加的状态 $\boldsymbol{C}$，称为单元状态(cell state)。初级 LSTM 只对单元状态进行递归，因此只有单元状态的梯度沿时间序列反向传播。1999 年，Felix A. Gers 和 Schmidhuber 等人给初级 LSTM 模型增加了遗忘门，可以用来控制保存到长期状态 $\boldsymbol{C}$ 中的信息量，使 LSTM 可以学习长期连续性任务。2000 年，Gers 和 Schmidhuber 提出为了精确控制时序，$\boldsymbol{C}$ 单元应该能够控制输入门、输出门和遗忘门，因此给 LSTM 模型又增加了窥孔连接。2005 年，Graves 和 Schmidhuber 提出了全梯度循环(full gate recurrence，FGR)，把前一时刻的遗忘门、输入门、输出门的输出向量都纳入当前时刻遗忘门、输入门、输出门的输入。后续，人们针对不同的应用，对 LSTM 模型进行改进并取得了巨大成功，如 2008 年 Graves 提示无约束手写识别，2014 年 Graves 提示语音识别，2014 年 Sutskever 提示机器翻译等。

基本的 LSTM 网络结构如图 11-7 所示。在 t 时刻，LSTM 的输入有三个，即当前时刻网络的输入值 $\boldsymbol{X}^{(t)}$、上一时刻 LSTM 的输出值 $\boldsymbol{Y}^{(t-1)}$ 以及上一时刻的单元状态 $\boldsymbol{C}^{(t-1)}$；在 t 时刻，LSTM 的输出有两个，即当前时刻 LSTM 输出值 $\boldsymbol{Y}^{(t)}$ 和当前时刻的单元状态 $\boldsymbol{C}^{(t)}$。$\boldsymbol{X}^{(t)}$、$\boldsymbol{C}^{(t-1)}$、$\boldsymbol{Y}^{(t-1)}$ 都是向量，因此用黑体大写字母表示，上标表示时间序列的时序。

图 11-7 中，"$\odot$"表示矢量的哈达玛乘积，$\boldsymbol{F}^{(t)}$ 为遗忘门的输出向量，用于控制本层输入向量 $\boldsymbol{X}^{(t)}$ 和前一时刻输出向量 $\boldsymbol{Y}^{(t-1)}$ 携带的信息中有多少存储到单元状态 $\boldsymbol{C}^{(t)}$ 中。通常 $\boldsymbol{F}^{(t)}$ 采用 sigmoid 函数激活，取值范围为(0,1)。显然如果 $\boldsymbol{F}^{(t)}$ 趋近于 0，则 $\boldsymbol{C}^{(t)}$ 和 $\boldsymbol{C}^{(t-1)}$ 无关。$\boldsymbol{F}^{(t)}$ 和 $\boldsymbol{C}^{(t-1)}$ 的哈达玛乘积运算相当于一个开关，控制 $\boldsymbol{C}^{(t-1)}$ 传播多少信息到下一时刻单元状态，称为遗忘门，用来控制单元状态的长期记忆行为。输入门输出向量 $\boldsymbol{I}^{(t)}$ 通过它与隐藏层输出向量 $\boldsymbol{A}^{(t)}$ 之间的哈达玛乘积控制 $\boldsymbol{X}^{(t)}$ 对 $\boldsymbol{C}^{(t)}$ 的影响，称为输入门。输入门控制当前即时输入对长期状态的影响。同理，输出门输出向量 $\boldsymbol{O}^{(t)}$ 通过它与单元状态向量 $\boldsymbol{C}^{(t)}$ 之间的哈达玛乘积控制 $\boldsymbol{C}^{(t)}$ 对 $\boldsymbol{Y}^{(t)}$ 的影响，称为输出门。输出门控制单元状态对输出的影响。

理解 LSTM

11.2.2 LSTM 前向传播

设 $\boldsymbol{X}^{(t)}$ 为 t 时刻，网络的输入向量，维数为 M，则 $\boldsymbol{X}^{(t)} \in \mathbb{R}^M$。设隐藏层输出向量维数为 N，遗忘门输出向量 $\boldsymbol{F}^{(t)}$，输入门输出向量 $\boldsymbol{O}^{(t)}$，隐藏层输出向量 $\boldsymbol{A}^{(t)}$，输出门输出向量 $\boldsymbol{O}^{(t)}$。这 4 个向量对应的权值矩阵分别为 $\boldsymbol{W}_f$，$\boldsymbol{W}_i$，$\boldsymbol{W}_o$ 和 $\boldsymbol{W}_z$，对应的循环权值矩阵分别为 $\boldsymbol{U}_f$，$\boldsymbol{U}_i$，$\boldsymbol{U}_o$ 和 $\boldsymbol{U}_z$，对应的偏置向量分别为 $\boldsymbol{B}_f$，$\boldsymbol{B}_i$，$\boldsymbol{B}_o$ 和 $\boldsymbol{B}_z$，则：

$$\boldsymbol{W}_f, \boldsymbol{W}_i, \boldsymbol{W}_o, \boldsymbol{W}_z \in \mathbb{R}^{N \times M}$$

$$\boldsymbol{U}_f, \boldsymbol{U}_i, \boldsymbol{U}_o, \boldsymbol{U}_z \in \mathbb{R}^{N \times N}$$

$$\boldsymbol{B}_f, \boldsymbol{B}_i, \boldsymbol{B}_o, \boldsymbol{B}_z \in \mathbb{R}^{N}$$

由图 11-7 可知：

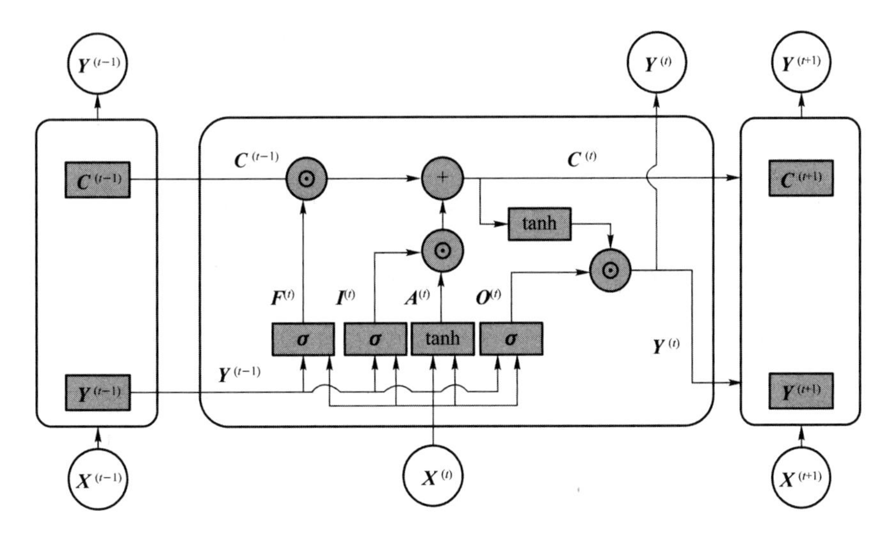

图 11-7 LSTM 网络结构

$$\boldsymbol{F}^{(t)}=\boldsymbol{\sigma}(\boldsymbol{W}_f\boldsymbol{X}^{(t)}+\boldsymbol{U}_f\boldsymbol{Y}^{(t-1)}+\boldsymbol{B}_f) \tag{11-24}$$

$$\boldsymbol{I}^{(t)}=\boldsymbol{\sigma}(\boldsymbol{W}_i\boldsymbol{X}^{(t)}+\boldsymbol{U}_i\boldsymbol{Y}^{(t-1)}+\boldsymbol{B}_i) \tag{11-25}$$

$$\boldsymbol{O}^{(t)}=\boldsymbol{\sigma}(\boldsymbol{W}_o\boldsymbol{X}^{(t)}+\boldsymbol{U}_o\boldsymbol{Y}^{(t-1)}+\boldsymbol{B}_o) \tag{11-26}$$

$$\boldsymbol{Z}^{(t)}=\boldsymbol{W}_z\boldsymbol{X}^{(t)}+\boldsymbol{U}_z\boldsymbol{Y}^{(t-1)}+\boldsymbol{B}_z \tag{11-27}$$

$$\boldsymbol{A}^{(t)}=\tanh(\boldsymbol{Z}^{(t)}) \tag{11-28}$$

$$\boldsymbol{C}^{(t)}=\boldsymbol{F}^{(t)}\circ\boldsymbol{C}^{(t-1)}+\boldsymbol{I}^{(t)}\circ\boldsymbol{A}^{(t)} \tag{11-29}$$

$$\boldsymbol{Y}^{(t)}=\boldsymbol{O}^{(t)}\circ\tanh(\boldsymbol{C}^{(t)}) \tag{11-30}$$

其中,激活函数 $\boldsymbol{\sigma}$ 采用 sigmoid 函数。为方便后续计算,我们引入中间变量:

$$\overline{\boldsymbol{F}}^{(t)}=\boldsymbol{W}_f\boldsymbol{X}^{(t)}+\boldsymbol{U}_f\boldsymbol{Y}^{(t-1)}+\boldsymbol{B}_f$$

$$\overline{\boldsymbol{I}}^{(t)}=\boldsymbol{W}_i\boldsymbol{X}^{(t)}+\boldsymbol{U}_i\boldsymbol{Y}^{(t-1)}+\boldsymbol{B}_i$$

$$\overline{\boldsymbol{O}}^{(t)}=\boldsymbol{W}_o\boldsymbol{X}^{(t)}+\boldsymbol{U}_o\boldsymbol{Y}^{(t-1)}+\boldsymbol{B}_o$$

11.2.3 LSTM 反向传播

1. 误差沿时间反向传播

设系统的代价函数为 $\boldsymbol{J}_{\boldsymbol{\theta}}^{(t)}(\boldsymbol{X},\boldsymbol{Y})$,定义为:

$$\nabla_y^{(t)}=\frac{\partial \boldsymbol{J}_{\boldsymbol{\theta}}^{(t)}(\boldsymbol{X},\boldsymbol{Y})}{\partial \boldsymbol{Y}^{(t)}} \tag{11-31}$$

根据链式法则,t−1 时刻的误差为:

$$\nabla_y^{(t-1)}=\frac{\partial \boldsymbol{J}_{\boldsymbol{\theta}}^{(t)}(\boldsymbol{X},\boldsymbol{Y})}{\partial \boldsymbol{Y}^{(t-1)}}=\frac{\partial \boldsymbol{J}_{\boldsymbol{\theta}}^{(t)}(\boldsymbol{X},\boldsymbol{Y})}{\partial \boldsymbol{Y}^{(t)}}\frac{\partial \boldsymbol{Y}^{(t)}}{\partial \boldsymbol{Y}^{(t-1)}}=\nabla_y^{(t)}\frac{\partial \boldsymbol{Y}^{(t)}}{\partial \boldsymbol{Y}^{(t-1)}} \tag{11-32}$$

结合式(11-29)和式(11-30),得 $\boldsymbol{Y}^{(t)}$ 和 $\boldsymbol{O}^{(t)}$、$\boldsymbol{C}^{(t)}$、$\boldsymbol{F}^{(t)}$、$\boldsymbol{I}^{(t)}$、$\boldsymbol{A}^{(t)}$ 相关,因此:

$$\frac{\partial \boldsymbol{Y}^{(t)}}{\partial \boldsymbol{Y}^{(t-1)}}=\frac{\partial \boldsymbol{Y}^{(t)}}{\partial \boldsymbol{O}^{(t)}}\frac{\partial \boldsymbol{O}^{(t)}}{\partial \overline{\boldsymbol{O}}^{(t)}}\frac{\partial \overline{\boldsymbol{O}}^{(t)}}{\partial \boldsymbol{Y}^{(t-1)}}+\frac{\partial \boldsymbol{Y}^{(t)}}{\partial \boldsymbol{C}^{(t)}}\frac{\partial \boldsymbol{C}^{(t)}}{\partial \boldsymbol{F}^{(t)}}\frac{\partial \boldsymbol{F}^{(t)}}{\partial \overline{\boldsymbol{F}}^{(t)}}\frac{\partial \overline{\boldsymbol{F}}^{(t)}}{\partial \boldsymbol{Y}^{(t-1)}}+\frac{\partial \boldsymbol{Y}^{(t)}}{\partial \boldsymbol{C}^{(t)}}\frac{\partial \boldsymbol{C}^{(t)}}{\partial \boldsymbol{C}^{(t-1)}}\frac{\partial \boldsymbol{C}^{(t-1)}}{\partial \boldsymbol{Y}^{(t-1)}}+$$

$$\frac{\partial \boldsymbol{Y}^{(t)}}{\partial \boldsymbol{C}^{(t)}}\frac{\partial \boldsymbol{C}^{(t)}}{\partial \boldsymbol{I}^{(t)}}\frac{\partial \boldsymbol{I}^{(t)}}{\partial \overline{\boldsymbol{I}}^{(t)}}\frac{\partial \overline{\boldsymbol{I}}^{(t)}}{\partial \boldsymbol{Y}^{(t-1)}}+\frac{\partial \boldsymbol{Y}^{(t)}}{\partial \boldsymbol{C}^{(t)}}\frac{\partial \boldsymbol{C}^{(t)}}{\partial \boldsymbol{A}^{(t)}}\frac{\partial \boldsymbol{A}^{(t)}}{\partial \boldsymbol{Z}^{(t)}}\frac{\partial \boldsymbol{Z}^{(t)}}{\partial \boldsymbol{Y}^{(t-1)}} \tag{11-33}$$

令 $\nabla_o^t=\nabla_y^{(t)}\frac{\partial \boldsymbol{Y}^{(t)}}{\partial \boldsymbol{O}^{(t)}}\frac{\partial \boldsymbol{O}^{(t)}}{\partial \overline{\boldsymbol{O}}^{(t)}}$，$\nabla_f^t=\nabla_y^{(t)}\frac{\partial \boldsymbol{Y}^{(t)}}{\partial \boldsymbol{C}^{(t)}}\frac{\partial \boldsymbol{C}^{(t)}}{\partial \boldsymbol{F}^{(t)}}\frac{\partial \boldsymbol{F}^{(t)}}{\partial \overline{\boldsymbol{F}}^{(t)}}$，$\nabla_i^t=\nabla_y^{(t)}\frac{\partial \boldsymbol{Y}^{(t)}}{\partial \boldsymbol{C}^{(t)}}\frac{\partial \boldsymbol{C}^{(t)}}{\partial \boldsymbol{I}^{(t)}}\frac{\partial \boldsymbol{I}^{(t)}}{\partial \overline{\boldsymbol{I}}^{(t)}}$，$\nabla_z^t=\nabla_y^{(t)}\frac{\partial \boldsymbol{Y}^{(t)}}{\partial \boldsymbol{C}^{(t)}}\frac{\partial \boldsymbol{C}^{(t)}}{\partial \boldsymbol{A}^{(t)}}\frac{\partial \boldsymbol{A}^{(t)}}{\partial \boldsymbol{Z}^{(t)}}$。注意到$\boldsymbol{C}^{(t-1)}$和$\boldsymbol{Y}^{(t-1)}$无关，结合式(11-32)和式(11-33)得：

$$\begin{aligned}\nabla_y^{(t-1)}&=\nabla_o^t\frac{\partial \overline{\boldsymbol{O}}^{(t)}}{\partial \boldsymbol{Y}^{(t-1)}}+\nabla_f^t\frac{\partial \overline{\boldsymbol{F}}^{(t)}}{\partial \boldsymbol{Y}^{(t-1)}}+\nabla_i^t\frac{\partial \overline{\boldsymbol{I}}^{(t)}}{\partial \boldsymbol{Y}^{(t-1)}}+\nabla_z^t\frac{\partial \boldsymbol{Z}^{(t)}}{\partial \boldsymbol{Y}^{(t-1)}}\\&=\boldsymbol{U}_o^{\mathrm{T}}\nabla_o^t+\boldsymbol{U}_f^{\mathrm{T}}\nabla_f^t+\boldsymbol{U}_i^{\mathrm{T}}\nabla_i^t+\boldsymbol{U}_z^{\mathrm{T}}\nabla_z^t\end{aligned} \tag{11-34}$$

$$\nabla_o^t=\nabla_y^{(t)}\frac{\partial \boldsymbol{Y}^{(t)}}{\partial \boldsymbol{O}^{(t)}}\frac{\partial \boldsymbol{O}^{(t)}}{\partial \overline{\boldsymbol{O}}^{(t)}}=\nabla_y^{(t)}\circ\tanh(\boldsymbol{C}^{(t)})\circ\overline{\boldsymbol{O}}^{(t)}\circ(1-\overline{\boldsymbol{O}}^{(t)}) \tag{11-35}$$

$$\nabla_c^t=\nabla_y^{(t)}\frac{\partial \boldsymbol{Y}^{(t)}}{\partial \boldsymbol{C}^{(t)}}=\nabla_y^{(t)}\circ\overline{\boldsymbol{O}}^{(t)}\circ(1-\tanh^2(\boldsymbol{C}^{(t)})) \tag{11-36}$$

$$\nabla_f^t=\nabla_y^{(t)}\frac{\partial \boldsymbol{Y}^{(t)}}{\partial \boldsymbol{C}^{(t)}}\frac{\partial \boldsymbol{C}^{(t)}}{\partial \boldsymbol{F}^{(t)}}\frac{\partial \boldsymbol{F}^{(t)}}{\partial \overline{\boldsymbol{F}}^{(t)}}=\nabla_c^t\circ\boldsymbol{C}^{(t-1)}\circ\boldsymbol{F}^{(t)}\circ(1-\boldsymbol{F}^{(t)}) \tag{11-37}$$

$$\nabla_i^t=\nabla_y^{(t)}\frac{\partial \boldsymbol{Y}^{(t)}}{\partial \boldsymbol{C}^{(t)}}\frac{\partial \boldsymbol{C}^{(t)}}{\partial \boldsymbol{I}^{(t)}}\frac{\partial \boldsymbol{I}^{(t)}}{\partial \overline{\boldsymbol{I}}^{(t)}}=\nabla_c^t\circ\boldsymbol{A}^{(t)}\circ\boldsymbol{I}^{(t)}\circ(1-\boldsymbol{I}^{(t)}) \tag{11-38}$$

$$\nabla_z^t=\nabla_y^{(t)}\frac{\partial \boldsymbol{Y}^{(t)}}{\partial \boldsymbol{C}^{(t)}}\frac{\partial \boldsymbol{C}^{(t)}}{\partial \boldsymbol{A}^{(t)}}\frac{\partial A^{(t)}}{\partial \boldsymbol{Z}^{(t)}}=\nabla_c^t\circ\boldsymbol{I}^{(t)}\circ(1-(\boldsymbol{A}^{(t)})^2) \tag{11-39}$$

通过式(11-31)、式(11-34)～式(11-39)可以计算误差沿时间序列反向传播，可以从 t 时刻逐层反向计算各层的误差项。

2. 权值矩阵和偏置向量的梯度计算

从前向传播计算公式可以看出，$\boldsymbol{Y}^{(t)}$ 通过 $\boldsymbol{C}^{(t)}$、$\boldsymbol{F}^{(t)}$ 和 $\boldsymbol{W}_f$ 关联，根据链式法则可得 t 时刻 $\boldsymbol{W}_f$ 的梯度为：

$$\begin{aligned}\nabla_{W_f}^t&=\frac{\partial \boldsymbol{J}_{\boldsymbol{\theta}}^{(t)}(\boldsymbol{X},\boldsymbol{Y})}{\partial \boldsymbol{W}_f}=\frac{\partial \boldsymbol{J}_{\boldsymbol{\theta}}^{(t)}(\boldsymbol{X},\boldsymbol{Y})}{\partial \boldsymbol{Y}^{(t)}}\frac{\partial \boldsymbol{Y}^{(t)}}{\partial \boldsymbol{W}_f}\\&=\nabla_y^{(t)}\frac{\partial \boldsymbol{Y}^{(t)}}{\partial \boldsymbol{C}^{(t)}}\frac{\partial \boldsymbol{C}^{(t)}}{\partial \boldsymbol{F}^{(t)}}\frac{\partial \boldsymbol{F}^{(t)}}{\partial \boldsymbol{W}_f}=\nabla_f^t(\boldsymbol{X}^{(t)})^{\mathrm{T}}\end{aligned} \tag{11-40}$$

结合(11-8)可得 $\boldsymbol{W}_f$ 的梯度为：

$$\nabla_{W_f}=\sum_t\nabla_{W_f}^t=\sum_t\nabla_f^t(\boldsymbol{X}^{(t)})^{\mathrm{T}} \tag{11-41}$$

同理，可得 $\boldsymbol{W}_i$、$\boldsymbol{W}_o$、$\boldsymbol{W}_z$ 的梯度分别为：

$$\nabla_{W_i}=\sum_t\frac{\partial \boldsymbol{J}_{\boldsymbol{\theta}}^{(t)}(\boldsymbol{X},\boldsymbol{Y})}{\partial \boldsymbol{W}_i}=\sum_t\nabla_i^t(\boldsymbol{X}^{(t)})^{\mathrm{T}} \tag{11-42}$$

$$\nabla_{W_o}=\sum_t\frac{\partial \boldsymbol{J}_{\boldsymbol{\theta}}^{(t)}(\boldsymbol{X},\boldsymbol{Y})}{\partial \boldsymbol{W}_o}=\sum_t\nabla_o^t(\boldsymbol{X}^{(t)})^{\mathrm{T}} \tag{11-43}$$

$$\nabla_{W_z}=\sum_t\frac{\partial \boldsymbol{J}_{\boldsymbol{\theta}}^{(t)}(\boldsymbol{X},\boldsymbol{Y})}{\partial \boldsymbol{W}_z}=\sum_t\nabla_z^t(\boldsymbol{X}^{(t)})^{\mathrm{T}} \tag{11-44}$$

从前向传播计算公式可以看出，$\boldsymbol{Y}^{(t)}$ 通过 $\boldsymbol{C}^{(t)}$、$\boldsymbol{F}^{(t)}$ 和 $\boldsymbol{U}_f$ 关联，根据链式法则可得 t 时刻 $\boldsymbol{U}_f$ 的梯度为：

$$\nabla_{U_f}^t=\frac{\partial \boldsymbol{J}_{\boldsymbol{\theta}}^{(t)}(\boldsymbol{X},\boldsymbol{Y})}{\partial \boldsymbol{U}_f}=\frac{\partial \boldsymbol{J}_{\boldsymbol{\theta}}^{(t)}(\boldsymbol{X},\boldsymbol{Y})}{\partial \boldsymbol{Y}^{(t)}}\frac{\partial \boldsymbol{Y}^{(t)}}{\partial \boldsymbol{U}_f}$$

$$=\nabla_y^{(t)}\frac{\partial \boldsymbol{Y}^{(t)}}{\partial \boldsymbol{C}^{(t)}}\frac{\partial \boldsymbol{C}^{(t)}}{\partial \boldsymbol{F}^{(t)}}\frac{\partial \boldsymbol{F}^{(t)}}{\partial \boldsymbol{U}_f}=\nabla_f^t(\boldsymbol{Y}^{(t-1)})^{\mathrm{T}} \tag{11-45}$$

结合式(11-8)可得 $\boldsymbol{U}_f$ 的梯度为：

$$\nabla_{\boldsymbol{U}_f}=\sum_t \nabla_{\boldsymbol{U}_f}^t=\sum_t \nabla_f^t(\boldsymbol{Y}^{(t-1)})^{\mathrm{T}} \tag{11-46}$$

同理，可得 $\boldsymbol{U}_i$、$\boldsymbol{U}_o$、$\boldsymbol{U}_z$ 的梯度分别为：

$$\nabla_{\boldsymbol{U}_i}=\sum_t \frac{\partial \boldsymbol{J}_{\boldsymbol{\theta}}^{(t)}(\boldsymbol{X},\boldsymbol{Y})}{\partial \boldsymbol{U}_i}=\sum_t \nabla_i^t(\boldsymbol{Y}^{(t-1)})^{\mathrm{T}} \tag{11-47}$$

$$\nabla_{\boldsymbol{U}_o}=\sum_t \frac{\partial \boldsymbol{J}_{\boldsymbol{\theta}}^{(t)}(\boldsymbol{X},\boldsymbol{Y})}{\partial \boldsymbol{U}_o}=\sum_t \nabla_o^t(\boldsymbol{Y}^{(t-1)})^{\mathrm{T}} \tag{11-48}$$

$$\nabla_{\boldsymbol{U}_z}=\sum_t \frac{\partial \boldsymbol{J}_{\boldsymbol{\theta}}^{(t)}(\boldsymbol{X},\boldsymbol{Y})}{\partial \boldsymbol{U}_z}=\sum_t \nabla_z^t(\boldsymbol{Y}^{(t-1)})^{\mathrm{T}} \tag{11-49}$$

从前向传播计算公式可以看出，$\boldsymbol{Y}^{(t)}$ 通过 $\boldsymbol{C}^{(t)}$、$\boldsymbol{F}^{(t)}$ 和 $\boldsymbol{B}_f$ 关联，根据链式法则可得 t 时刻 $\boldsymbol{B}_f$ 的梯度为：

$$\nabla_{\boldsymbol{B}_f}^t=\frac{\partial \boldsymbol{J}_{\boldsymbol{\theta}}^{(t)}(\boldsymbol{X},\boldsymbol{Y})}{\partial \boldsymbol{B}_f}=\frac{\partial \boldsymbol{J}_{\boldsymbol{\theta}}^{(t)}(\boldsymbol{X},\boldsymbol{Y})}{\partial \boldsymbol{Y}^{(t)}}\frac{\partial \boldsymbol{Y}^{(t)}}{\partial \boldsymbol{B}_f}$$

$$=\nabla_y^{(t)}\frac{\partial \boldsymbol{Y}^{(t)}}{\partial \boldsymbol{C}^{(t)}}\frac{\partial \boldsymbol{C}^{(t)}}{\partial \boldsymbol{F}^{(t)}}\frac{\partial \boldsymbol{F}^{(t)}}{\partial \boldsymbol{B}_f}=\nabla_f^t \tag{11-50}$$

结合式(11-8)可得 $\boldsymbol{B}_f$ 的梯度为：

$$\nabla_{\boldsymbol{B}_f}=\sum_t \nabla_{\boldsymbol{B}_f}^t=\sum_t \nabla_f^t \tag{11-51}$$

同理，可得 $\boldsymbol{B}_i$、$\boldsymbol{B}_o$、$\boldsymbol{B}_z$ 的梯度分别为：

$$\nabla_{\boldsymbol{B}_i}=\sum_t \frac{\partial \boldsymbol{J}_{\boldsymbol{\theta}}^{(t)}(\boldsymbol{X},\boldsymbol{Y})}{\partial \boldsymbol{B}_i}=\sum_t \nabla_i^t \tag{11-52}$$

$$\nabla_{\boldsymbol{B}_o}=\sum_t \frac{\partial \boldsymbol{J}_{\boldsymbol{\theta}}^{(t)}(\boldsymbol{X},\boldsymbol{Y})}{\partial \boldsymbol{B}_o}=\sum_t \nabla_o^t \tag{11-53}$$

$$\nabla_{\boldsymbol{B}_z}=\sum_t \frac{\partial \boldsymbol{J}_{\boldsymbol{\theta}}^{(t)}(\boldsymbol{X},\boldsymbol{Y})}{\partial \boldsymbol{B}_z}=\sum_t \nabla_z^t \tag{11-54}$$

至此我们完成了误差对各权值矩阵和偏置向量的偏导公式的推导。

3. 对输入向量的偏导计算

在实际应用中，如果输入向量为下层网络层的输出，需要计算误差对输入向量的梯度，从前向传播计算公式可以看出，$\boldsymbol{Y}^{(t)}$ 通过 ∇_o^t、∇_f^t、∇_i^t 和 ∇_z^t 与 $\boldsymbol{X}^{(t)}$ 关联，根据链式法则可得 t 时刻 $\boldsymbol{X}^{(t)}$ 的梯度为：

$$\nabla_{\boldsymbol{X}}^t=\frac{\partial \boldsymbol{J}_{\boldsymbol{\theta}}^{(t)}(\boldsymbol{X},\boldsymbol{Y})}{\partial \boldsymbol{X}^{(t)}}=\frac{\partial \boldsymbol{J}_{\boldsymbol{\theta}}^{(t)}(\boldsymbol{X},\boldsymbol{Y})}{\partial \boldsymbol{Y}^{(t)}}\frac{\partial \boldsymbol{Y}^{(t)}}{\partial \boldsymbol{X}^{(t)}}$$

$$=\boldsymbol{W}_o^{\mathrm{T}}\nabla_o^t+\boldsymbol{W}_f^{\mathrm{T}}\nabla_f^t+\boldsymbol{W}_i^{\mathrm{T}}\nabla_i^t+\boldsymbol{W}_z^{\mathrm{T}}\nabla_z^t \tag{11-55}$$

4. 对输出向量的偏导计算

在实际应用中，如果输出向量 $\boldsymbol{Y}^{(t)}$ 为后续网络层次的输入，需要计算误差对输出向量的梯度，设误差函数 $\boldsymbol{E}^{(t)}$ 和 $\boldsymbol{Y}^{(t)}$ 的关系为 $\boldsymbol{E}^{(t)}=g(\boldsymbol{Y}^{(t)})$，则：

$$\nabla_e^t=g'(\boldsymbol{Y}^{(t)})\nabla_y^t \tag{11-56}$$

11.2.4 其他形式的 LSTM

本节主要介绍有窥孔连接的 LSTM 和 GRU。

1. 有窥孔连接的 LSTM

2000 年，Gers 和 Schmidhuber 提出，为了精确控制时序 $\boldsymbol{C}$ 单元应该能够控制输入门、输出门和遗忘门，给 LSTM 模型又增加了窥孔连接，并且去除输出门的激活函数。带有窥孔连接的 LSTM 网络结构如图 11-8 所示。

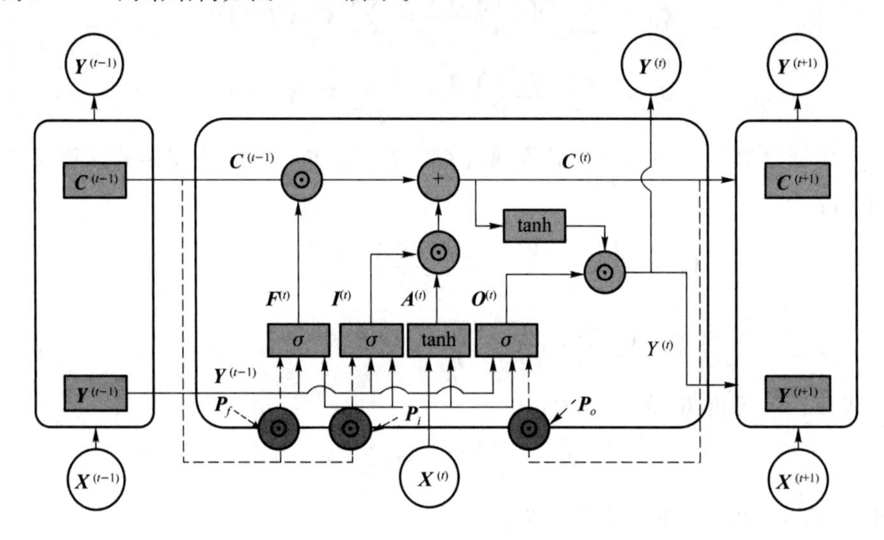

图 11-8 带有窥孔连接的 *LSTM* 网络结构

设遗忘门、输入门和输出门的窥孔连接权值向量分别为 $\boldsymbol{P}_f$、$\boldsymbol{P}_i$ 和 $\boldsymbol{P}_o$，则：

$$\boldsymbol{P}_f、\boldsymbol{P}_i、\boldsymbol{P}_o \in \mathbb{R}^N$$

相应的网络前向传播计算公式如下：

$$\overline{\boldsymbol{F}}^{(t)}=\boldsymbol{W}_f\boldsymbol{X}^{(t)}+\boldsymbol{U}_f\boldsymbol{Y}^{(t-1)}+\boldsymbol{P}_f\circ\boldsymbol{C}^{(t-1)}+\boldsymbol{B}_f \tag{11-57}$$

$$\overline{\boldsymbol{I}}^{(t)}=\boldsymbol{W}_i\boldsymbol{X}^{(t)}+\boldsymbol{U}_i\boldsymbol{Y}^{(t-1)}+\boldsymbol{P}_i\circ\boldsymbol{C}^{(t-1)}+\boldsymbol{B}_i \tag{11-58}$$

$$\boldsymbol{O}^{(t)}=\overline{\boldsymbol{O}}^{(t)}=\boldsymbol{W}_o\boldsymbol{X}^{(t)}+\boldsymbol{U}_o\boldsymbol{Y}^{(t-1)}+\boldsymbol{P}_o\circ\boldsymbol{C}^{(t)}+\boldsymbol{B}_o \tag{11-59}$$

2. 门控循环单元 GRU

2014 年，Kyunghyun Cho 等提出了一种 LSTM 简化架构，称为门控循环单元（gated recurrent unit，GRU）。GRU 没有使用窥孔连接，省略了输出门的激活函数，同时合并了输入门和遗忘门。GRU 模型中将合并后的输入门和遗忘门被称为更新门（update gate），并将输出门称为复位门（reset gate）。

GRU 中，$\boldsymbol{F}^{(t)}=1-\boldsymbol{I}^{(t)}$。网络结构如图 11-9 所示。

由图 11-9 可知，GRU 网络的前向传播算法如下：

$$\boldsymbol{I}^{(t)}=\boldsymbol{\sigma}(\boldsymbol{W}_i\boldsymbol{X}^{(t)}+\boldsymbol{U}_i\boldsymbol{Y}^{(t-1)}+\boldsymbol{B}_i) \tag{11-60}$$

$$\boldsymbol{R}^{(t)}=\boldsymbol{\sigma}(\boldsymbol{W}_r\boldsymbol{X}^{(t)}+\boldsymbol{U}_r\boldsymbol{Y}^{(t-1)}+\boldsymbol{B}_r) \tag{11-61}$$

$$\boldsymbol{A}^{(t)}=\tanh(\boldsymbol{W}_a\boldsymbol{X}^{(t)}+\boldsymbol{U}_a(\boldsymbol{Y}^{(t-1)}\circ\boldsymbol{R}^{(t)})+\boldsymbol{B}_a) \tag{11-62}$$

$$\boldsymbol{Y}^{(t)}=(1-\boldsymbol{I}^{(t)})\circ\boldsymbol{Y}^{(t-1)}+\boldsymbol{I}^{(t)}\circ\boldsymbol{A}^{(t)} \tag{11-63}$$

从式(11-60)～式(11-63)不难看出，更新门通过 $\boldsymbol{I}^{(t)}$ 控制当前时刻网络输出多少来自前一时刻网络的输出 $\boldsymbol{Y}^{(t-1)}$，多少来自网络当前状态信息 $\boldsymbol{A}^{(t)}$，因此更新门类似一个渗漏累计器，是一个线性门控单元。复位门通过 $\boldsymbol{R}^{(t)}$ 控制过去状态 $\boldsymbol{Y}^{(t-1)}$ 对当前状态 $\boldsymbol{A}^{(t)}$ 的影响程度，并在过去状态和未来状态之间引入了附加的非线性。

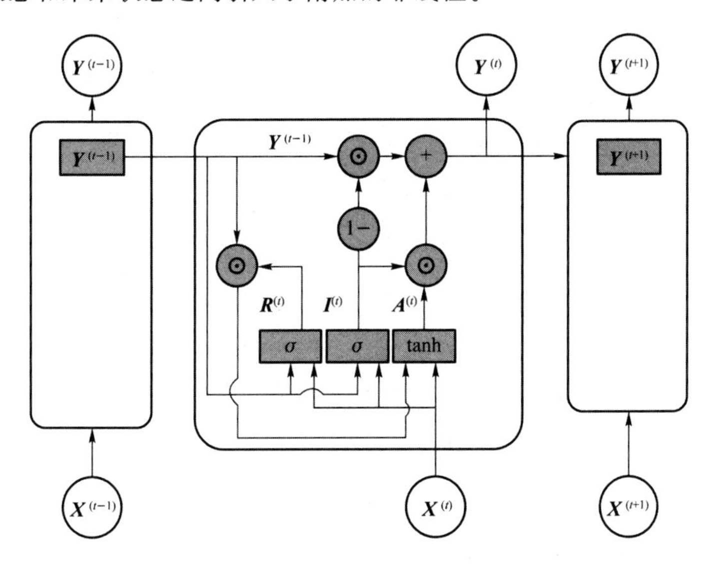

图 11-9 GRU 网络结构

11.3 双向 RNN

在单向 RNN 中，我们考虑的循环神经网络是一个因果系统，t 时刻的状态只与过去的序列 $\boldsymbol{X}^{(1)},\boldsymbol{X}^{(2)},\cdots,\boldsymbol{X}^{(t-1)}$ 及当前的输入向量 $\boldsymbol{X}^{(t)}$ 有关。然而在许多应用中，当前网络的输出 $\boldsymbol{Y}^{(t)}$ 可能依赖于后续输入序列。例如，在语言识别中，由于连读等发音的存在，当前的声音需要依赖后续的发音才能正确识别。同样在手写识别中，根据前序输入可以给出几个建议，如果再结合后续输入，准确率会大幅提高。

为满足这一需要，1997 年 Schuster 和 Paliwal 发明了双向 RNN。后续双向 RNN 在手写识别、语音识别以及生物信息学中获得成功。双向 RNN 把一个从序列起点开始向后移动的 RNN 和一个从序列末尾向前移动的 RNN 结合在一起。其网络结构如图 11-10 所示。

如图 11-10 所示，$\boldsymbol{A}^{(t)}$ 代表前向 RNN，$\boldsymbol{G}^{(t)}$ 代表后向 RNN。显然，在双向 RNN 的前向传播公式中：

$$\boldsymbol{A}^{(t)}=\tanh(\boldsymbol{W}_a\boldsymbol{A}^{(t-1)}+\boldsymbol{U}_a\boldsymbol{X}^{(t)}+\boldsymbol{B}_a) \tag{11-64}$$

$$\boldsymbol{G}^{(t)}=\tanh(\boldsymbol{W}_g\boldsymbol{G}^{(t+1)}+\boldsymbol{U}_g\boldsymbol{X}^{(t)}+\boldsymbol{B}_g) \tag{11-65}$$

$$\boldsymbol{O}^{(t)}=\boldsymbol{V}_a\boldsymbol{A}^{(t)}+\boldsymbol{V}_g\boldsymbol{G}^{(t)}+\boldsymbol{C} \tag{11-66}$$

容易理解，对于图像处理来讲，可以把 RNN 扩展到二维。二维双向 RNN 由 4 个 RNN 构成，分别对应沿图像从上到下、从下到上、从右到左、从左到右。很明显，这样的双向 RNN

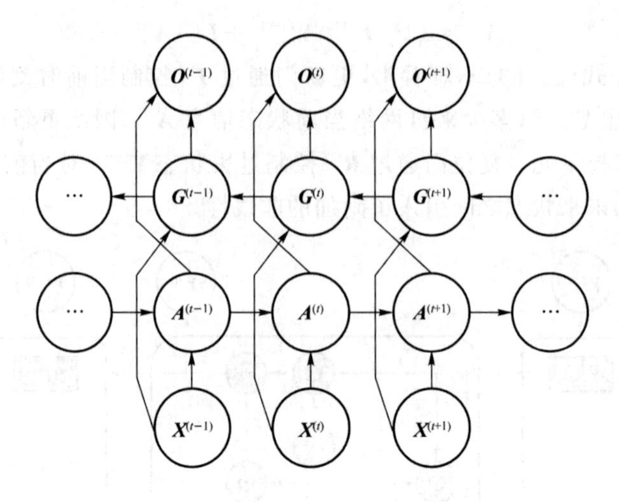

图 11-10　双向 RNN 网络结构

操作可以捕捉到局部信息之间的关联关系，能起到与卷积网络类似的作用，但计算成本通常更高。2015 年，Visin、Kalchbrener 等人对此做了研究。

11.4　深度 RNN

简单 RNN 堆叠使用，可以搭建深度 RNN 网络。堆叠 RNN(stacked RNN)通过增加隐藏层的层数实现深度 RNN 网络，如图 11-11 所示。也可以在隐藏层引入反馈，如门控反馈深度 RNN(gated feedback deep RNN)。门控反馈深度 RNN 网络结构如图 11-12 所示。

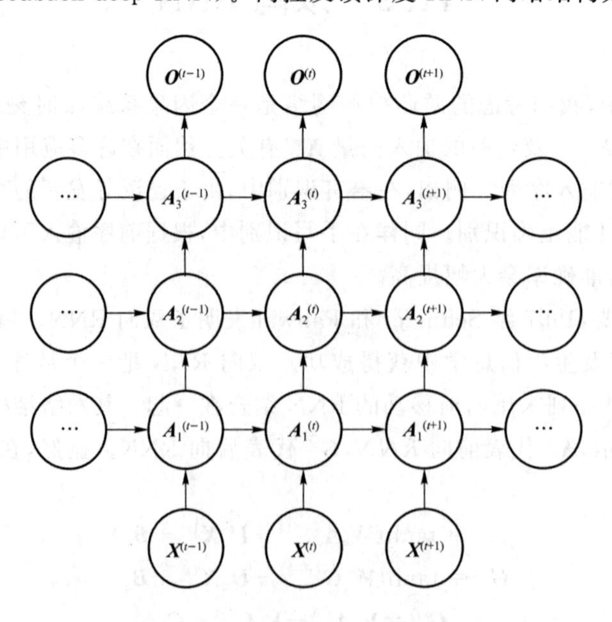

图 11-11　堆叠深度 RNN 网络结构

除通过堆叠 RNN 形成深度 RNN 外，还可以通过扩展 t 时刻和 $t+1$ 时刻间的时间步长

（隐藏层水平扩展）增加 RNN 网络的深度。2013 年，Graves 等人研究了多层 RNN 的好处。

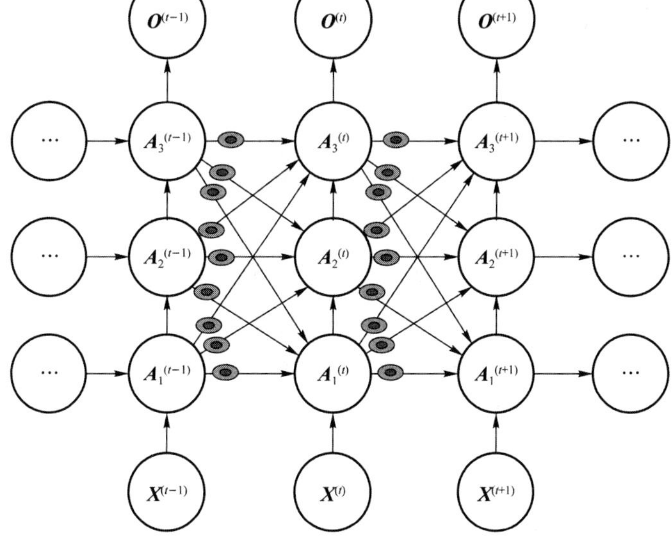

图 11-12 门控反馈深度网络结构

本章小结

本章详细介绍了循环神经网络，包括其发展历史、主要思想、典型结构和相关算法推导。RNN 在处理时间序列时采用了参数共享的思想，使得 RNN 可以沿时间序列展开，相当于增加了网络的深度。RNN 的当前输出状态既考虑了当前网络的输入又考虑了网络输入的上下文，因此在处理有上下文关联的问题时表现优异。实际问题中，不同系统对上下文的依赖关系不同。如具有马尔可夫特性的序列只依赖过去最近的输入，而有些问题依赖上下文两个方向的输入，如语音识别。针对这些不同应用，RNN 演化出不同的架构。目前在自然语言处理（NLP）领域，RNN 已经可以做语音识别、机器翻译、生成手写字符及构建强大的语言模型。在机器视觉领域，RNN 也非常流行，包括帧级别的视频分类、图像描述、视频描述等。Schmidhuber 在 RNN 方面做出了巨大贡献，2015 年起，谷歌开始使用 LSTM 做语音识别，它将谷歌语音的性能提升了 50%。

延伸阅读

正如前文所述，随着 LSTM 应用的拓展，基于 LSTM 网络的各种网络结构应运而生。2016 年，Klaus Greff 等人研究比较了 8 种 LSTM 结构，分别对应省略输入门（NIG）、省略遗忘门（NFG）、省略输出门（NOG）、省略输入门激活函数（NIAF）、省略输入门激活函数（NOAF）、耦合输入门和遗忘门（GRU）、省略窥孔连接（NP）和全体门控循环（CIFG/FGR）。

他们研究发现:初级 LSTM 网络在大部分数据集中表现都很好;CIFG 和 NP 方案简化网络结构的同时并没有带来显著的性能下降,因此这两种方案广受关注。同时研究还发现,遗忘门和输出门的激活函数对性能影响较大。详细内容读者可以参考文献[Klaus Greff et al, 2016]。

本章课件

习　题

(1) 试述循环神经网络训练学习中,学习率的取值对训练的影响。

(2) 写出 LSTM 前向传播公式的推导过程,说明 LSTM 为什么相对 RNN 不容易发生梯度爆炸。如果 LSTM 依旧发生梯度爆炸,有什么解决方案?

(3) 在循环神经网络中如何处理变化长度的输入序列?如何处理变化长度的输出序列?

第12章
计算学习理论

导　读

本章是本书内容中相对比较独立的一章，也是最为抽象的一章。本书的其他章节旨在介绍具体的机器学习算法，而本章旨在解决在确定具体的算法前需要先思考的问题。比如，"这个问题是否能够用机器学习算法？""需要多大规模的样本？""需要什么样的计算复杂度？"本章以最简单的目标概念学习为例来展开讨论，介绍了PAC可学习、不可知PAC可学习的概念以及相应的样本复杂度和计算复杂度分析方法。

12.1 简　介

一个在给定目标函数的训练例和候选假设空间的条件下，对该目标函数进行学习的框架模型如图12-1所示。

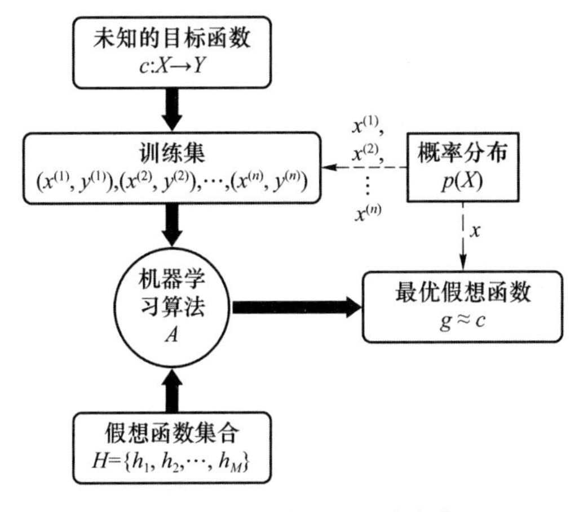

图12-1　机器学习的基本框架

假设目前的训练集和测试集如表 12-1 所示。采用了 SVM 和 ANN 学习器学习之后和随机猜测结果进行了比较,发现结果都很差。

表 12-1 小样本下的学习结果

	X	Y(标签)	瞎猜	SVM	ANN
训练数据	(0,0)	0	0	0	0
	(1,1)	1	1	1	1
测试数据	(0,1)	0	0	1	1
	(1,0)	1	0	0	1

我们自然会产生一个疑问,完美的学习训练数据似乎对外部测试数据无效,那么什么情形下才可能有效?毫无疑问,首先测试数据和训练数据必须属于同一个实例空间上,也就是说,测试数据和训练数据有相同的数据分布。其次数据都是通过独立采样得到的,并且必须达到一定的量才能够通过样本数据获得对总体数据的认识,并建立有效的模型,从而完成学习。

图 12-2 刻画了在上述概念学习过程中的实例空间、训练集、满足目标函数 c 的实例区间和满足假设函数 h 的实例区间的关系。因为学习是基于训练集的数据完成的,因此有可能导致最终学习到的假设 h 和真正的概念 c 之间存在不一致的区间,这些不一致的区间的大小和实例空间 X 的数据分布就决定了此假设 h 关于概念 c 的真实错误率。如果实例空间 X 上数据是均匀分布的,那么真实错误率是不一致区间在全部实例空间的比例;如果 X 上的数据分布恰好导致了不一致区间中的数据实例有很高的概率,那么相同的 h 和 c 将造成更高的错误率。

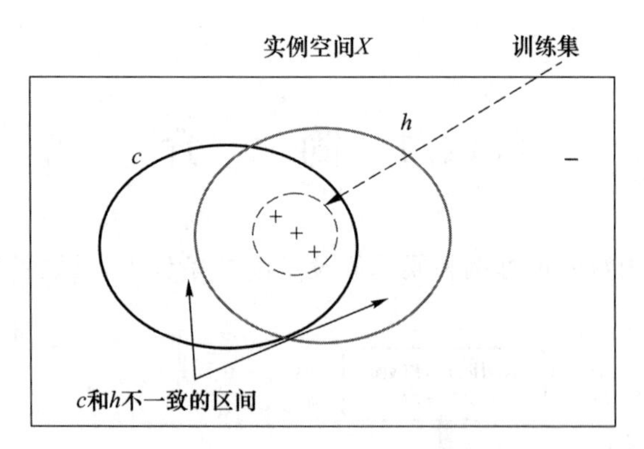

图 12-2 关于目标函数 c 和 h 的错误率

学习器只能观察到 h 在训练集的性能,我们通常称之为训练错误率(或经验误差)。在给定样本集 $D=\{(x_1,y_1),(x_2,y_2),\cdots,(x_N,y_N)\}$,$x_i\in\mathcal{X}$,$\mathcal{X}$ 中的所有样本服从未知分布 $\mathcal{D}$。h 在 D 上的经验误差定义为:

$$\hat{E}(h;D)=\frac{1}{N}\sum_{i=1}^{N}I(h(x_i)\neq y_i) \tag{12-1}$$

通过测试,我们可以得到学习器 L 的真实错误率,也称为泛化误差。对于某个服从分布 $\mathcal{D}$ 的样本 x,其真实类别为 y,我们使用判别函数 h 来估计 y,定义 h 的泛化误差为:

$$E(h;D)=P_{x\sim D}(h(x)\neq y) \tag{12-2}$$

我们将 $E(h;D)$ 和 $\hat{E}(h;D)$ 分别记为 $E(h)$ 和 $\hat{E}(h)$。定义 ε 为 $E(h)$ 的上界，即 $E(h)\leqslant\varepsilon$。

因此，所谓有效学习，必然是通过选择一定规模的样本进行合理的计算后，让学习器输出的 h 满足一个理想的 ε。本章要讨论的计算学习理论的就是围绕着这个问题展开的。

12.2 PAC 可学习性

对于可学习性如何定义呢？理想的定义似乎应该是选择多大规模的样本，能够使得泛化误差为零，即 $\varepsilon=0$。显然这样的定义是不可行的。因为除非每个可能的实例都提供训练样例，否则必然会有多个假设与训练样例一致，学习器无法保证选择到目标概念。因此我们采用降低要求的方式来定义可学习性，即：(1) 不要求学习器输出零错误率的假设，仅要求学习器输出的假设保证 $E(h)\leqslant\varepsilon$；(2) 不要求学习器对所有随机抽取的样例都成功，只要求其成功[满足(1)的要求]的概率大于 $1-\delta$。按照这个要求定义的学习被称为 **PAC(probably approximately correct)学习**，即：学习器可能学习到一个近似正确的假设。

PAC 可学习定义：考虑长度为 N 的实例集合 X 上的某一概念类别 C，学习器 L 使用假设空间 H。当对所有 $c\in C$，X 上分布的 $\mathscr{D}$，ε 满足 $0<\varepsilon<\frac{1}{2}$ 以及 δ 满足 $0<\delta<\frac{1}{2}$，学习器 L 将以至少 $1-\delta$ 的概率输出一假设 $h\in H$，使得 $E(h)\leqslant\varepsilon$，这时称 **C 是使用 H 的** L **可** PAC **可学习的**。所使用的时间为 $\frac{1}{\varepsilon}$、$\frac{1}{\delta}$、N 以及 size(c)的多项式函数。

这里的定义要求 L 满足两个条件：首先，L 必须以任意高概率 $(1-\delta)$ 输出一个错误率任意低 (ε) 的假设；其次，学习的过程必须是高效的，其时间最多以多项式方式增长，多项式中的 $\frac{1}{\varepsilon}$ 和 $\frac{1}{\delta}$ 定义了对输出假设要求的强度，N 和 size(c)则定义了实例空间 X 和概念类别 C 中固有的复杂度。

这里对 PAC 可学习的定义看上去只关心学习所需要的计算资源，而在实践中，我们更关心的是所需要的训练样例数。这两者之间的存在这样的关系：如果 L 对每个训练样例需要某个最小的处理时间，那么为了使 c 是 L 可 PAC 学习的，L 必须从多项式数量的训练样例中进行学习。再论证某个目标概念类 C 是可 PAC 学习的，一个典型的途径是证明 C 中每个目标概念可以从多项式数量的训练样例中学习到，而后证明每样例处理时间也限制于多项式级。

PAC 可学习算法的定义：若学习算法 L 使得概念类 C 为 PAC 可学习的，且 L 的运行时间也是 $\frac{1}{\varepsilon}$、$\frac{1}{\delta}$、N 以及 size(c)的多项式函数，则称概念类 C 是 PAC 可学习的，称 L 为概念类 C 的 PAC 可学习算法。

PAC 可学习算法的样本复杂度的定义：满足 PAC 可学习算法 φ 所需要的 $N\geqslant \mathrm{poly}\left(\frac{1}{\varepsilon},\frac{1}{\delta},N,\mathrm{size}(c)\right)$ 中最小的 N，其中 $\mathrm{poly}\left(\frac{1}{\varepsilon},\frac{1}{\delta},N,\mathrm{size}(c)\right)$ 表示 $\frac{1}{\varepsilon}$、$\frac{1}{\delta}$、N 以及 size(c)的多项式函数，N 称为学习算法 L 的样本复杂度。

在继续讨论前，我们需要注意到 PAC 学习中一个关键的因素是假设空间 H 的复杂度，H 包含了学习算法 L 所有可能输出的假设，若在 PAC 学习中假设空间 H 与概念类完全相同，即 $H=C$，但由于在现实中我们对概念类一无所知，因而该假设并不实际。因此，更重要的是研究假设空间与目标概念类不同的情形，即 $H\neq C$。一般而言，H 越大，其包含的任意目标概念的可能性越大，从中找到某个目标概念的难度也越大。$|H|$ 有限时，我们称 H 为“有限假设空间”，否则称为“无限假设空间”。下面将分这两种情况讨论学习算法的样本复杂度。

12.3 有限假设空间的样本复杂度

12.3.1 可分情形

可分情形指目标概念类 c 属于假设空间 H，即 $c\in H$。那么需要给定包含多少个样例的训练集 D，才能找到满足误差参数的假设呢？

由于 D 中样例标记都是由目标概念类 c 赋予的，且 c 存在于假设空间 H 中，因此任何导致在训练集 D 上出现标记错误的 h 都不是目标概念类 c。因此学习器只需保留与 D 一致的 h，剔除与 D 不一致的 h 即可，直到 H 中仅剩下一个 h 为止，这个假设就是目标概念 c。由于训练集规模有限，假设空间 H 中可能存在不止一个与 D 一致的“等效”h，因此学习器可以任意选择其中一个作为输出结果，这个结果 h 是 c 的一个有效近似，即满足 $E(h)\leqslant\varepsilon$。但是如何保证学习器“任意”选择都能够满足这个不等式呢？对 PAC 学习来说，只要训练集 D 的规模使得学习算法 L 能够以概率 $1-\delta$ 找到目标假设的 ε 近似即可。换句话说，这些“一致”的 h，仅仅是大概率地满足这个不等式。

首先计算不满足这个不等式（即 $E(h)\geqslant\varepsilon$）的 h 出现和 c“一致”的概率。

如果 h 的泛化误差大于 ε，对分布 D 上随机采样而得到的样例 (x,y)，有

$$P(h(x)=y)=1-P(h(x)\neq y)=1-E(h)<1-\varepsilon \tag{12-3}$$

由于 D 中包含 N 个从 D 中独立同分布采样而得的样例，因此，该 h 与 D 表现一致的概率为

$$P((h(x_1)=y_1)\wedge\cdots\wedge(h(x_N)=y_N))=(1-P(h(x)\neq y)^N<(1-\varepsilon)^N \tag{12-4}$$

这样的 h 最多有 $|H|$ 个。所以泛化误差大于 ε，且在训练集上表现完美的假设出现的概率之和为

$$P(h\in H:E(h)>\varepsilon\wedge\hat{E}(h)=0)<|H|(1-\varepsilon)^N<|H|\mathrm{e}^{-N\varepsilon} \tag{12-5}$$

如果保证式(12-5)不大于 δ，则保证了学习算法 L 能够以 $1-\delta$ 的概率输出满足要求的假设 h。因此，令式(12-5)不大于 δ，即

$$|H|\mathrm{e}^{-N\varepsilon}\leqslant\delta \tag{12-6}$$

可得

$$N\geqslant\frac{1}{\varepsilon}\left(\ln|H|+\ln\frac{1}{\delta}\right) \tag{12-7}$$

由上式可知，有限假设空间 H 都是 PAC 可学习的，所需的样本数目如式(12-7)所示，输出假设 h 的泛化误差随着样例数目的增多而收敛到 0，收敛速率为 $O\left(\frac{1}{N}\right)$。

例 1 表 12-2 为一个天气预测的样本数据示例，如果希望有一个学习器能够以至少 95%的概率输出一个误差不大于 0.1 的概念定义(布尔公式)，至少需要多少样本？

表 12-2 天气预测的样本数据示例

样例	阴晴 Sky	气温 Temp	湿度 Humidity	风力 Wind	水温 water	天气变化 Forecast	户外运动 OutdoorSport
1	Sunny	Warm	Normal	Strong	Warm	Same	Yes
2	Sunny	Warm	High	Strong	Warm	Same	Yes
3	Rainy	Cold	High	Strong	Warm	Change	No
4	Sunny	Warm	High	Strong	Cold	Change	Yes

分析：(1)计算假设空间大小：因为包含有“$\varnothing$”符号的假设代表空实例集合，即它们将每个实例都分类为反例。因此，语义不同(semantically distinct)的假设只有 $1+4\times3\times3\times3\times3\times3=973$ 个。

考虑泛化误差的界 $\varepsilon=0.1$，置信度(可能性)95%，即 $\delta=0.05$。

根据式(12-7)，可以知道能够以至少 95%的概率输出一个误差不大于 0.1 的概念定义(布尔公式)，需要的样本为：

$$m\geqslant 1/\varepsilon(\ln|H|+\ln 1/\delta)=1/0.1\quad(\ln 973+\ln 20)=100$$

12.3.2 不可分情形

不可分情形是指 H 不包含目标概念类 c，$c\notin H$，那么对于所有的 $h\in H$，$\hat{E}(h)\neq0$，这时，学习算法 L 无法学到目标概念 c 的近似。但是，当假设空间 H 给定时，其中必定存在一个泛化误差最小的假设，记为 h_{best}，我们将学习的目标改为学到 h_{best} 的近似。这也被称为**不可知 PAC 学习**。

不可知 PAC 可学习的定义：令 N 表示从分布 D 中独立同分布采样的样例数，$0<\varepsilon,\delta<1$，若存在学习算法 L，和多项式函数 $\text{poly}(1/\varepsilon,1/\delta,\text{size}(x),\text{size}(c))$，使得任何 $N\geqslant\text{poly}(1/\varepsilon,1/\delta,\text{size}(x),\text{size}(c))$，学习算法 L 能够从假设空间中输出满足式(12-8)的假设 h，

$$P(E(h)-\min_{h'\in H}E(h')\leqslant\varepsilon)\geqslant1-\delta \tag{12-8}$$

则称假设空间 H 是不可知 PAC 可学习的。

在不可知 PAC 可学习问题中，讨论的是需要多少训练样例才能以较高的概率保证泛化误差 $E(h)$ 不会大于 $\varepsilon+E(h_{\text{best}})$。注意：在上节讨论的问题只是现在这种情况的特例，其中 $E(h_{\text{best}})$ 恰好为 0。

为了讨论上述问题，这里有必要引入一般的 Hoeffding 边界，Hoeffding 边界描述的是某事件的真实概率及其 N 个独立试验中观察到的频率之间的差异，可表示如下：

若 $x_1,x_2,\cdots,x_N$ 为 N 个独立随机变量，且满足 $0\leqslant x_i\leqslant1$，则对任意 $\varepsilon>0$，有

$$P\left(\frac{1}{N}\sum_{i=1}^{N}x_i-\frac{1}{N}\sum_{i=1}^{N}E(x_i)\geqslant\varepsilon\right)\leqslant\exp(-2N\varepsilon^2) \tag{12-9}$$

$$P\left(\left|\frac{1}{N}\sum_{i=1}^{N}x_i-\frac{1}{N}\sum_{i=1}^{N}E(x_i)\right|\geqslant\varepsilon\right)\leqslant 2\exp(-2N\varepsilon^2) \tag{12-10}$$

Hoeffding 边界表明，当样本集数目 N 较大时，经验误差$\hat{E}(h)$是泛化误差的很好的近似。同样，将 Hoeffding 边界用到学习器的训练中，可以得到：

$$P(E(h)\geqslant\hat{E}(h)+\varepsilon)\leqslant e^{-2N\varepsilon^2} \tag{12-11}$$

它给出了一个概率边界，利用这个边界，我们可以找到$|H|$个假设中任一个有较大错误率（不符合可学习标准）的概率：

$$P((\exists h\in H)E(h)>\hat{E}(h)+\varepsilon)\leqslant|H|e^{-2N\varepsilon^2} \tag{12-12}$$

同理，让式(12-12)小于 δ，就能够保证学习算法 L 在$|H|$个假设中以不小于 $1-\delta$ 的概率输出满足条件的 h。从而得到所需的训练样本数为：

$$N\geqslant\frac{1}{2\varepsilon^2}\left(\ln(|H|)+\ln\left(\frac{1}{\delta}\right)\right) \tag{12-13}$$

12.4 无限假设空间的样本复杂度

从 12.3 节的结论式(12-7)和式(12-13)可以看到，PAC 可学习的样本复杂度随假设空间的$|H|$对数增长。但是使用$|H|$来度量假设空间对于无限假设空间是不可能的。因此需要引入一种新的度量方式。

观察图 12-3，可以看到，即使针对简单的二分类问题，采用最简单的线性分类器，其假设空间（直线）也是无限的。但是我们观察到，有很多直线的分类能力是一样的，比如图中所示的粗实线，它们都能把白色和黑色分开；而虚线，都能恰好分开一白一黑组合和一白。就这个二分类问题而言，由于同色的直线分类能力一样，所以同色的假设的泛化误差一样。因此我们在分析训练样本数目的时候，着眼点就可以是假设空间有多少种不同的分类能力，而不是具体有多少个假设个体（直线）。

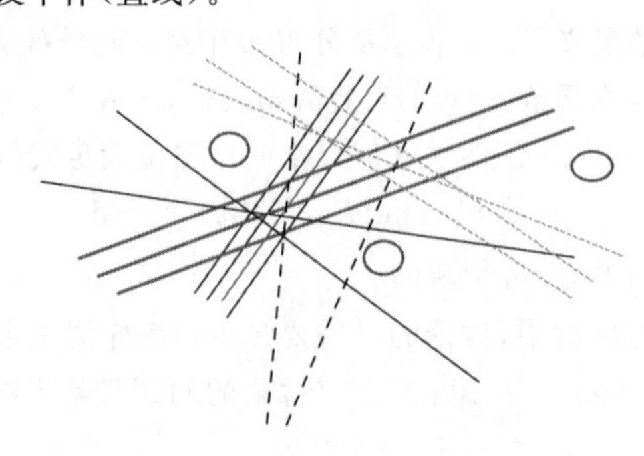

图 12-3　二分类问题的无限假设空间示例

所以可以对无限的假设空间以其分类能力的来分类，如果这个分类是有限的，可以猜测，这个分类就能够作为一种衡量假设空间的大小的方式，进而获得对样本数的估计方式。

按照上述思路，引入一种新的对假设空间的度量方式，称为 H 的 **Vapnik-Chervonenkis 维度(简称 VC 维)**。后面可以看到使用 VC(H)代替 $|H|$ 也可以得到样本复杂度的边界，在许多情形下，基于 VC(H)的样本复杂度会比式(12-7)得到的样本复杂度更紧凑。

12.4.1 实例集合打散

VC 维衡量假设空间复杂度的方法不是用假设个体的数量 $|H|$，而是用实例集合 D 中能被 H 彻底区分的不同实例的数量。

举个例子来精确地描述一下什么是“实例集合 D 中能被 H 彻底区分的不同实例的数量”。首先定义一个对实例集合的打散(shattering)操作：考虑实例的某子集 $D\in X$，H 中的每个 h 导致 D 中的某个划分，即 h 将 D 分割为两个子集：$\{x\in D|h(x)=1\}$ 和 $\{x\in D|h(x)=0\}$。显然，对于给定某个集合 D，有 $2^{|D|}$ 种可能的划分。比如，图 12-4 有 3 个实例，必然有 8 种划分。考虑假设空间为直线集 H，可以看到，存在不同的直线可以给出 8 种不同的划分方式。在这个例子里面，每一种划分方式，都可以由 H 来表达，我们称 ***H* 打散 *D***。

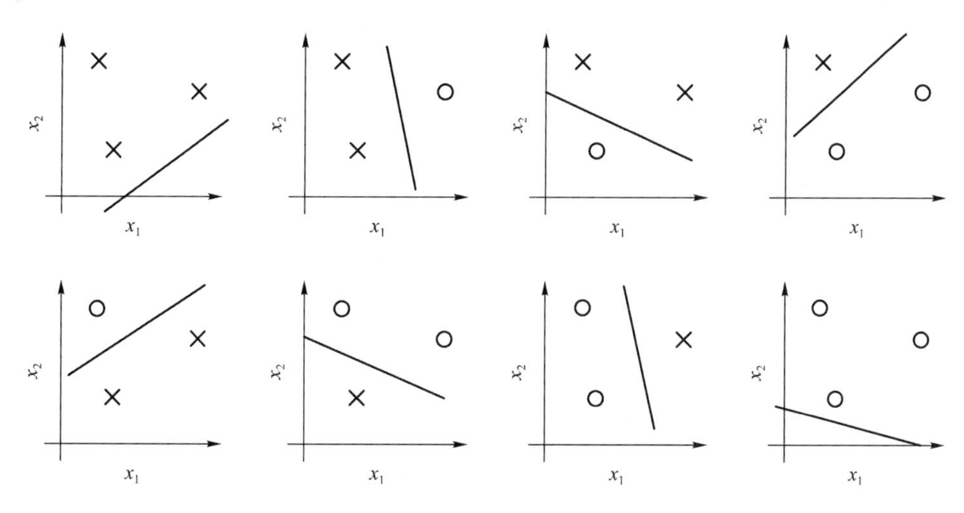

图 12-4 有 3 个实例的集合被假设空间打散的示例

打散的定义：实例集合 D 被假设空间 H 打散(shatter)，当且仅当对 D 的每个划分，存在 H 中的某假设与此划分一致。

12.4.2 VC 维的定义和样本复杂度

VC 维的定义：在实例空间 X 上的假设空间 H 的 Vapnik-Chervonenkis 维度，或 VC(H)，是可被 H 打散的 X 的最大有限子集的大小。如果 X 的任意有限大的子集可被 H 打散，则 VC(H)$\equiv\infty$。

对于任意有限的 H，VC(H)$\leqslant\log_2|H|$。证明如下：假定 VC(H)$=d$，那么 H 需要 2^d 个不同的假设来打散 d 个实例，因此 $2^d\leqslant|H|$，所以 $d=$VC(H)$\leqslant\log_2|H|$。

例 2 假设实例空间 D 为实数集合 $D=R$，H 为实数轴上的区间的集合，即 H 中的假

设形式为 $a<x<b$，其中 a、b 为任意实数，那么它的 VC 维是多少呢？

按照 VC 维的定义，我们必须找到能被 H 打散的 D 的最大子集。

(1) 考虑一个特定的子集，如 $D=\{3.4,5.6\}$，D 的大小为 2，因此有 4 种划分。可以选择 4 个假设 $(1<x<2)$，$(1<x<4)$，$(4<x<7)$，$(1<x<7)$。它们可以表示 D 上的 4 种划分：(a)不包含任何实例；(b)只包含实例 3.4；(c)只包含实例 5.6；(d) 包含两个实例。因此这个 D 是可以被 H 打散的，所以 H 的 VC 维至少为 2。

(2) 现在考虑大小为 3 的集合是否可被打散。考虑一个集合 $D=\{x_0,x_1,x_2\}$ 包含 3 个任意实例，不失一般性，假定 $x_0<x_1<x_2$。由于包含 x_0 和 x_2 但不包含 x_1 的划分将不能由单个闭区间表示，因此此集合不能被打散。所以，D 中没有大小为 3 的子集可以被打散。

因此本例中 $\mathrm{VC}(H)=2$。注意这里的 H 是无限的，但 $\mathrm{VC}(H)$ 是有限的。

例 3 实例集合 D 对应 x、y 平面上的点，H 为此平面内所有线性决策面的集合，即 H 对应有双输入的单个感知器单元的假设空间，那么，H 的 $\mathrm{VC}(H)$ 是多少呢？

(1) 非常容易验证，平面内两个任意不同的点可被 H 打散，因为我们可以找到 4 条直线(平面上的线性决策面)，完成 4 种划分。因此 H 的 VC 维至少是 2。

(2) 当平面内有 3 个点时，若 3 点不共线，那么就可以找到 2^3 条直线来打散它们，如图 12-4 所示；若 3 点共线时，3 个点的集合就无法被打散。那么，此时的 VC 维应该是 2 还是 3 呢？依据定义的含义，“如果能找到一个大小为 d 的实例集合，它可被打散，那么 $\mathrm{VC}(H)\geqslant d$”，因此 H 的 VC 维至少是 3。

(3)因为在此例中，大小为 4 的集合都不能被打散，因此 $\mathrm{VC}(H)=3$。

更一般地，在 r 维空间中，线性决策面的 VC 维为 $r+1$。

通过上述关于 VC 维的例子，我们能总结出通常计算假设空间 H 的 VC 维的方法：若存在大小为 d 的实例集合能被 H 打散，但不存在任何大小为 $d+1$ 的实例集合能被 H 打散，则 H 的 VC 维是 d。

前面我们提到可以用 $\mathrm{VC}(H)$ 重新推导满足 PAC 可学习的样本复杂度。新导出的边界为(**证明可参见 Blumer et al,1989**)：

$$N\geqslant\frac{1}{\varepsilon}\left(4\log_2\left(\frac{2}{\delta}\right)+8\mathrm{VC}(H)\log_2\left(\frac{13}{\varepsilon}\right)\right) \tag{12-14}$$

对应于任意希望的 ε 和 δ，式(12-14)对于足以可能近似学到 C 中任意目标概念所需的训练样例给出了一个下界。

例 4 前馈神经网络的 VC 维和样本复杂度。

前馈神经网络是最基本的神经网络，其可以看作是一个分层有向无环网络。Kearns & Vazirani 在 1994 发表的文章中证明了这种网络的 VC 维。对于分层有向无环网络 G，假设有 n 个输入节点和 $s\geqslant2$ 个内部节点，且每个内部节点是至少有 r 个输入的感知器，则其 VC 维满足 $\mathrm{VC}(\mathrm{G})\leqslant2(r+1)s\log(es)$。其中，$r+1$ 是单独的 r 输入感知器的 VC 维；e 为自然数底数。

带入式(12-14)，可以知道样本复杂度为

$$N\geqslant\frac{1}{\varepsilon}\left(4\log_2\left(\frac{2}{\delta}\right)+16(r+1)s\log(es)\log_2\left(\frac{13}{\varepsilon}\right)\right) \tag{12-15}$$

注意，该结果在推导的时候是基于感知器网络的合成，并不是适用于采用反向传播网

络。原因:(1)感知器单元和 Sigmod 单元不同，但是,后者的 VC 维至少会和前者一样大，因为通过使用足够的权值，后者可以逼近前者;(2)反向传播的训练过程，会反复更新权值，所以其事实上带有的交叉验证终止判据相当于是一个更偏好小权值的归纳偏置,这一偏置降低了有效的 VC 维。

12.4.3 基于 VC 维表示的泛化误差

仍然回到对无限假设空间分类能力的讨论,上面的 VC 维定义的是这种能力的极限情况，即“可被 H 打散的 X 的**最大有限子集的大小**”。那么更一般的定义这种分类能力就需要结合具体实例集合的大小。给定假设空间 H 和实例集合 $D=\{x_1,x_2,\cdots,x_N\}$,H 中的每个假设 h 都能对 D 中实例进行标记,标记结果可表示为:$h|_D=\{(h(x_1),h(x_2),\cdots,h(x_N))\}$。可以看到,随着 N 的增大,H 中所有假设对 D 中的示例所能赋予标记的可能结果数也会增大。例如,对于二分类问题,若 D 中只有 2 个示例,则赋予标记的可能结果只有 4 种;若有 3 个示例,则可能结果有 8 种。所以更一般的定义一个假设空间 H 的分类能力可以采用如下增长函数的概念。

增长函数的定义:对所有 $n\in\mathbf{N}$($\mathbf{N}$ 为自然数),假设空间 H 的增长函数为:

$$\Pi_H(n)=\max_{\{x_1,x_2,\cdots,x_n\}\subseteq X}|(h(x_1),h(x_2),\cdots,h(x_m))|h\in H| \tag{12-16}$$

增长函数$\Pi_H(n)$表示假设空间 H 对 n 个实例所能赋予标记的最大可能结果数。显然,增长函数越大,H 的复杂度越高,表示能力越强,对学习任务的适应性越好。如果恰好有增长函数$\Pi_H(n)=2^n$，则这时假设空间能够“打散”实例集合 D。我们还可仿照式(12-12)用增长函数来估计经验误差和泛化误差之间的差异。

定理 12.1 (Vapnik & Chervonekis 1971) 对假设空间 H,$n\in\mathbf{N}$，$0<\varepsilon<1$，任意 $h\in H$,有

$$P(|E(h)-\hat{E}(h)|>\varepsilon)\leqslant 4\,\Pi_{\boldsymbol{H}}(2n)\mathrm{e}^{-\frac{n\varepsilon^2}{8}} \tag{12-17}$$

下面,我们通过一个引理和一个推论，将定理 12.1 进一步推演成基于 VC 维表示的泛化误差界。

引理 12.1(Sauer,1972) 若假设空间 H 的 VC 维为 d，则对任意 $n\in\mathbf{N}$ 有

$$\Pi_H(n)\leqslant\sum_{i=0}^{d}\binom{n}{i} \tag{12-18}$$

推论 12.1 若假设空间 H 的 VC 维为 d，则对任意整数 $N\geqslant d$ 有

$$\Pi_H(N)\leqslant\left(\frac{\mathrm{e}\cdot N}{d}\right)^d \tag{12-19}$$

根据定理 12.1 和推论 12.1 可以得出**基于 VC 维的泛化误差界**。

定理 12.2 若假设空间 H 的 VC 维为 d，则对任意 $n>d$,$0<\delta<1$ 和 $h\in H$ 有

$$P\left(E(h)-\hat{E}(h)\leqslant\sqrt{\frac{8d\ln\frac{2\mathrm{e}n}{d}+8\ln\frac{4}{\delta}}{n}}\right)\geqslant 1-\delta \tag{12-20}$$

证明:令 $4\,\Pi_H(2n)\exp\left(-\frac{n\varepsilon^2}{d}\right)\leqslant 4\left(\frac{2\mathrm{e}n}{d}\right)^d\exp\left(-\frac{n\varepsilon^2}{8}\right)=\delta$,解得

$$\varepsilon=\sqrt{\frac{8d\ln\frac{2en}{d}+8\ln\frac{4}{\delta}}{n}}$$

将其代入定理12.1即可证得定理12.2。

由定理可知，式(12-20)的泛化误差界只与样例数目 n 有关，收敛速率为 $O\left(\frac{1}{\sqrt{n}}\right)$，与数据分布 $\mathscr{D}$ 和样例集 D 无关。因此，基于VC维的泛化误差界是分布无关(distribution-free)、数据独立(data-independent)的。

12.5 算法稳定性

基于VC维推导的样本复杂度和泛化误差界所得到的结果与具体的学习算法无关，对所有的学习算法都适用，这使得人们可以脱离具体学习算法的设计来考虑问题本身进行机器学习的固有难度。另外，如果想通过分析和算法有关的性能来获得问题“可学习性”的判断，算法的“稳定性”是一个关键的方面。

算法的“稳定性”考察的是算法在输入发生变化时，输出是否会随之发生较大的变化。学习算法的输入是训练集，因此下面我们先定义训练集的两种变化。

给定 $D=\{z_1=(x_1,y_1),z_2=(x_2,y_2),\cdots,z_N=(x_N,y_N)\}$，$x_i\in D$ 是来自分布 $\mathscr{F}$ 的独立同分布实例，$y_i=\{-1,+1\}$。对假设空间 $H:X\rightarrow\{-1,+1\}$ 和学习算法 L，令 $h_D\in H$ 表示基于训练集 D 从假设空间中学得的假设。考虑 D 的以下变化：

(1) D^{-i} 表示移除 D 中第 i 个样例得到的集合

$$D^{-i}=\{z_1,z_2,\cdots,z_{i-1},z_{i+1},\cdots,z_N\}$$

(2) D^i 表示替换 D 中第 i 个样例得到的集合

$$D^i=\{z_1,z_2,\cdots,z_{i-1},z_i'z_{i+1},\cdots,z_N\}$$

其中，$z_i'=(x_i',y_i')$，x_i' 服从分布 $\mathscr{F}$ 并独立于 D。

下面定义假设 h 的几种损失函数。

- 泛化损失：

$$l(L,D)=E_{x\in \boldsymbol{X},z=(x,y)}\left[l(h_D,z)\right]$$

- 经验损失：

$$\hat{l}(L,D)=\frac{1}{N}\sum_{i=1}^{N}l(h_D,z_i)$$

- 留一损失：

$$l_{\text{loo}}(L,D)=\frac{1}{N}\sum_{i=1}^{N}l(h_{D^{-i}},z_i)$$

下面通过假设 h_D 在移除和不移除样例下的损失函数的差异来定义**算法均匀稳定性**(uniform stability)。

算法均匀稳定性的定义：对任何 $x\in X$，$z=(x,y)$，若学习算法 L 满足：

$$|l(h_D,z)-l(h_{D^{-i}},z)|\leqslant\beta,\quad i=1,2,\cdots,N \tag{12-21}$$

则称 L 关于损失函数 l 满足 β-均匀稳定性。

若算法 L 满足 β-均匀稳定性，则有

$$
\begin{aligned}
&|l(h_D,z)-l(h_{D^i},z)| \\
\leqslant &|l(h_D,z)-l(h_{D^{-i}},z)|+|l(h_{D^i},z)-l(h_{D^{-i}},z)| \\
\leqslant &2\beta
\end{aligned}
$$

即移除示例的稳定性包含替换示例的稳定性。

需要注意的是，Bousquet 于 2002 年指出，若损失函数 l 有界，即对所有 D 和 $z=(x,y)$ 有 $0\leqslant l(h_D,z)\leqslant M$，则有如下**学习算法泛化损失上界**的描述。

定理 12.3 给定从分布 $\mathscr{F}$ 上独立同分布采样得到的大小为 N 的实例集合 D，若学习算法 L 满足关于损失函数 l 的 β-均匀稳定性。且损失函数 l 的上界为 M，$0<\delta<1$，则对任意 $N\geqslant 1$，以至少 $1-\delta$ 的概率有

$$
l(L,D)\leqslant \hat{l}(L,D)+2\beta+(4N\beta+M)\sqrt{\frac{\ln\frac{1}{\delta}}{2N}} \tag{12-22}
$$

$$
l(L,D)\leqslant l_{\text{loo}}(L,D)+2\beta+(4N\beta+M)\sqrt{\frac{\ln\frac{1}{\delta}}{2N}} \tag{12-23}
$$

定理 12.3 给出了基于稳定性分析推导出的学习算法 L 学得假设的泛化损失界。从式(12-22)可看出，经验损失与泛化损失之间差别的收敛率为 $\beta\sqrt{N}$；若 $\beta=O\left(\frac{1}{N}\right)$，则可保证收敛率为 $O\left(\frac{1}{\sqrt{N}}\right)$。

需注意，学习算法的稳定性分析关注的是 $|\hat{l}(L,D)-l(L,D)|$，而假设空间复杂度分析关注的是 $\sup\limits_{h\in H}|\hat{E}(h)-E(h)|$；也就是说，稳定性分析不必考虑假设空间中所有可能的假设，只需根据算法自身的特性(稳定性)来讨论输出假设 h 的泛化误差界。那么，**稳定性与可学习性之间有什么关系呢?**

首先，必须假设 $\beta\sqrt{N}\to 0$，这样才能保证稳定的学习算法 L 具有一定的泛化能力，即经验损失收敛于泛化损失，否则可学习性无从谈起。为了便于计算，我们假定 $\beta=\frac{1}{N}$，代入式(12-22)，可得

$$
l(L,D)\leqslant \hat{l}(L,D)+\frac{2}{N}+(4+M)\sqrt{\frac{\ln\frac{1}{\delta}}{2N}} \tag{12-24}
$$

对损失函数 l，若学习算法 L 所输出的假设满足经验损失最小化，则称算法 L 满足经验风险最小化 (empirical risk minimization) 原则，简称算法是 ERM 的。关于学习算法的稳定性和可学习性，有如下定理。

定理 12.4 若学习算法 L 是 ERM 且稳定的，则假设空间 H 可学习。

证明: 令 g 表示 H 中具有最小泛化损失的假设，即

$$
l(g,\mathscr{D})=\min_{h\in H} l(h,D)
$$

再令

$$\varepsilon' = \frac{\varepsilon}{2}$$

$$\frac{\delta}{2} = 2\exp(-2N(\varepsilon')^2)$$

由 Hoeffding 边界可知，当 $N \geqslant \frac{2}{\varepsilon^2}\ln\frac{4}{\delta}$时，

$$|l(g,\mathscr{D}) - \hat{l}(g,D)| \leqslant \frac{\varepsilon}{2}$$

以至少 $1-\frac{\delta}{2}$的概率成立。令式(12-24)中

$$\frac{2}{N} + (4+M)\sqrt{\frac{\ln\frac{1}{\delta}}{2N}} = \frac{\varepsilon}{2}$$

解得 $N = O\left(\frac{1}{\varepsilon^2}\ln\frac{1}{\delta}\right)$使

$$l(g,\mathscr{D}) \leqslant \hat{l}(g,D) + \frac{\varepsilon}{2}$$

以至少 $1-\frac{\delta}{2}$的概率成立。从而可得

$$l(L,D) - l(g,D) \leqslant \hat{l}(L,D) + \frac{\varepsilon}{2} - \left(\hat{l}(g,D) - \frac{\varepsilon}{2}\right) \leqslant \hat{l}(L,D) - \hat{l}(g,D) + \varepsilon \leqslant \varepsilon$$

以至少 $1-\frac{\delta}{2}$的概率成立。从而定理得证。

这个定理让我们也可以从算法的稳定性分析上获得 H 的可学习性的判断。

从直觉上，通常会认为学习算法和假设空间是两码事，但是从上述定理却看到学习算法的稳定性能导出假设空间的可学习性，这是为什么呢？事实上，要注意到稳定性与假设空间并非无关，由稳定性的定义可知，两者是通过损失函数 l 联系起来的。

本章小结

本章介绍了计算学习理论中的一些基本概念，包括 PAC 可学习、不可知 PAC 可学习等。提供了在有限假设空间和无限假设空间下成功进行机器学习所需的样本复杂度分析的一些基本的理论，使我们能够独立于具体算法来分析一个问题能否使用机器学习求解。

本章仅仅是计算学习理论的初步知识，应用本章内容所能够分析的问题模型还比较受限，读者可以通过继续阅读来获得对更多问题模型的相关理论。

延伸阅读

计算学习理论旨在独立于具体学习算法去揭示机器学习的一些本质问题，比如本章介

绍的 PAC 可学习概念及其所要求的样本复杂度等。但是本章所考虑的问题框架还比较单一，主要是针对一种被动观察学习样例的有监督学习。除此以外，计算学习理论还考虑了其他多种问题的框架，比如考虑主动查询的样例生成方式，考虑不同的实例分布情况的问题，选择其他的度量标准（出错数量、计算时间等）来评估可学习性等。详细内容读者可以进一步参考计算学习理论（COLT）的年度会议和期刊 *machine learning*。

另外，关于无限假设空间复杂度的刻画，本章仅仅给出了 VC 维的概念。由于基于 VC 维的泛化误差是分布无关、数据独立的，所以其泛化误差界通常比较松，对于那些与学习问题的典型情况相差甚远的较“坏”分布来说尤其如此。因此，2000 年人们又提出了 Rademacher 复杂度来作为另一种刻画假设空间复杂度的途径，Rademacher 复杂度在一定程度上考虑了数据分布。关于这部分的基本论述可以参考周志华的《机器学习》等书。

习　题

本章课件

(1) 试证明，R^d 空间中线性超平面构成的假设空间的 VC 维是 $d+1$。

(2) 试证明：决策树分类器的假设空间的 VC 维可以为无穷大。

参考文献

[1] 周志华. 机器学习 [M]. 北京：清华大学出版社，2016.

[2] 李航. 统计学习方法 [M]. 北京：清华大学出版社，2012.

[3] Tom M. Mitchell TM. Machine Learning [M]. New York : McGraw-Hill, 1997.

[4] Peter Flach. Machine Learning the art and Science of algorithms that make Sense of Data. [M]. Cambridge: Cambridge University Press, 2012.

[5] Ian Goodfellow, Yoshua Bengio, Aaron Courville. Deep Learning[M]. Boston: MIT Press, 2016.

[6] Hastie T, Tibshirani R, Friedman J. The Elements of Statistical Learning. Data [M]. New York:Sprinter,2016.

[7] Waltz C D. Toward Memory-Based Reasoning[J]. Comm ACM, 1986, 29(1): 1213-1228.

[8] Bruner J S, Goodnow J J, Austin G A. A study of thinking [M]. New York: John Wiley & Sons, 1957.

[9] Hunt E G, Hovland D I. Programming a model of human concept formation [M]. New York: McGraw-Hill, 1963: 310-325.

[10] Winston P H. Learning structural description from examples [R]. Boston: Massachusetts Institute of Technology ,Dept. of Eletrical Engineering, 1970.

[11] Plotkin G D. A note on inductive generalization [C]. Meltzer & Michell (Eds.). Machine Intelligence 5. Einburgh: Einburgh University Press, 1970: 153-163.

[12] Plotkin G D. A further note on inductive generalization[C]. Meltzer & Michell (Eds.). Machine Intelligence 6. Einburgh: Einburgh University Press, 1971:104-124.

[13] Simon H A, Lea G. Problem solving and rule induction: A unified view [C]. Gregg (Ed.). Knowledge and cognition. New Jersey: Lawrence Erlbaum Associates, 1973: 105-127.

[14] Popplestone R J. An experiment in automatic induction[C]. Meltzer & Michell (Eds.). Machine Intelligence 5. Einburgh: Einburgh University Press, 1969: 204-215.

[15] Michalski R S. AQVAL/1-Computer inplementation of a variable valued logic system VLI and examples of its application to pattern recognition [C].

Proceedings of the 1st International Joint Conference on Pattern Recognition. [S. l.]:[s. n.], 1973: 3-17.

[16] Buchanan B G. Scientific theory formation by computer [M]. Leyden: Noordhoff,1974.

[17] Vere S A. Induction of concepts in the predicate calculus [C]. Fourth International Joint Conference on AI . [S. l.]:[s. n.], 1975: 281-287.

[18] Hayes-Roth, F. Schematic classification problem and their solution[J]. Pattern Recognition, 1974, 6: 105-113.

[19] Mitchell T M. Version spaces: A candidate elimination approach to rule learning [C]. Fifth International Joint Conference on AI. Cambridge. MA: MIT Press, 1977: 305-310.

[20] Mitchell T M. Version spaces: An Approach to concept learning [D]. Stanford, CA:Electrical Engineering Dept,Stanford University,1979.

[21] Mitchell T M. Generalization as search [J]. Artificial Intelligence, 1982, 18(2): 203-226.

[22] Mitchell T M, Utgoff P E, Banerji R. Learning by experimentation: Acquiring and modifying problem-solving heuristics [M]. Berlin: Springer-Verlag, 1983: 163-190.

[23] Haussler D. Quantifying inductive bias: AI learning algorithms and Valiant' s learning framework [J]. Artificial Intelligence, 1988, 36: 177-221.

[24] Smith B D, Rosenbloom P. Incremental non-backtracking focusing: A polynomially bounded generalization algorithm for version spaces [C]. Proceedings of the 1990 National Conference on Artificial Intelligence . [S. l.]:[s. n.], 1990: 848- 853.

[25] Hirsh H. Incremental version space merging: A general framework for concept learning [M]. Boston: Kluwer, 1990.

[26] Hirsh H. Theoretical underpinnings of version spaces [C]. Proceedings of the 12th IJCAI. San Francisco: Morgan Kaufmann Publ Inc, 1991: 665-670.

[27] Hirsh H. Generalizing version spaces [J]. Machine Learning, 1994,17(1): 5-46.

[28] Subramanian D, Feigenbaum J. Factorization in experiment generation[C]. Proceedings of the National Conference on Artificial Intelligence. San Francisco: Morgan Kaufman. 1986: 518-522.

[29] Sebag M. Using constraints to build version spaces [C]. Proceedings of the European Conference on Machine Learning. Berlin: Springer-Verlag, 1994: 257-271.

[30] Sebag M. Delaying the choice of bias: A disjunctive version space approach[C]. Proceedings of the 13th International Conference on Machine Learning . San Francisco: Morgan Kaufmann, 1994: 444-452.

[31] McCulloch W S, Pitts W. A Logical calculus of the ideas immanent in nervous activity [J]. Bulletin of Mathematical Biophysics, 1943, 5: 115-133.

[32] Rosenblatt F. The Perceptron: A probabilistic model for information storage and organization in the Brain [J]. Cornell Aeronautical Laboratory Psychological

Review, 1958, 65(6): 386-408.

[33] Rumelhart D E, McClelland J L. Parallel distributed processing: exploration in the microstructure of cognition [M]. Cambridge, MA: MIT Press, 1986.

[34] Widrow B, Hoff M E. Adaptive switching circuits [J]. IRE WESCON Covention Record, 1960, 4: 96-104.

[35] Rosenblatt F. Principles of neurodynamics [M]. New York: Spartan Books, 1962.

[36] Minsky M, Papert S. Perceptrons [M]. Cambridge, MA: MIT Press, 1969.

[37] Parker D. Learning logic (MIT Technical Report TR-47) [R]. Boston: MIT Center for Research in Computational Economics and Management Science, 1985.

[38] MacKay D J C. A practical Bayesian framework for backpropagation networks [J]. Neural Computation, 1992, 4(3): 448-472.

[39] Gori M, Tesi A. On the problem of local minima in backpropagation [J]. IEEE Transactions on Pattern Analysis and Machine Intelligence, 1992, 14(1): 76-86.

[40] Reed R D, Marks R J. Neural Smithing: Supervised Learning in Feedforward Artificial Neural Networks [M]. Cambridge, MA: MIT Press, 1998.

[41] Orr G B, Muller K R. Neural Networks: Tricks of the Trade [M]. London: Springer, 1998.

[42] Efron B, Tibshirani R. Statistical data analysis in the computer age [J]. Science, 1991, 253: 390-395.

[43] Geman S, Bienenstock E, Doursat R. Neural networks and the bias/variance dilemma [J]. Neural Computation, 1992, 4: 1-58.

[44] Dietterich T G. Approximate statistical tests for comparing supervised classification learning algorithm [J]. Neural Computation, 1998, 10(7): 1895-1923.

[45] Demsar J. Statistical comparison of classifiers over multiple data sets [J]. Journal of Machine Learning Research, 2006, 7: 1-30.

[46] The Elements of Statistical Learning: Data Mining, Inference, and Prediction [M]. Berlin: Springer-Verlag, 2001.

[47] Bishop C. Pattern Recognition and Machine Learning [M]. New York: Springer, 2006.

[48] Berger A, Della Pietra S D, Pietra V D. A maximum entropy approach to natural language processin [J]. Computational Linguistics, 1996,22(1): 39-71.

[49] McLachlan G, Krishnan T. The EM Algorithm and Extensions [M]. New York: John Wiley &Sons, 1996.

[50] Christopher JCH Watkins, Peter Dayan. Q-learning [J]. Machine learning , 1992, 8(3-4): 279-292.

[51] Sutton R S, Barto A G. Introduction to reinforcement learning[M]. Cambridge, MA: MIT press, 1998.

[52] Tesauro G. Temporal difference learning and TD-Gammon[J]. Communications of the ACM, 1995, 38(3): 58-68.

[53] Mnih V, Kavukcuoglu K, Silver D, et al. Playing atari with deep reinforcement

learning[J/OL]. arXiv preprint arXiv:1312.5602, 2013.

[54] Mnih V, Kavukuuoglu K, Silver D, et al. Human-level Control through Deep Reinforcement Learning[J]. Nature, 2015, 518(7540):529.

[55] Van Hasselt H, Guez A, Silver D. Deep reinforcement learning with double q-learning[C]. Proceedings of the AAAI conference on artificial intelligence. Palo Alto: AAAI press, 2016.

[56] Schaul T, Quan J, Antonoglou I, et al. Prioritized experience replay[J/OL]. arXiv preprint arXiv:1511.05952, 2015.

[57] Wang Z, Schaul T, Hessel M, et al. Dueling Network Architectures for Deep Reinforcement Learning [J]. International Conference on Machine Learning, 2016, 4: 2939-2947.

[58] Bellemare M G, Dabney W, Munos R. A Distributional Perspective on Reinforcement Learning [J]. International Conference on Machine Learning, 2017, 1: 693-711.

[59] Zhou Z H. Ensemble methods: foundations and algorithms[M]. New York: Chapman and Hall/CRC, 2019.

[60] Pan S J, Tsang I W, Kwok J T, et al. Domain adaptation via transfer component analysis[J]. IEEE transactions on neural networks, 2010, 22(2): 199-210.

[61] Schölkopf B, Herbrich R, Smola A J. A generalized representer theorem[C]. International conference on computational learning theory. Springer, Berlin, Heidelberg: 2001: 416-426.

[62] Pan S J, Yang Q. A survey on transfer learning[J]. IEEE Transactions on knowledge and data engineering, 2009, 22(10): 1345-1359.

[63] Long M, Wang J, Ding G, et al. Transfer feature learning with joint distribution adaptation[C]. Proceedings of the IEEE international conference on computer vision. Sydney, Australia: 2013: 2200-2207.

[64] Zhao Z, Chen Y, Liu J, et al. Cross-people mobile-phone based activity recognition[C]. Twenty-second international joint conference on artificial intelligence. Barcelona, Catalonia, Spain: IJCAI, 2011.

[65] Ben-David S, Blitzer J, Crammer K, et al. A theory of learning from different domains[J]. Machine learning, 2010, 79(1): 151-175.

[66] Ben-David S, Blitzer J, Crammer K et al. Analysis of representations for domain adaptation [C]. Advances in Neural Information Processing Systems. San Mateo, CA: Morgan Kaufmann 2008: 137-144.

[67] Blitzer J, Crammer K, Kulesza A, et al. Learning bounds for domain adaptation [C]. Advances in Neural Information Processing Systems. San Mateo, CA: Morgan Kaufmann, 2008: 129-136.

[68] Yosinski J, Clune J, Bengio Y, et al. How transferable are features in deep neural networks? [J]. Advances in Neural Information Processing Systems, 2014, 27: 3320-3328.

[69] Ian Goodfellow, Yoshua Bengio, Aaron Courville. Deep Learning [M]. Cambridge: MIT Press, 2016.

[70] Nikhil Buduma. Fundamentals of Deep Learning [M]. Sebastopol, CA: O'Reilly Media, 2015.

[71] Hinton G E, Salakhutdinov R R. Reducing the dimensionality of data with neural networks[J]. Science, 2006, 313(5786): 504-507.

[72] Lecun Y , Bottou L . Gradient-based learning applied to document recognition[J]. Proceedings of the IEEE, 1998, 86(11):2278-2324.

[73] Krizhevsky A, Sutskever I, Hinton G E. Imagenet classification with deep convolutional neural networks [J]. Advances in neural information processing systems, 2012, 25: 1097-1105.

[74] Simonyan K, Zisserman A. Very deep convolutional networks for large-scale image recognition[C]. International Conference on Learning Representations. [S. l.]: ICLR, 2015.

[75] He Kaiming, Zhang Xiangyu, Ren Shaoqing, et al. Deep Residual Learning for Image Recognition [C]. CVPR. San Francisco, CA: IEEE Computer Society, 2016.

[76] Lin Min, Chen Qiang, Yan Shuicheng. Network in Network[C]. International Conference on Learning Representations. [S. l.]: ICLR, 2014.

[77] Christian Szegedy, Liu Wei, Jia Yangqing, et al. Going Deeper with Convolutions [C]. CVPR. San Francisco, CA: IEEE Computer Society, 2015.

[78] Werbos P J. Backpropagation through time: what it does and how to do it[J]. Proc IEEE, 1990, 78(10):1550-1560.

[79] Gregor K, Danihelka I, Graves A, et al. Draw: A recurrent neural network for image generation[C]. International Conference on Machine Learning. [S. l.]: IMLS, 2015: 1462-1471.

[80] Andrej Karpathy. Andrej Karpathy blog[EB/OL]. [2021. 07. 28]. (2021. 07. 29). https://cs. stanford. edu/people/karpathy/

[81] Elman, Jeffrey L. Finding Structure in Time [J]. Cognitive Science, 1990,14 (2): 179-211.

[82] Jordan M I. Serial Order: A Parallel Distributed Processing Approach[J]. Advances in Psychology, 1997, 121(97):471-495.

[83] Hochreiter S, Schmidhuber J. Long short-term memory[J]. Neural computation, 1997, 9(8): 1735-1780.

[84] Bengio Y, Simard P, Frasconi P. Learning long-term dependencies with gradient descent is difficult [J]. IEEE transactions on neural networks, 1994, 5 (2): 157-166.

[85] Gers F A, Schmidhuber J, Cummins F. Learning to forget: Continual prediction with LSTM[J]. Neural computation, 2000, 12(10): 2451-2471.

[86] Graves A, Schmidhuber J. Framewise phoneme classification with bidirectional LSTM and other neural network architectures[J]. Neural networks, 2005, 18(5-6): 602-610.

[87] Gers F A, Schmidhuber J. Recurrent Nets that Time and Count[C]. IEEE-INNS-ENNS International Joint Conference on Neural Networks. Piscataway, NJ: IEEE, 2000.

[88] Graves A, Schmidhuber J. Offline handwriting recognition with multidimensional recurrent neural networks[J]. Advances in neural information processing systems, 2008, 21: 545-552.

[89] Graves A, Jaitly N. Towards end-to-end speech recognition with recurrent neural networks[C]. International conference on machine learning. [S. l.]: IMLS, 2014.

[90] Sutskever I, Vinyals O, Le Q V. Sequence to sequence learning with neural networks[C]. Advances in neural information processing systems. New York: Curran Associates NIPS, 2014: 3104-3112.

[91] Cho K , Merrienboer B V , Gulcehre C , et al. Learning Phrase Representations using RNN Encoder-Decoder for Statistical Machine Translation[C]. Empirical Methods in Natural Language Processing. Stroudsburg,PA: ACL, 2014.

[92] Greff K, Srivastava R K, Koutník J, et al. LSTM: A search space odyssey[J]. IEEE transactions on neural networks and learning systems, 2016, 28(10): 2222-22132.

[93] Visin F, Kastner K, Cho K, et al. A recurrent neural network based alternative to convolutional networks[J/OL]. arXiv preprint arXiv:1505.00393, 2015.

[94] Blumer A, Ehrenfeucht A, Haussler D, et al. Learnability and the Vapnik-Chervonenkis dimension[J]. Journal of the ACM (JACM), 1989, 36(4): 929-965.

[95] Kearns M J, Vazirani U V. An Introduction to computational learning theory[M]. Cambridge, MA: MIT Press, 1994.

[96] Vapnik V N, Chervonenkis A Y. On the uniform convergence of relative frequencies of events to their probabilities[J]. Measures of complexity, 2015, 2:11-30.

[97] Sauer N. On the density of families of sets[J]. Journal of Combinatorial Theory, Series A. 1972, 13(1): 145-147.

[98] Bousquet O, Elisseeff A. Stability and generalization[J]. The Journal of Machine Learning Research, 2002, 2: 499-526.